中央民族大学特色教材

电路系统综合实验技术

Circuit System Experimental Technology

◎ 王继业 丁仁伟 宋 伟 / 编著

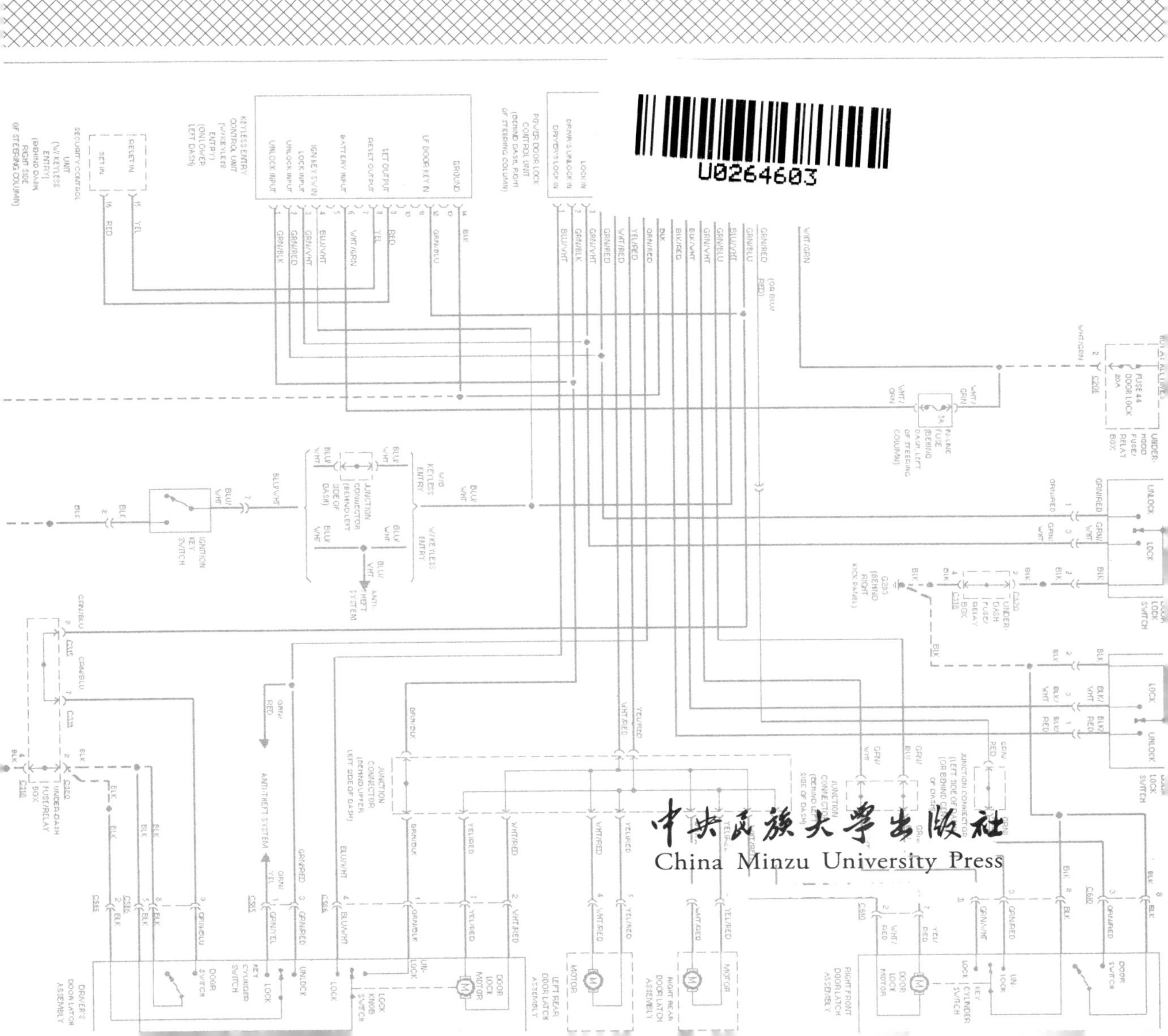

中央民族大学出版社
China Minzu University Press

图书在版编目（C I P）数据

电路系统综合实验技术/ 王继业等编著. —北京：中央民族大学出版社，2018.8 重印
ISBN 978-7-5660-0374-4

Ⅰ. ①电… Ⅱ. ①王… Ⅲ. ①电子电路—实验—高等学校－教材
Ⅳ. ①TN710-33

中国版本图书馆 CIP 数据核字（2013）第 042467 号

电路系统综合实验技术

编　　著　王继业　丁仁伟　宋　伟
责任编辑　吴　云
封面设计　布拉格
出 版 者　中央民族大学出版社
　　　　　北京市海淀区中关村南大街 27 号　邮编：100081
　　　　　电　话：68472815（发行部）传真：68932751（发行部）
　　　　　　　　　68932218（总编室）　　　68932447（办公室）
发 行 者　全国各地新华书店
印 刷 厂　北京建宏印刷有限公司
开　　本　787×1092（毫米）　1/16　印张：16.75
字　　数　370 千字
版　　次　2018 年 8 月第 3 次印刷
书　　号　ISBN 978-7-5660-0374-4
定　　价　68.00 元

前　言

作者自2004年起在中央民族大学为电子信息工程和通信工程两个专业开设“电路系统综合实验”课程。当时学校的教务管理比较宽松，只要认为对学生有利、有必要开设的专业课，由学院报告给教务处，都会同意开设。当时的想法是：作为电子信息类专业的学生，具有掌握电路和微处理器方面的设计和实践能力，应该是非常重要的，尤其对学生就业的促进作用是较大的。当时就业的情况是，搞电子技术开发的高新技术企业多，但他们要招到一个能够很快进入角色的合格的电子工程师却很难，而我们高校的电子专业毕业生要找到一个合适的工作也很难。这两者之间的鸿沟就是综合应用所学知识并进行工程化设计和调试的能力。这种能力是无法通过当前的其他课程获得的，而这种能力恰恰是工程教育最重要的目标。因此，与本书相关的课程的目的就是培养综合设计和应用能力，提高工程教育的质量。

开设“电路系统综合实验”课之后，虽然经历了各种变故，最终该课程还是保留了下来。该课程内容包括18个学时的技术讲座和实验课。实验课的内容是完成一个类似产品原型的设计，并调试制作，最后上交报告。在这个过程中，学生可以和老师进行讨论，但老师不给出现成答案。学生需要查阅资料、确定方案、完成设计，并最终制作电路、编制程序和调试验证。在这个过程中，学生的工程实践能力得到较大提高。随着中央民族大学2010版培养方案的施行，该课程已经演变成如下课程系列：电路系统综合课程设计、微控制器系统课程设计、电子技术讲座与训练。

本书是为以上提到的综合实践课所撰写的教材，内容包括模拟电路、数字电路和与微控制器相关的应用技术，其中包含了一些实用的集成电路应用资料，避免学生在查阅和理解资料时花费过多的时间。

本书写作分工如下：第一章、第二章、第三章由宋伟编写，第四章由王继业编写，第五章、第六章由丁仁伟编写。全书由王继业统稿。

在此特别感谢钮金真教授和电子实验中心洪小叶主任的支持！本书是“中央民族大学特色教材立项”项目，并得到中央民族大学电子实验中心建设经费的支持，这里一并表示感谢！

目　录

第一章　电路制作中的基本元件和工艺

1.1　电阻、电容的种类和选择

1.1.1　电阻的种类

电阻器，简称电阻，是电气、电子设备中用得最多的基本元件之一。主要用于控制和调节电路中的电流和电压，或用作消耗电能的负载。电阻器的英文名称为Resistance，通常缩写为R，它是导体的一种基本性质，与导体的尺寸、材料、温度有关。欧姆定律指出电压、电流和电阻三者之间的关系为$I=U/R$，亦即$R=U/I$。电阻的基本单位是欧姆，简称为欧，用希腊字母“Ω”来表示。电阻的单位欧姆定义为：导体上加上一伏特电压时，产生一安培电流所对应的阻值。电阻的主要职能就是阻碍电流流过。

表 1. 1-1　电阻和电位器的型号命名方法

第一部分：主称		第二部分：材料		第三部分：特征			第四部分：序号
符号	意义	符号	意义	符号	电阻器	电位器	
R	电阻器	T	碳膜	1	普通	普通	对组成、材料相同，仅性能指标尺寸大小有区别，但基本不影响互换使用的产品，给同一序号；若性能指标、尺寸大小明显影响互换时，则在序号后面用大写字母作为区别代号
W	电位器	H	合成膜	2	普通	普通	
		S	有机实芯	3	超高频	—	
		N	无机实芯	4	高阻	—	
		J	金属膜	5	高温	—	
		Y	氧化膜	6	—	—	
		C	沉积膜	7	精密	精密	
		I	玻璃釉膜	8	高压	特殊函数	
		P	硼酸膜	9	特殊	特殊	
		U	硅酸膜	G	高功率	—	
		X	线绕	T	可调	—	
		M	压敏	W	—	微调	
		G	光敏	D	—	多圈	
		R	热敏	B	温度补偿用	—	
				C	温度测量用	—	
				P	旁热式	—	
				W	稳压式	—	
				Z	正温度系数	—	

事实上，“电阻”说的是一种性质，而通常在电子产品中所指的电阻，是指电阻器这样一种元件。例如：“需要一个 10Ω 的电阻”，指的就是一个“电阻值”为 10Ω 的电阻器。表示电阻阻值的常用单位还有：毫欧(mΩ)，千欧(kΩ)，兆欧(MΩ)。其中 1 mΩ=0.001Ω，1kΩ=1000Ω，1 MΩ=1000 kΩ，电阻和电位器的型号命名方法见表 1.1-1。举例来讲，一个标称 RJ71 0.125 5.1KI 的电阻器，其各部分的具体意义是：

表 1.1-2　电阻器各部分含义

R	J	7	1	0.125	5.1k	I
第一部分	第二部分	第三部分	序号	功率	标称阻值	容许误差
名称：电阻器	材料：金属膜	分类：精密		1/8W	5.1kΩ	I 级±5%

1.1.2　电阻和电位器的分类与图形符号

1.　电阻和电位器的类型

电阻器从结构上可分为两大类：薄膜电阻和线绕电阻；从使用功能上，可分为固定、可调、半可调电阻，可调和半可调电阻有时归入电位器；另外还有一些压敏、热敏、光敏、力敏、气敏、湿敏等敏感电阻器。下面介绍几种常用的电阻器：

（1）固定电阻：是一种常见的电阻器。该种电阻的特点在于其电阻值在一般情况下不会因为自然或人为的因素而产生可测量的变动。固定电阻多用于稳定电路的电压或电流。

（2）可变电阻：泛指所有可以手动改变电阻值的电阻器。根据使用的场合，可变电阻有电压分配器、变阻器等别称。常见的可变电阻有三个连接端。不同的连接配置可使该种电阻以可变电阻、分压计，或定值电阻的方式运作。

（3）热敏电阻：电阻值随温度改变而改变的电阻器。分正温度系数热敏电阻和负温度系数热敏电阻。正温度系数热敏电阻(俗称 PTC 元件)，常温下只有几欧姆至几十欧姆的阻值，当通过的电流超过额定电流时，其阻值能在几秒钟内升到数百欧姆乃至数千欧姆以上。负温度系数热敏电阻（俗称 NTC 元件），在常温下呈高阻几十欧姆至几千欧姆，当温度升高或通过他的电流增大时，其阻值急剧下降，功率范围为 0.25W−1W。正温度系数热敏电阻常用于电机启动电路、彩电消磁电路、自动熔丝电路。负温度系数热敏电阻常用于温度补偿及温度控制电路中。如作晶体管的偏置电阻，以稳定晶体管的工作点；在电子温度计及自动控温系统中（如空调、电冰箱）作感温元件。

（4）压敏电阻：阻值随着外面电压的改变而发生变化的电阻器。当电压超过压敏电阻电压的变化率(VCMA)时，其阻值迅速减小，电流增大，因而可抑制瞬时过电压。该类电阻常用来防止家电产品或电子设备的瞬时过电压。如：显像管灯丝电路、整流电路和电源，防雷击电路和需要防止过电压的线路中。

（5）光敏电阻：电阻值与光照强度相关，光照愈强，阻值愈小。一般无光照射时阻值达几十千欧姆以上，受光照射时阻值降为几百欧姆乃至几十欧姆。主要用于光控开关计数电路及各种光控自动控制系统中。

（6）保险电阻：在额定电流内，起固定电阻作用。当通过的电流超过额定电流时，电阻丝温度迅速升高，达 500℃时，电阻丝立即剥落熔断，以切断需保护的电路，功率一般在 0.25W−20W。主要用在各种需要限流输出的电源电路中，用来保护电源或负载不至过流而损坏。

另外还有一些特殊的电阻，例如有一种以半导体制成的电阻器拥有负的温度系数，能减小电子线路中的温度影响。除超导体以外的所有导电体均有一定电阻。

2. 电阻和电位器的图形符号

常用的电阻符号见图 1.1-1，其中图 1.1-1（a）是欧洲标准画法，图 1-1-1（b）是中国和美国标准画法。其他图片是一些常用的电阻和电位器的外形图。

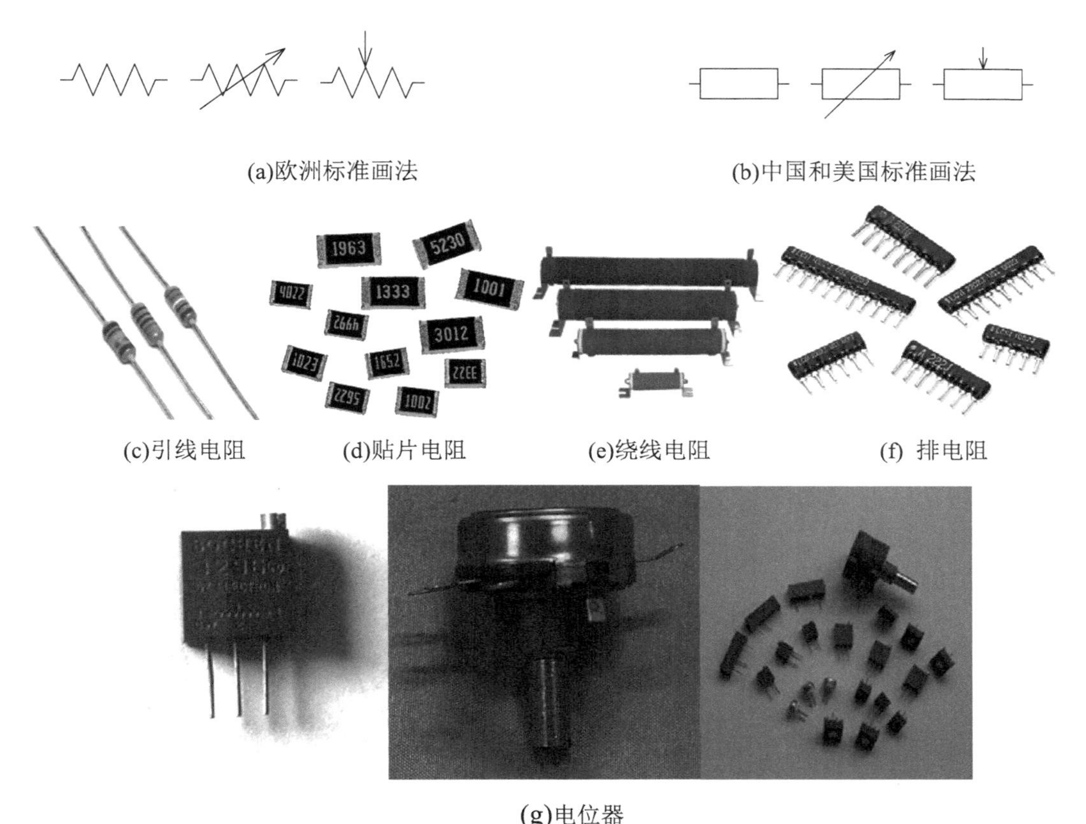

(a)欧洲标准画法　(b)中国和美国标准画法

(c)引线电阻　(d)贴片电阻　(e)绕线电阻　(f) 排电阻

(g)电位器

图 1. 1-1　常用电阻和电位器符号及实物外形图

1.1.3 电阻器的主要性能参数

1. 标称阻值和误差

为了使电阻器的生产标准化，同时也让使用者能在一定的允许误差范围内选用电阻器，国家规定出一系列的阻值作为产品的标准，这一系列的阻值叫作电阻器的标称阻值。另外，电阻器的实际值也不可能做到与它的标称阻值完全一样，两者之间总存在一些偏差。最大允许偏差值除以该电阻的标称值所得的百分数，叫作电阻的相对误差。对于误差，国家也规定了一个系列。普通电阻的误差可分为±5%、±10%和±20%三种，在标志上分别以Ⅰ、Ⅱ和Ⅲ表示。例如，一只电阻器上印有“47K Ⅱ”的字样，我们就知道它的标称阻值为47kΩ，最大误差不超过±10%。误差为±2%、±1%、±0.5%…的电阻器称为精密电阻器。

普通电阻的标称阻值系列见表1.1-3。

表1.1-3　普通电阻器的标称阻值系列

误差±5%	误差±10%	误差±20%	误差±5%	误差±10%	误差±20%
1.0	1.0	1.0	3.3	3.3	3.3
1.1			3.6		
1.2	1.2		3.9	3.9	
1.3			4.3		
1.5	1.5	1.5	4.7	4.7	4.7
1.6			5.1		
1.8	1.8		5.6	5.6	
2.0			6.2		
2.2	2.2	2.2	6.8	6.8	6.8
2.4			7.5		
2.7	2.7		8.2	8.2	
3.0			9.1		

举例来说，在表1.1-3中，对于误差为±5%的电阻器，标称值从1.0、1.1、1.2到9.1，这些数值可以乘以10^n（n=0，1，2，3，4，5，6，…）。所以，对于1.1这个标称值，它的系列电阻值可以是1.1Ω，也可以是11Ω、110Ω、1100000Ω等。如果你选用的电阻值在阻值系列里没有，你可以选用相邻的系列值，比如你要选用一只21Ω的电阻，你可以选用20Ω或者22Ω的成品电阻器，当误差为$(22-21)/22=4.5\%$时，仍在规定的允许误差5%以内。

2.　电阻的额定功率

电阻在标准大气压和一定环境温度下，能长期连续负荷而不改变性能的允许功率，称为额定功率。选择电阻器的额定功率时，必须使之大于或等于电阻实际消耗的功率，否则长期工作时就会改变电阻的性能或者烧毁电阻。所以，设计电路时应事先计算出电阻实际消耗的功率，从而选取有适当额定功率的电阻，一般情况下选用电阻要按实际耗散功率的2倍左右来确定额定功率。

电阻器的额定功率共分19个等级，常用的有1/16W、1/8W、1/4 W、1/2 W、1 W、2 W、4 W、5 W…500 W等。薄膜电阻的额定功率一般在2 W以下，大于2 W的电阻多为绕线电阻，额定功率较大的电阻体积也较大。其额定功率一般以数字形式或者色环形式直接标印在电阻上，小于1/8W的电阻因体积太小常不标出。

1.1.4 电阻和电位器的识别

1. 电阻的色标

一般电阻的阻值和允许偏差都用数字标印在电阻上，但体积很小的电阻和表贴电阻，其阻值和允许偏差常用色环标在电阻上，或用三位数表示法标在电阻上（不含允许偏差）。色环表示法如图 1.1-2 所示，常用的有四色环表示法[图 1.1-2（a）]和五色环表示法[图 1.1-2（b）]。从最靠近电阻一端的线条数起，分别是第一色环到最后一个色环，如果是四色环电阻的话，第一、第二色环代表电阻值的有效数字，第三色环是倍数（10^n），第四色环是误差值，也就是说电阻的大小是有效数字与倍数的乘积，如果是五色环电阻（精密电阻），那么第一、第二、第三都是电阻值的有效数字，第四色环代表倍数（10^n），第五色环表示误差值。

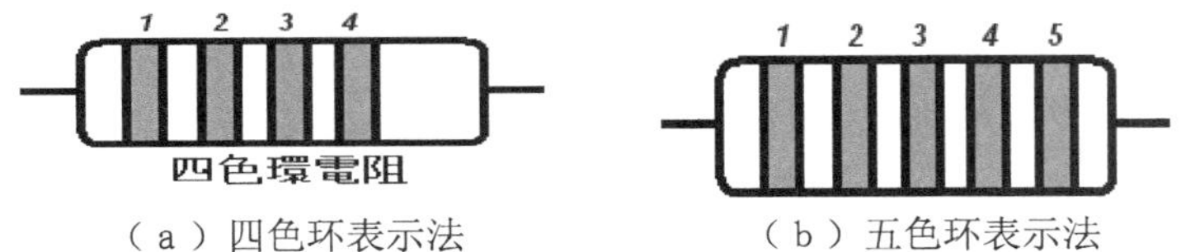

（a）四色环表示法　（b）五色环表示法

图 1.1-2 电阻的色环

表 1.1-4 电阻的色标表

色别	第一色环	第二色环	第三色环	倍数（10^n）	误差值
黑	0	0	0	$\times 10^0$	
棕	1	1	1	$\times 10^1$	F（±1%）
红	2	2	2	$\times 10^2$	G（±2%）
橙	3	3	3	$\times 10^3$	
黄	4	4	4	$\times 10^4$	
绿	5	5	5	$\times 10^5$	D（±0.5%）
蓝	6	6	6	$\times 10^6$	C(±0.25%）
紫	7	7	7	$\times 10^7$	B（±0.1%）
灰	8	8	8	$\times 10^8$	
白	9	9	9	$\times 10^9$	
金				$\times 10^{-1}$	J（±5%）
银				$\times 10^{-2}$	K（±1%）
无色					±20%

在色标表示电阻值时，每一种颜色都有特定的数值对应，其对应的表格见表 1.1-4。

例如：一个电阻其色标第一环为黄色，第二环为紫色，第三环为橙色，第四环为无色，则表示该电阻为：47×1000=47kΩ±20%。

如何识别色环电阻的第一环比较重要，对于四色环电阻来说，其偏差环一般是金或银，较容易识别，而对于五色环电阻来说，其偏差环有与第一环（有效数字环）相同的颜色，如果不小心读反，则导致识读结果完全错误。下面对识别第一环的方法进行介绍，以下是一些识别的基本方法：

（1）两环相近的一端是起始端，偏差环距其他环较远。

（2）偏差环较宽。

（3）距从引脚根部边上最近的色环那端开始的第一环距端部较近。

（4）有效数字环无金、银色（解释：若从某端环数起第 1、2 环有金或银色，则另一端环是第一环）。

（5）偏差环无橙、黄色（解释：若某端环是橙或黄色，则一定是第一环）。

（6）试读。一般成品电阻器的阻值不大于 22MΩ，若试读大于 22MΩ，说明读反。

（7）试测。用上述方法还不能识别时可进行测试，但前提是电阻器必须完好。

应注意的是有些厂家不严格按（1）、（2）、（3）生产，以上各条应综合考虑。

1.1.5 电阻的标称值和标识

实验室常用的是 1/4W 的色环碳膜电阻，色环电阻是一系列离散的值。这些离散的值是固定的，在设计电路时，要从这些离散值中选取。

在 20 世纪的电子管时代，电子元器件厂商为了便于元件规格的管理和选用、大规模生产的电阻符合标准化的要求，同时也为了使电阻的规格不致太多，协商采用了统一的标准组成元件的数值。这种标准已在国际上广泛采用，这一系列的阻值叫作电阻的标称阻值。

电阻的标称阻值理论上分为 E6、E12、E24、E48、E96、E192 六大系列，分别适用于允许偏差为±20%、±10%、±5%、±2%、±1%和±0.5%的电阻器。其中 E24 系列为常用数系，E48、E96、E192 系列为高精密电阻数系。

国家标准规定了电阻的阻值按其精度分为两大系列，分别为 E24 系列和 E96 系列，精度分别为 5%和 1%。E 系列首先在英国的电工工业中应用，故采用 Electricity 的第一个字母 E 标志这一系列，它的基础是宽容一定的误差，并以指数间距为标准规格，构成的几何级数数列，“ E ”表示“指数间距”(Exponential Spacing) ，从 1−10 之内分为多少个值，阻值的允许误差是多少，便于大量生产和选用。例如 E6 系列、E12 系列和 E24 系列，分别是以 $\sqrt[6]{10}$ 、$\sqrt[12]{10}$ 、$\sqrt[24]{10}$ 为公比的几何级数。例如：E6 系列的公比为 $\sqrt[6]{10}\approx1.5$，E12 系列的公比为 $\sqrt[12]{10}\approx1.21$ ，E24 系列的公比为 $\sqrt[24]{10}\approx1.1$。

表 1.1-5　　电阻的标称阻值

系列	阻值计算	有效数字位数	系列值	误差	说明
E6	$10^{\frac{n}{6}}\left(n=0\ldots5\right)$	2	1.0，1.5，2.2，3.3，4.7，6.8	20%	低精电阻，大容量电解电容度
E12	$10^{\frac{n}{12}}\left(n=0\ldots11\right)$	2	1.0，1.2，1.5，1.8，2.2，2.7，3.3，3.9，4.7，5.6，6.8，8.2	10%	低精度电阻、非极性电容及电感
E24	$10^{\frac{n}{24}}\left(n=0\ldots23\right)$	2	1.0，1.1，1.2，1.3，1.5，1.6，1.8，2.0，2.2，2.4，2.7，3.0，3.3，3.6，3.9，4.3，4.7，5.1，5.6，6.2，6.8，7.5，8.2，9.1	5%	普通精度电阻及电容
E48	$10^{\frac{n}{48}}\left(n=0\ldots47\right)$	3	略	1.2%	半精密电阻
E96	$10^{\frac{n}{96}}\left(n=0\ldots95\right)$	3	1.00，1.02，1.05，1.07，1.10，1.13，1.15，1.18，1.21，1.24，1.27，1.30，1.33，1.37，1.40，1.43，1.47，1.50，1.54，1.58，1.62，1.65，1.69，1.74，1.78，1.82，1.87，1.91，1.96，2.00，2.05，2.10，2.15，2.21，2.26，2.32，2.37，2.43，2.49，2.55，2.61，2.67，2.74，2.80，2.87，2.94，3.01，3.09，3.16，3.24，3.32，3.40，3.48，3.57，3.65，3.74，3.83，3.92，4.02，4.12，4.22，4.32，4.42，4.53，4.64，4.75，4.87，4.99，5.11，5.23，5.36，5.49，5.62，5.76，5.90，6.04，6.19，6.34，6.49，6.65，6.81，6.98，7.15，7.32，7.50，7.68，7.87，8.06，8.25，8.45，8.66，8.87，9.09，9.31，9.53，9.76	0.5% 1%	精密电阻
E116	$10^{\frac{n}{116}}\left(n=0\ldots115\right)$	3	略	0.2% 0.5% 1%	高精密电阻
E192	$10^{\frac{n}{192}}\left(n=0\ldots191\right)$	3	略	0.1% 0.25% 0.5%	超高精密电阻

电位器的标识，如电位器上标注 103、102 等数字，前两位为有效数字，第三位表示乘以 10 的 n 次方幂指数（n=1、2、3、…）。即 103 表示 10×1000=10kΩ，102 表示 10×100=1kΩ。

1.1.6 电阻的选择

电阻的选择应根据实际应用过程中的不同用途及场合来选取。对于家用电器和普通电子设备来说，通用型电阻器较为适用。常用的通用电阻器有：通用型碳膜电阻器、金属玻璃釉电阻器、金属膜电阻器、金属氧化膜电阻器、线绕电阻器、有机实芯电阻器及无机实芯电阻器等。该类型的电阻器种类数量繁多，规格相对齐全、阻值范围较宽，且低廉的价格和充足货源能够满足大量电子设备的需要。在一些需要特殊的电子设备中，大多需要器件的标准为精而准，即精确度高，准确度好，如对于军事设备或其他高精密电子测量检测设备，精密型电阻器或其他特殊电阻器较为适用，从而保证电路的性能指标及工作的稳定。

在选取电阻器类型时，下面的几条准则应该给予考虑：

（1）如果电阻器用在高增益放大电路中，金属膜电阻器和线绕电阻器等噪声电动势小的电阻器较为适用。

（2）对于要求过负荷能力较强和耐热性较好的低阻值电阻器应选用氧化膜电阻器。

（3）对于需要工作在温度高(相对温度大于 80%)、温度低(−40℃)的场合，不宜选用薄膜电阻器，而实芯电阻器或玻璃釉电阻器较为适合。

（4）金属膜电阻器额定工作温度高(＋70℃)，稳定性好，噪声电动势小，高频特性好，适合应用在高频电路中。而电阻值大于 1MΩ 的碳膜电阻器的稳定性较差，此时可选用金属膜电阻器。

（5）电阻的工作频率决定了所选用电阻器的类型。线绕电阻不可应用在高频电路中。在高频电路中要求电阻器分布参数越小越好，而线绕电阻器采用无感绕制的线绕电阻器，其分布参数较大。而在低于 50kHz 的电路中，可选用线绕电阻器，因为此时电阻器的分布参数对电路工作影响不大。另外，碳膜电阻器、金属膜电阻器和金属氧化膜电阻器可用在高达数百兆赫的高频电路中。在超高频电路中可选用超高频碳膜电阻器。

（6）对于同一类型的电阻器，如果电阻值相同，则功率大的高频特性相对差一些。

（7）线绕电阻器可用在对于电路中要求耗散功率大、阻值不高、工作频率不高，而精度要求较高的场合。

（8）在需选用耐高压及高阻值的电阻器，应选用玻璃釉电阻器或合成膜电阻器。

（9）应根据电路的稳定性选择温度特性不同的电阻器。电阻器的温度系数有大有小，对于大温度系数的电阻器，温度变化越大，阻值变化越明显，而对于正温度系数，电阻随着温度的升高而增加，反之，温度降低，则阻值减小，如此时温度系数越大，则温度减小得越多。因此在一些去耦电路中，可选用阻值随温度变化较大的电阻器，此种电阻对阻值变化范围要求较宽。但在诸如在直流放大器的电路中等对电阻器强度稳定性要求较高的电路中，则需要电阻器阻值变化要相对小一些。因为电阻零漂移现象的存在，要求电阻的温度系数要小一些。

（9）实芯电阻器由于温度系数较大，不适合用在稳定性要求较高的电路中。而对于温度系数较小的电阻器，如金属膜电阻器、金属氧化膜电阻器、碳膜电阻器以及玻璃釉电阻器等，可用在稳定性要求较高的电路中。

（10）电阻器的选择有时需要考虑大小，根据工作场合可放置电阻器的大小选择合适体积的电阻器。

（11）对于一些特殊情况下的工作电路，需要对一些诸如温度、湿度、酸碱度等加以考虑，此时要根据要求选择耐高温、抗潮湿性好、耐酸碱性强的金属氧化膜电阻器和金属玻璃釉电阻器。

1.1.7 电容器的定义

电容器（Capacitor），顾名思义，“储电的容器”，是一种容纳电荷的器件。用字母C表示。一些常用的电容器如图1.1-3所示。电容是电子设备中大量使用的电子元件之一，广泛应用于隔直、耦合、旁路、滤波、调谐回路和能量转换等方面。

电容是表征电容器容纳电荷的本领的物理量。我们把电容器的两极板间的电势差增加1V所需的电量，叫作电容器的电容。

在国际单位制里，电容的单位是法拉，简称法，符号是F，常用的电容单位有毫法(mF)、微法(μF)、纳法(nF)和皮法(pF)(皮法又称微微法)等，换算关系是：

1法拉(F)= 1000毫法(mF)＝1000000微法(μF)

1微法(μF)= 1000纳法(nF)= 1000000皮法(pF)。

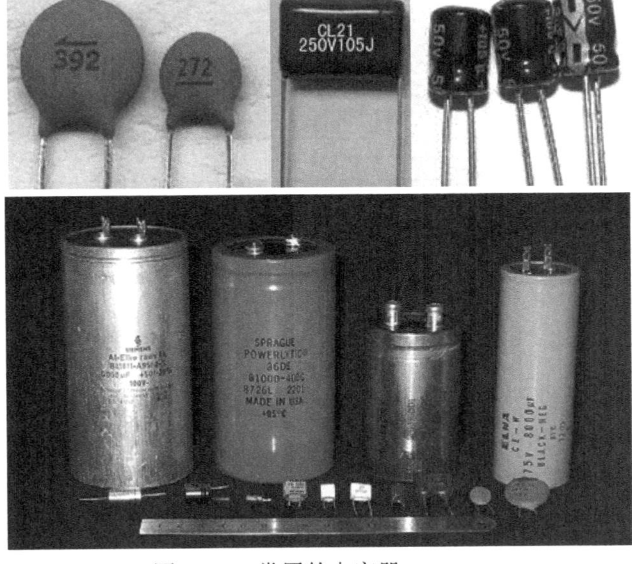

图1.1-3　常用的电容器

1.1.8 电容器的型号命名与标识

1. 电容器的型号及命名方法

国产电容器的型号一般由四部分组成（不适用于压敏、可变、真空电容器），依次分别代表名称、材料、分类和序号，详见表 1.1-6。

表 1.1-6　电容器型号命名法

<table>
<tr><td colspan="2">第一部分：主称</td><td colspan="2">第二部分：材料</td><td colspan="6">第三部分：特征分类</td><td rowspan="3">第四部分：序号</td></tr>
<tr><td rowspan="2">符号</td><td rowspan="2">意义</td><td rowspan="2">符号</td><td rowspan="2">意义</td><td rowspan="2">符号</td><td colspan="5">意义</td></tr>
<tr><td>瓷介</td><td>云母</td><td>玻璃</td><td>电解</td><td>其他</td></tr>
<tr><td rowspan="17"></td><td rowspan="17">电容器</td><td>C</td><td>瓷介</td><td>1</td><td>圆片</td><td>非密封</td><td>—</td><td>箔式</td><td>非密封</td><td rowspan="17">对主称、材料相同，仅尺寸、性能指标略有不同，但基本不影响互使用的产品，给予同一序号；若尺寸性能指标的差别明显；影响互换使用时，则在序号后面用大写字母作为区别代号</td></tr>
<tr><td>Y</td><td>云母</td><td>2</td><td>管形</td><td>非密封</td><td>—</td><td>箔式</td><td>非密封</td></tr>
<tr><td>I</td><td>玻璃釉</td><td>3</td><td>迭片</td><td>密封</td><td>—</td><td>烧结粉固体</td><td>密封</td></tr>
<tr><td>O</td><td>玻璃膜</td><td>4</td><td>独石</td><td>密封</td><td>—</td><td>烧结粉固体</td><td>密封</td></tr>
<tr><td>Z</td><td>纸介</td><td>5</td><td>穿心</td><td>—</td><td>—</td><td>—</td><td>穿心</td></tr>
<tr><td>J</td><td>金属化纸</td><td>6</td><td>支柱</td><td>—</td><td>—</td><td>—</td><td>—</td></tr>
<tr><td>B</td><td>聚苯乙烯</td><td>7</td><td>—</td><td>—</td><td>—</td><td>无极性</td><td>—</td></tr>
<tr><td>L</td><td>涤纶</td><td>8</td><td>高压</td><td>高压</td><td>—</td><td>—</td><td>高压</td></tr>
<tr><td>Q</td><td>漆膜</td><td>9</td><td>—</td><td>—</td><td>—</td><td>特殊</td><td>特殊</td></tr>
<tr><td>S</td><td>聚碳酸酯</td><td>J</td><td colspan="5">金属膜</td></tr>
<tr><td>H</td><td>复合介质</td><td>W</td><td colspan="5">微调</td></tr>
<tr><td>D</td><td>铝</td><td rowspan="6"></td><td rowspan="6" colspan="5"></td></tr>
<tr><td>A</td><td>钽</td></tr>
<tr><td>N</td><td>铌</td></tr>
<tr><td>G</td><td>合金</td></tr>
<tr><td>T</td><td>钛</td></tr>
<tr><td>E</td><td>其他</td></tr>
</table>

示例：

（1）铝电解电容器

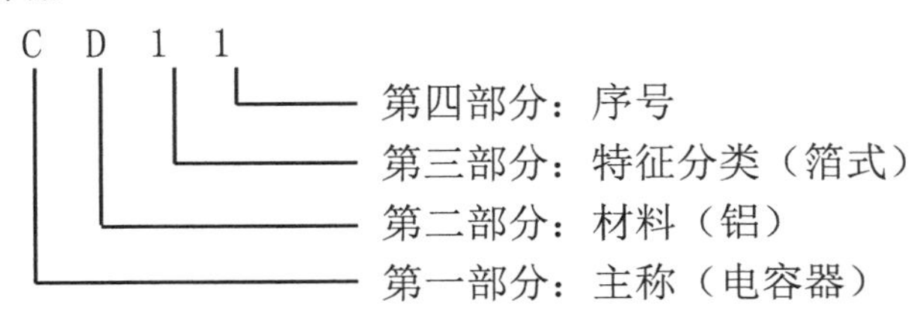

（2）圆片形瓷介电容器

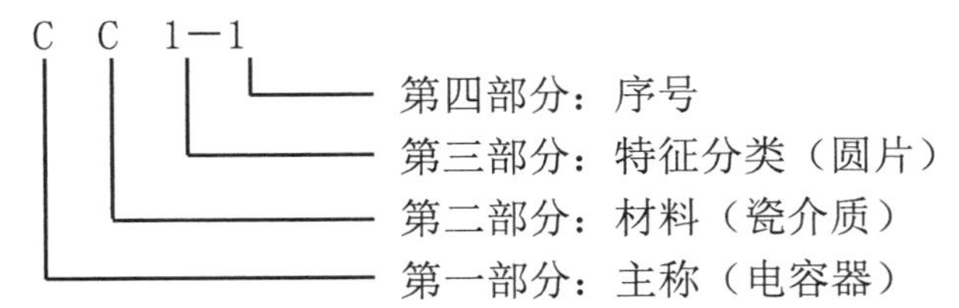

（3）纸介金属膜电容器

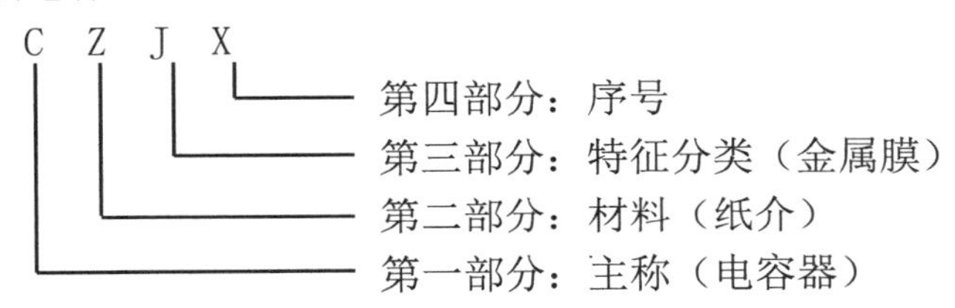

2. 电容器的分类及符号标识

电容器一般可以分为没有极性的普通电容器和有极性的电解电容。普通电容器分为固定电容器、半可调电容器（微调电容器）、可变电容器。固定电容器是指一经制成后，其电容量不能再改变的电容器。

电容器一般情况下按电介质来分类（见表 1.1-6 中的材料部分），可称作是某某（材料名）电容器。每种材料的电容器性能特性不同，在选用电容器时，可以根据电路需要选择相适应的电容器。

在绘制电路图时，常用的电容符号如图 1.1-4 所示，其中图 1.1-4（a）表示无极性固定电容，图 1.1-4（b）表示可变电容，图 1.1-4（c）表示电解电容。

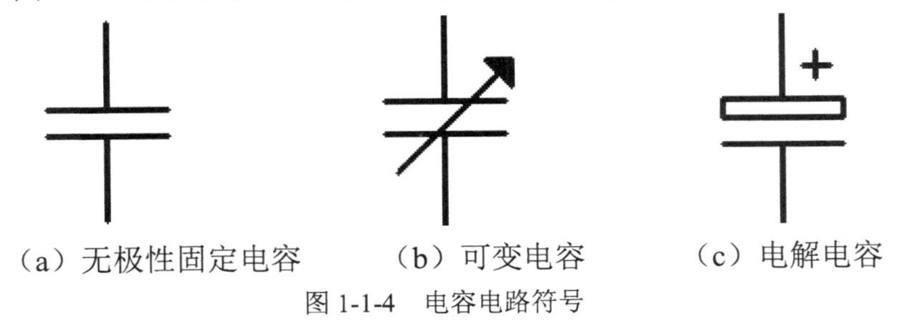

（a）无极性固定电容　（b）可变电容　（c）电解电容

图 1-1-4　电容电路符号

1.1.9 电容器主要特性参数

1. 电容器的标称容量和允许误差

标称电容量是标志在电容器上的电容量。电容器实际电容量与标称电容量的偏差称为误差，允许的偏差范围称为精度。常用固定电容精度等级与允许误差对应关系如表 1.1-7 所示。一般电容器的精度等级为Ⅰ、Ⅱ、Ⅲ级，电解电容器为Ⅳ、Ⅴ、Ⅵ级，根据用途选取。

另外，电容器与电阻器一样，其电容量也有相应的系列值，常用固定电容的标称容量系列如表 1.1-8 所示。

表 1-1-7 常用固定电容允许偏差等级

级别	02	Ⅰ	Ⅱ	Ⅲ	Ⅳ	Ⅴ	Ⅵ
允许偏差（%）	±2	±5	±10	±20	−30～+20	−20～+50	−10～+100

表 1-1-8 常用固定电容器的标称容量系列

名称	允许偏差（%）	容量范围	标称容量系列（pF）
纸介电容、金属化纸介电容、纸膜复合介质电容、低频（有极性）有机薄膜介质电容	±5 ±10 ±20	100pF~1μF	1.0 1.5 2.2 3.3 4.7 6.8
		1μF~100μF	1 2 4 6 8 10 15 20 30 50 60 80 100
高频（无极性）有机薄膜介质电容、瓷介电容、玻璃釉电容、云母电容	±5		1.1 1.2 1.3 1.5 1.6 1.8 2.0 2.4 2.7 3.0 3.3 3.6 3.9 4.3 4.7 5.1 5.6 6.2 6.8 7.5 8.2 9.1
	±10		1.0 1.2 1.5 1.8 2.2 2.7 3.3 3.9 4.7 5.6 6.8 8.2
	±20		1.0 1.5 2.2 3.3 4.7 6.8
铝、钽、铌、钛电解电容	±10 ±20 +50~-20 +100~-10		1.0 1.5 2.2 3.3 4.7 6.8 (容量单位为 μF)

2. 额定工作电压

其指在最低环境温度和额定环境温度下可连续加在电容器上的最高直流电压，一般直接标注在电容器外壳上，使用中要求工作电压不能超过电容器的耐压，否则电容器将被击穿，造成不可修复的永久损坏。

3. 绝缘电阻

电容两极之间的介质不是绝对的绝缘体，因此存在一个等效的电阻，一般称为绝缘电阻或者漏电电阻，一般在 1000MΩ 以上。因此会影响到能量的损耗，从而影响电容的使用寿命和电路的正常工作。所以实际应用过程中的电容，希望其漏电电阻越大越好。

4. 损耗

电容在电场作用下，在单位时间内因发热所消耗的能量叫作损耗。电容在使用过程中，应关注其在某频率范围内的损耗允许值，以满足电阻的需要，该损耗值主要由介质损耗，电导损耗和电容所有金属部分的电阻所引起的。

电容器的损耗在直流电场的作用下以漏导损耗的形式存在，相对较小，而在交变电场的作用下时，电容的损耗与漏导和周期性的极化建立过程均有关。

5. 频率特性

电容器的电容量随着频率的上升呈现下降的规律。

1.1.10 电容使用常识

电容器的使用应注意很多问题。首先是耐压：前面讲到电容器有一个稳定工作电压，工作中不能超过其额定工作电压，否则电容器将会被击穿损坏。一般电解电容的耐压分档为 6.3V、10V、16V、25V、50V 等。

同时工作时，应考虑其工作频率，通常情况下，低频特性的电容使用较广，而如果要求电路工作高频条件下，电容就会受到很大的限制，此时应根据电路需求算出频率范围，否则如果选择不合适，将会影响到电路的整体工作状态。在一般的电源中，电解电容和瓷片电容等较为适用；云母等价格较贵的电容可用在高频电路中，但绦纶电容、电解电容等却不能使用，原因在于该类电容在高频情况下形成电感、电路的工作精度会受到影响。

电容器在很多电子产品中，被用来作为耦合部件或者交流信号的旁路等，耦合电容和旁路电容的容量值有所差别。因此在使用过程中，应根据其性能指标和一般特性，以及电路的工作环境或者条件下，从繁多的类型和结构种类中选择合适的电容。下面一些常识可作为选用电容时的参考标准。

1．标称电容量(C_R)其为电容器产品标出的电容量值。不同作用的电容其所需的容量值范围也不同。一般情况下，耦合电容的容量要高于旁路电路的电容的容量。在常用的电容中，云母和陶瓷介质电容器的电容大约在 5000pF 以下，容量相对较低；而纸、塑料和一些陶瓷介质形式的电容量居中；容量较大是电解电容。

2．类别温度范围是指电容器在实际工作中能够适合的环境温度范围，从而保证电路正常工作，该范围由温度极限值确定，如上限类别温度、下限类别温度、额定温度(可以连续施加额定电压的最高环境温度)等。

3．额定电压(U_R)是指是电器长时间工作时所适用的最佳电压。这里需要再次强调的是高压场合的电容器会产生电晕现象。电晕是由于在介质/电极层之间存在空隙而产生，它可以产生损坏设备的寄生信号，还可使电容器介质击穿。电晕在交流或脉动条件下较易发生。所有电容器在使用中应保证直流电压与交流峰值电压之和不超过直流电压额定值。

4．损耗角正切(tanδ)即在规定频率的正弦电压下，电容器的损耗功率除以电容器的无功功率。电容并不是绝对绝缘，因此有等效电阻。实际电阻要求电容器的串联等效电阻愈小愈好，此时损耗低功率较小，这样就可以避免电容应用过程中，发热较大，影响电路的正常工作，甚至使得设备失去应用功能。

5．电容器的温度特性和电阻使用类似，实际应用中，应考虑其工作温度，电容的温度特性通常用 20℃基准温度的电容量与有关温度的电容量的百分比来表示。

1.1.11 电容器的识别及简单测试

1. 电容器的识别法

（1）体积较大的电容器可以在元器件上直接标记，如电解电容 100V、2200μF。

（2）体积较小的电容上一般不标识耐压值（通常都高于 25V），通常电容量的标注方法是：在容量小于 10000pF 的时候，用 pF 做单位，大于 10000pF 的时候，用 μF 做单位。为了简便起见，大于 100pF 而小于 1uF 的电容常常不注明单位。没有小数点的，它的单位是 pF，有小数点的，它的单位是 μF。例如，3300 就是 3300pF，0.1 就是 0.1μF 等。

（3）有一些进口的电容器上用“nF”和“mF”做单位，$1nF=10^3pF$，$1mF=10^6pF$，这种标注方法常常把 n 放在小数点的位置，如 2900pF 常常标成 2n9，而不标成 2.9nF。也有用 R 作为“0.”来用的，如把 0.56μF 标成 R56μF。

（4）在一些瓷片电容和表贴电容上，因体积太小，常常只用三位自然数来表示标称容量。此方法以“pF”为单位，前两位表示有效数字，第三位表示有效数字后面的 0 的个数（9 除外）。如贴片电容器上标注的 104 表示 $10\times10^4pF=100000pF=0.1\mu F$。若第三位数字是 9，则代表“×0.1”；若 229 表示 22×0.1pF=2.2pF。另外，如果三位自然数后面带有英文字母，如 224K，此处的 K 不表示单位，而是表示误差等级，K 对应的误差等级是±10%，$224K=22\times10^4pF\times$（1±10%）。

（5）色码表示法，这种表示法与电阻器的色环表示法类似，颜色涂于电容器的一端或从顶端向引线排列。色码一般只有三种颜色，前两环为有效数字，第三环为位率，单位为 pF。有时色环较宽，如红、红、橙，两个红色环涂成一个宽的，表示 22000pF。

2. 电容器的简单测试法

一般用万用表的欧姆挡就可简单地测量出电容器的优劣情况，粗略的辨别其漏电、容量衰减或失效的情况。具体方法参考表 1.1-9。

表 1.1-9 指针万用表测试电容现象结论表

分类	现象	结论
一般电容	表针基本不动（在∞附近）	好电容
电解电容	表针先较大幅度右摆，然后慢慢回到“∞”	
一般电容 电解电容	表针不动（停在∞上）	坏电容（内部断路）

一般电容 电解电容	表针指示阻值很小	坏电容（内部短路）
一般电容	表针指示较大（几百兆欧＜阻值＜∞）	漏电（表针指示称为漏电阻）
电解电容	表针先大幅度右摆，然后慢慢向左退，但退不回∞处（阻值＞几百兆欧）	

① 选挡：选择 R×1K 或 R×100 挡（应先调零）。

② 接法：一般电容器，万用表的测试笔可任意接电容的两根引线。电解电容器，万用表黑笔接正极，红笔接负极（电解电容器测试前应先将正、负极短路放电）。

测试时的现象和结论见表 1.1-9。

如果是用数字万用表，则可以直接使用测量电容的档位去测量电容大小是否与标称值一致，在测量时要让电容与所在的电路断开并放电完毕。

1.2 电感、变压器的制作及相关工艺

1.2.1 电感的概念与电感元件

电感，单位亨利（H），由载流导体周围形成的磁场产生。通过导体的电流产生与电流成比例的磁通量。一个电流的变化产生一个磁通量的变化，与此同时也产生一个电动势以“反抗”这种电流的变化，电感即测量电流单位变化引起的电动势。例如，当电流以 1A/s 的变化速率穿过一个 1 H 的电感，则引起 1V 的感应电动势。

电感元件(Inductor)是一个被动电子元件，具有阻交流通直流，阻高频通低频(滤波)的作用，电感元件有许多种形式。常见的电感元件如图 1.2-1 所示。

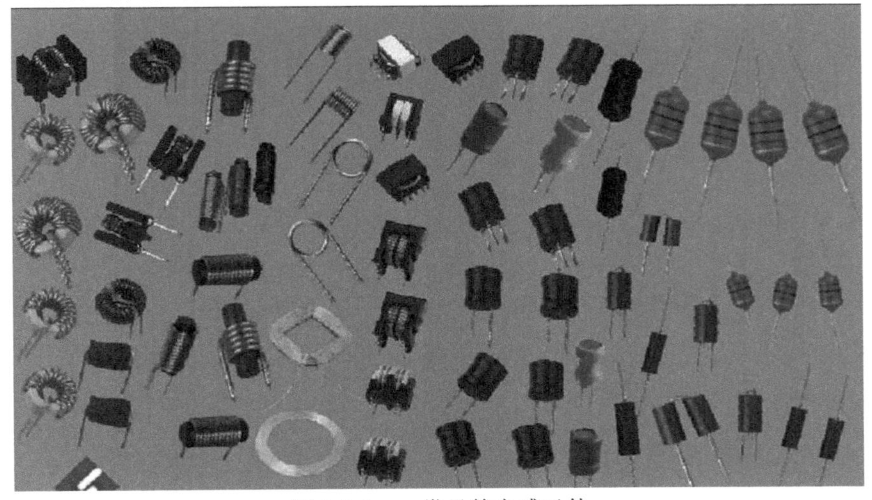

图 1-2-1　　常见的电感元件

1.2.2 电感器的分类及电路图形符号

电感器是根据电磁感应原理制成的器件。在电子设备中电感器分为两大类：一类是应用自感作用的电感线圈，另一类是应用互感作用的变压器或互感器。根据电感器的结构和用途，一般可分类如下：

（1）电感线圈可分为：单层线圈、多层线圈、蜂房式线圈、带磁芯线圈和磁芯有间隙的电感器等。根据电感器的电感量是否可调，分为固定、可变和微调电感器。

（2）变压器可分为：电源变压器、低频输入变压器、低频输出变压器、中频变压器和宽频带变压器等。

电感器在电路中的符号一般有图 1.2-2 中的几种形式。其中 L1 表示空心电感线圈，L2 表示可调空心电感线圈，L3 表示磁芯电感线圈，L4 表示可调磁芯电感线圈，L5 代表铁芯电感线圈，L6 代表屏蔽铁心电感线圈，L7 代表普通变压器，L8 代表具有抽头的变压器。

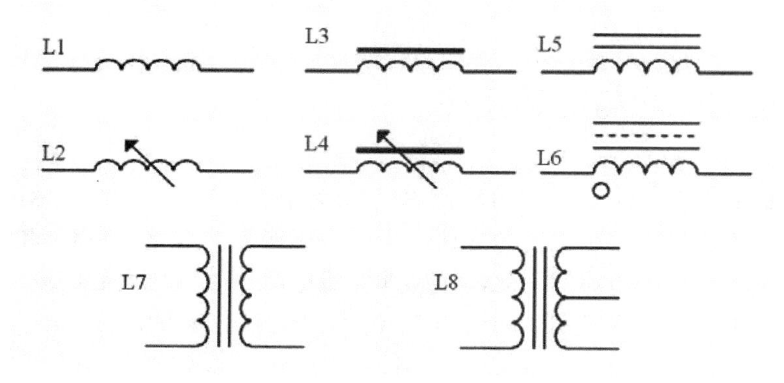

图 1-2-2　常用电感器的电路符号

1.2.3　电感器的主要性能参数

1.　标称电感量

电感器上标注的电感量的大小，常用 L 表示。电感量表征线圈本身固有特性，主要取决于线圈的圈数、结构及绕制方法等，与电流大小无关，反映电感线圈存储磁场能的能力，也反映电感器通过变化电流时产生感应电动势的能力，单位为亨(H)。

具体定义为：在没有非线性导磁物质存在的条件下，一个载流线圈的磁通量与线圈中的电流成正比，其比例常数称为自感系数，用 L 表示，简称为电感。即

$$L=\frac{\varPhi}{I}$$

式中：$\varPhi$ 表示磁通量，I 表示电流强度

2. 品质因数

电感的品质因数 Q 是表征电感质量的物理量，它与电感线圈的电阻 R 和电感量 L 有关。电感线圈的品质因数定义为

$$Q = \frac{\omega L}{R}$$

式中：ω为工作角频率，L 为线圈电感量，R一线圈的总损耗电阻，

品质因数 Q 由于导线本身存在电阻值，由导线绕制的电感器也就存在电阻的一些特性，导致电能的消耗。Q 值越高，表示这个电阻值越小，使电感越接近理想的电感器，当然质量也就越好。另外还有磁芯损耗，有时还是影响电感品质因数的主要因素。中波收音机使用的振荡线圈的 Q 值一般为 55～75。

3. 允许偏差

允许偏差是指电感器上标称的电感量与实际电感的允许误差值。

一般用于振荡或滤波等电路中的电感器要求精度较高，允许偏差为±0.2%~±0.5%；而用于耦合、高频阻流等线圈的精度要求不高；允许偏差为±10%~15%。

4. 分布电容

在互感线圈中，两线圈之间还会存在线圈与线圈间的匝间电容，称为分布电容，也叫寄生电容。分布电容对高频信号有很大影响，分布电容越小，电感器在高频工作时性能越好。分布电容与线圈的长度、直径和绕制方法有关。

5. 额定电流

额定电流是指能保证电路正常工作的工作电流，主要由导线直径的大小决定。对于磁芯电感，也由磁芯材料的饱和特性决定。

1.2.4 电感器的识别法及测试方法

1. 电感器的识别法

电感器的识别法主要有三种，即直标法、数码表示法和色码表示法。直标法是指电感线圈的电感量，允许误差及最大工作电流等主要参数，用数字和文字直接标在电感线圈的外壳上；数码表示法与电容器的表示方法相同；色码表示法也与电阻器的色标法相似，一般有四种颜色，前两种颜色为有效数字，第三种颜色为倍率，单位为μH，第四种颜色是误差位。

2. 电感器的测试方法

普通的指针式万用表不具备专门测试电感器的挡位，因此只能大致测量电感器的好坏，具体方法为：用指针式万用表的 R×1Ω 挡测量电感器的阻值，测其电阻值极小(一般为零)，则说明电感器基本正常；若测量电阻为∞，则说明电感器已经开路损坏。对于具有金属外壳的电感器(如中周)，若测得振荡线圈的外壳(屏蔽罩)与各管脚之间的阻

值不是无穷大，而是有一定电阻值或为零，则说明该电感器存在问题。

同时也可用具有电感挡的数字万用表来检测电感器。其具体方法是：将量程开关拨至合适的电感档，然后将电感器两个管脚与两个表笔相连即可从显示屏上显示出该电感器的电感量。若显示的电感量与标称电感量相近，则说明该电感器正常；若显示的电感量与标称值相差很多，则说明该电感器有问题。

利用数字万用表检测电感器时，应注意量程的选择，如果量程选择不合适，会影响到实际测量的结果。

1.2.5 电感器的结构

电感器一般由骨架、绕组、屏蔽罩、封装材料、磁芯或铁芯等组成。

（1）骨架：绕制线圈的支架。体积较大的固定式电感器或可调式电感器（如振荡线圈、阻流圈等），一般将漆包线（或纱包线）环绕在骨架上，再将磁芯或铜芯、铁芯等装入骨架的内腔，从而提高电感量。

骨架材料多样，可选择塑料、胶木、陶瓷等，形状也可根据需要选择制作。

对于诸如色码电感器等此类小型电感器，一般不使用骨架，可将漆包线直接绕在磁心上。

对于用在高频电路中的空心电感器（也称脱胎线圈或空心线圈）不用磁芯、骨架和屏蔽罩等，而是先在模具上绕好后再脱去模具，并将线圈各圈之间拉开一定距离。

（2）绕组：电感器的基本组成部分，指具有规定功能的一组线圈。

绕组可分为单层和多层。单层绕组可分为密绕和间绕，密绕指圈与圈之间紧密缠绕，而间绕则表明线圈之间有一定间隔；对于多层绕组，可分为平绕、乱绕、蜂房式绕法等多种。

（3）磁芯与磁棒：一般采用镍锌铁氧体（NX 系列）或锰锌铁氧体（MX 系列）等材料，有“工”字形、柱形、帽形、“E”形、罐形等多种形状。

（4）铁芯：主要有硅钢片、坡莫合金等，其外形多为“E”形。

（5）屏蔽罩：其作用是避免电感器在工作时产生的磁场影响其他电路及元器件正常工作。屏蔽罩的采用增加了线圈的损耗，使品质因子降低。

（6）封装材料：对于色码电感器、色环电感器等绕制好后，通常用封装材料将线圈和磁芯等密封起来。封装材料多采用塑料或环氧树脂等。

1.2.6 自制电感器需要考虑的问题

自制电感器需要考虑的几个因素：

（1）电流：流经电感的电流与所用导线的粗细相关，实际电路中，需要根据电流的大小选择粗细的导线。

（2）电感量：电感量与绕制的圈数多少相关，制作过程试测方式，即试绕几圈，然后用电感测试仪测试。

（3）工作频率：工作频率的不同决定线圈使用的类型也不同；对于高频电路，且要求电感量较大，一般要加铁氧体磁芯；电感量较小，如几个微亨，一般用空心线圈。

空心线圈制作过程较为简单，可用漆包线直接绕制，用一个直径合适的圆柱体，把漆包线一圈圈排列绕上即可。绕制时尽力绕紧，以防松开后线圈直径过于扩大，并刮去两端线头的漆面镀锡。如需微调，可放松线圈。

1.2.7 变压器的概念

变压器（Transformer）是利用电磁感应的原理来改变交流电压的装置，主要构件是初级线圈、次级线圈和铁芯（磁芯）。主要功能有：电压变换、电流变换、阻抗变换、隔离和稳压（磁饱和变压器）等。常见变压器的电路符号如图 1.2-3 所示。

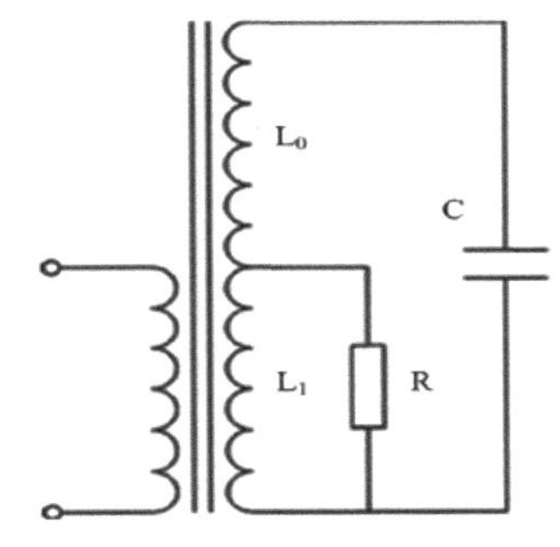

图 1.2-3　常用变压器的等效电路

1.2.8 变压器的分类及结构

变压器可以根据其铁芯形状、工作频率及功能等进行分类。变压器按铁芯（磁芯）形状可分为“E”形变压器、“C”形变压器和环形变压器。按工作频率可分为高频变压器、中频变压器和低频变压器；按功能可分为音频变压器、电力变压器、自耦变压器、油浸式变压器、电源变压器、恒压变压器、耦合变压器、隔离变压器，全密封变压器、干式变压器、单相变压器、组合式变压器、电炉变压器、脉冲变压器、配电变压器、整流变压器等。

变压器组成部件包括导电材料、磁性材料和绝缘材料三部分。

（1）导电材料：变压器的导电材料主要是各种上强度较高的漆包线，只有在调谐用高频变压器中使用纱包线。

（2）磁性材料：电源变压器和低频变压器中使用的磁性材料以硅钢片为主。中频变压器、脉冲变压器、振荡变压器等使用的磁性材料以铁氧体磁材为主。

（3）绝缘材料：变压器的绝缘材料除骨架外，还有层间绝缘材料和浸渍材料（绝缘漆）等。

1.2.9　变压器的主要性能参数

变压器的主要参数有电压比、频率特性、额定功率和效率等。

1. 电压比 n

变压器的电压比 n 与绕组的匝数存在如下关系：

$n=V_1/V_2=N_1/N_2$

其中 N_1 为变压器一次（初级）绕组，N_2 为二次（次级）绕组，V_1 为一次绕组两端的电压，V_2 是二次绕组两端的电压。

升压变压器的电压比 $n<1$，降压变压器的电压比 $n>1$，隔离变压器的电压比 $n=1$。

2. 额定功率 P

此参数一般用于电源变压器，使其安全工作频率。指变压器在规定的工作频率和电压下，能长期工作而不超过限定温度时的输出功率。

变压器的额定功率与铁心截面面积、漆包线直径等有关。铁心截面面积大，漆包线直径粗，其输出功率也大。

3. 频率特性

频率特性是指变压器有一定工作频率范围，应按照规定的频率范围选择不同的变压器，由于变压器在其频率范围以外工作，很可能出现温度升高或不能正常工作等现象。因此，不同工作频率范围的变压器，一般不要互换使用。

4. 效率

效率是指在额定负载时，变压器输出功率与输入功率的比值。此值与变压器的输出功率成正比，变压器的输出功率越小，效率也越低；反之，输出功率越大，效率越高。

变压器的效率值一般在 60%~100%之间。

1.2.10 变压器器的制作

在制作变压器的过程需要与制作材料较为熟悉，为此简单介绍一下材料的知识。

1．铁芯材料

变压器使用的铁芯材料是铁片中加入硅，能降低钢片的导电性，增加电阻率，还可减少涡流，使其损耗减少。我们通常称，加了硅的钢片为硅钢片，变压器的质量所用的硅钢片的质量有很大的关系，硅钢片的质量通常用磁通密 B 来表示，一般黑铁片的 B 值为 6000～8000、低硅片为 9000～11000，高硅片为 12000～16000。

2．绕制变压器通常用的材料

在漆包线、纱包线、丝包线和纸包线中，最常用的是漆包线。对于导线的要求，是导电性能好，绝缘漆层有足够耐热性能，并且要有一定的耐腐蚀能力。一般情况下最好用 QZ 型号的高强度的聚酯漆包线。

3．绝缘材料

在绕制变压器中，线圈框架层间的隔离、绕阻间的隔离，均要使用绝缘材料，一般的变压器框架材料可用酚醛纸板制作，环氧板，或纸板。层间可用聚酯薄膜，电话纸，6520复合纸等作隔离，绕阻间可用黄蜡布，或亚胺膜作隔离。

4．浸渍材料

变压器绕制好后，还要过最后一道工序，就是浸渍绝缘漆，它能增强变压器的机械强度、提高绝缘性能、延长使用寿命，一般情况下，可采用甲酚清漆作为浸渍材料或1032绝缘漆，树脂漆。

先根据电流和电压之积，来决定瓦数，查表得铁芯型号及截面面积，计算初级线圈数，由瓦数计算决定初级线径和次级线径，制作骨架（定购骨架）先绕初级，再绕次级，烘干，浸漆。

1.3 印制电路板的设计和制作

一个完整的电子产品主要由电路原理图设计、印制电路板设计、机械设计、元器件检测和安装、焊接及调试等几个步骤完成。电路设计是通过理论精确计算达到设计要求，要想使得所设计的原理电路成为实际电路，需要通过印制电路板设计制作来完成。因此有必要熟悉和掌握印制电路板设计和制作的一些最基本的知识、方法和技巧。

1.3.1 印制电路板设计的要求

（1）正确。正确是印制电路板设计最基本、最重要的要求，准确实现电路原理图的连接关系，避免出现“短路”和“断路”现象，保证电气连接的正确性。

（2）可靠。结构越简单，使用面越小，板子层数越少，可靠性越高，这是PCB设计中较高一层的要求。连接正确的电路板可靠性不一定高，如果设计过程中板材选择不合理，板厚及安装固定不正确，元器件布局布线不当等都使得可靠性下降。同时，设计过程中，在满足设计要求的前提下，尽量使板子的层数减少。

（3）合理。印制电路板的合理与否，影响到印制板组件制作的很多过程，如印制板的制造、检验、装配、调试到整机装配、调试，使用维修等。例如板子形状是否合理与加工是否容易相关，引线孔太小使得装配困难，板外连接选择不当导致维修困难等。而每一个不合理的情形都会导致成本的增加，工时延长。这都是源于设计过程中，对合理没有很好地把握造成的。在设计过程中，需要设计者不断总结经验，逐步优化设计思路，同时也需要设计者的责任心和严谨的作风。

（4）经济。在实际设计过程中，要考虑到实际情况下的工程指标，但不能一味强调成本，需要和其他指标综合考虑，如材料的廉价很可能导致设计电路的可靠性降低，从而导致制造费用、维修费用上升，总体经济性不够合理。

1.3.2 印制电路板设计

印制电路板设计是电子产品设计制作中较为关键的一步，其基本设计过程可简要分为三个步骤：首先是绘制电路原理图，然后由电路原理图文件生成网络表，最后在 PCB 设计系统中根据网络表完成自动布线工作。也可以根据电路原理图直接进行手工布线而不必生成网络表。完成布线工作后，可以利用打印机或绘图仪进行输出打印。除此之外，用户在设计过程中可能还要完成其他一些工作，例如创建自己的元件库、编辑新元件、生成各种报表等。

印制电路板设计的具体流程可包括如下几个方面：

(1) 设计电路原理图；
(2) 准备元器件；
(3) 制作或调用封装形式；
(4) 形成网络表连接文件；
(5) 规划电路板的大小、板层数量等；
(6) 调用网络表连接文件，并布局元器件的位置（自动加手工布局）；
(7) 设置自动布线规则，并自动布线；
(8) 形成第二个网络表连接文件，并比较两个网络表文件。若相同，则说明没有问题，否则要查找原因；
(9) 手工布线并优化处理
(10) 输出 PCB 文件并制版。

按照以上的流程，设计时也同时需要注意以下问题：

(1) 要熟悉电路的基本原理，并对电路板的环境，诸如温度、腐蚀气体等较为熟悉；
(2) 对电路工作的各个参数，如电流、电压、功率等计算清楚。同时对元器件的情况有所掌握，如型号，尺寸，封装形式等；
(3) 注意元器件的位置安排要满足散热的要求；
(4) 注意数字地和模拟地的分开；
(5) 制作双面电路板时，要尽量减少电路板层之间的过孔，并尽可能使用电阻、电容、三极管、二极管等实现过孔金属化工艺，但不能使用集成电路的管脚来实现过孔金属化。换句话说，在设计电路板并使用双列直插的集成电路时，与集成电路相连的覆铜线应全部放在电路板的底层；
(6) 高阻抗、高灵敏度、低漂移的模拟电路、高速数字电路、高频电路的印制电路板设计需要专门的知识和技巧，需要参考有关资料。

1.3.3 印制电路板的制作

印制电路板的制作，一般分为描绘、腐蚀及钻孔 3 个步骤。

(1)描绘。选择面积大小适宜的覆铜板，用碱水除去铜箔面油污，也可用细砂布打光。然后用复写纸将 1:1 的印制电路板图复印在铜箔面，将复印图涂上诸如磁化漆、清漆、稀释的沥青等耐腐蚀涂料，也可用打字蜡纸改正液、指甲油、记号笔等涂覆。

(2)腐蚀。修整印制板，待其干燥后进行腐蚀。将三氯化铁与水在 30℃~50℃下按 1:3 的比例混合。将描绘完成的印制电路板放入三氯化铁溶液后搅动，选择合适，不可过高或过低，温度尽量做到适宜，若过高，则由于腐蚀速度快易使涂覆的涂料皮脱落，导致印制线断裂；若过低，则腐蚀速度过慢，导致待未涂涂料的铜箔全部腐蚀掉。

(3)钻孔。腐蚀后的电路板，经清水冲洗后再用汽油将其涂覆层涂料清洗掉，再用清水冲干净之后用细砂布打光铜箔，打充眼。再用手电钻或台钻在焊盘中心钻孔，孔径大小应以欲安装的元器件引脚大小而定，孔径应比元件管脚的实际尺寸大 0.2～0.4mm 左右。最后把钻好孔的印制电路板清洗干净并涂上一层松香酒精层。

(4)印制电路板的使用 。元器件应从无铜箔的正面插入，且尽可能地贴近线路板，引脚在有铜箔线的反面露出 1～2mm，多余部分剪掉，之后用锡焊牢。元件在电路板上安装时，依据具体情况可采用立式或卧式。由于铜箔已涂有松香助焊剂，使用时应防止污染铜箔，以免影响焊接质量。

印制电路板的制作步骤如下：

1. 打印菲林

打印菲林纸是整个电路板制作过程中至关重要的一步,建议用激光打印机打印，以确保打印出的电路图清晰。制作双面板需分两层打印，而单面板只需打印一层。由于单面板比双面板制作简单，下面以打印双面板为例，介绍整个打印过程。

(1)修改 PCB 图。在 PCB 图的顶层和底层分别画上边框，边框大小、位置要求相同（即上下层边框重合起来，以替代原来 KeepOutLay 层的边框），以保证曝光时上下层能对准。

为保证电路板铜箔大小适中，钻孔的小偏移不影响电路板，建议将一般接插器件的外径设置为 72mil 以上，内径设置为 20mil 以下（内径宜小不宜大，电路板实际内径大小由钻头决定，此内径适当设置小可确保钻头定位更准确）。对于过孔，建议将外径设置为 50mil，内径设置为 20mil 以下。

（2）设置及打印。

①选择正确的打印机类型。以 HP1000 打印机为例，首先设置打印机，点击 File 的下拉菜单 Setup Printer 项，出现如图 2.3-1 所示的提示框，按图示选择正确的打印机类型。

② 点击“Options…”按钮，出现下图 2.3-2 所示的提示框，按图示设置好打印尺寸，特别要注意设置成 1:1 的打印方式及“Show Hole” 项要复选。

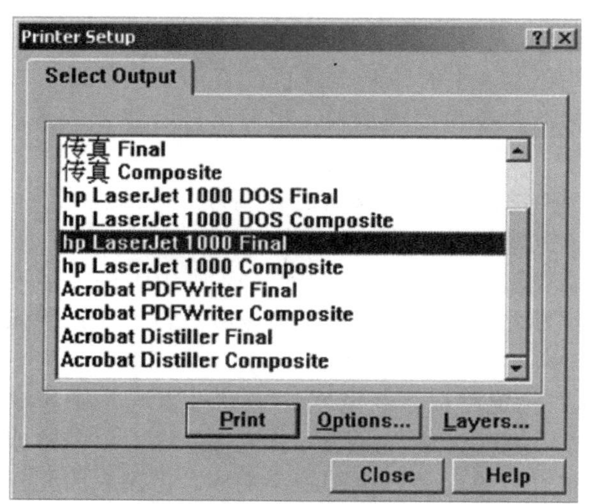

图 2.3-1　打印选择

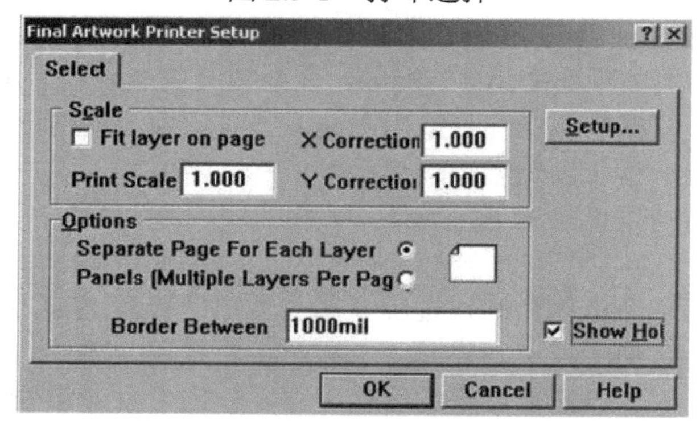

图 2.3-2　打印尺寸设置

③设置顶层打印，点击“Layers…”按钮，出现图 2.3.3 所示的提示框，按图示设置好。

④特别注意顶层需镜像，点击图 2.3-3 中的“Mirroring”按钮，出现图 2.3-4 所示的提示框，按图示设置好，然后点击“OK”按钮退出顶层设置，退回到图 2.3.1 提示框，点击“Print”按钮，开始打印顶层。

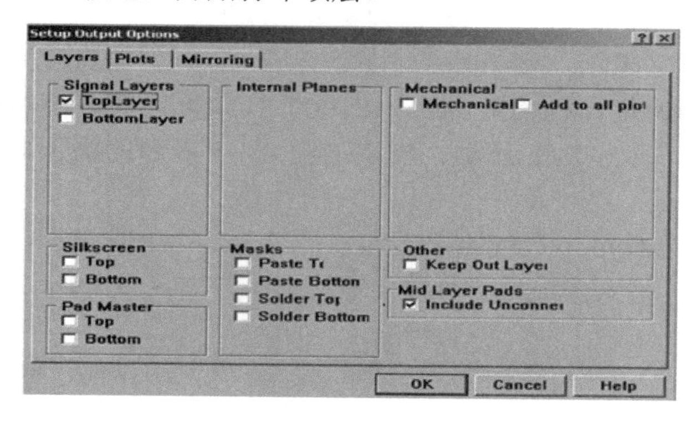

图 2.1-3 设置顶层打印

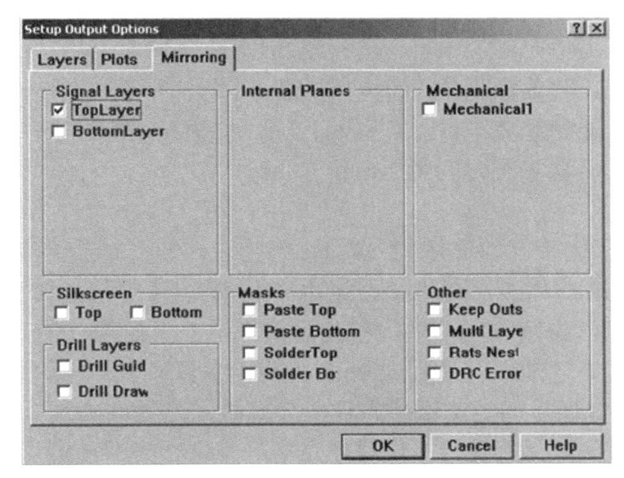

图 2.3-4 顶层镜像设置

⑤设置底层打印。与设置顶层打印一样点击“Layers…”按钮，出现图 2.3.5 所示的提示框，按图示设置好（注意底层不要镜像），点击“OK”按钮退出底层设置，退回到图 2.3-1 提示框，点击“Print”按钮，开始打印顶层。

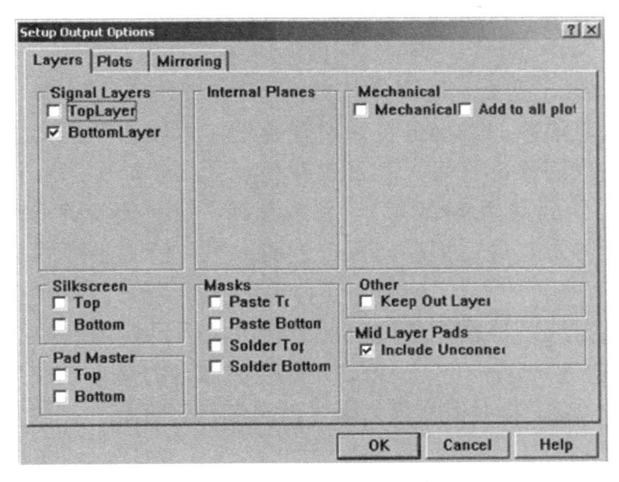

图 2.3-5 底层打印设置

⑥打印。为防止浪费菲林纸，可以先用普通打印纸打印测试，待确保打印正确无误后，再用菲林纸打印。

2. 曝光

先从双面感光板上锯下一块比菲林纸电路图边框线大 5mm 的感光板，然后用锉刀将感光板边缘的毛刺挫平，将挫好的感光板放进菲林纸夹层测试一下位置，以感光板覆盖过菲林纸电路图边框线为宜。

测试正确后，取出感光板，将其两面的白色保护膜撕掉，然后将感光板放进菲林纸中间夹层中。菲林纸电路图框线周边要有感光板覆盖，以使线路在感光板上完整曝光。

在菲林纸两边空处需要贴上透明胶，以固定菲林纸和感光板。贴胶纸时一定要贴在板框线外。

打开曝光箱，将要曝光的一面对准光源，曝光时间设为1min，按下“START”键，开始曝光。当一面曝光完毕后，打开曝光箱，将感光板翻过来，按下“START”键曝光另一面，同样，设置曝光时间为1 min。

3. 显影

（1）配制显影液。以显像剂:水的比例为 1:20 调制显像液。以 20g/包的显影粉为例，将1000mL防腐胶罐装入少量温水（温水以30 C^0～40 C^0为宜），拆开显影粉的包装，将整包显影粉倒入温水里，将胶盖盖好，上下摇动，使显影粉在温水中均匀溶解。再往胶罐中掺自来水，直到450mL为止，盖好胶盖，摇匀即可。

（2）试板.试板目的是测试感光板的曝光时间是否准确及显影液的浓度是否适合。将配好的显影液倒入显影盆，并将曝光完毕的小块感光板放进显影液中，感光层向上，如果放进半分钟后感光层腐蚀一部分，并呈墨绿色雾状漂浮，2min后绿色感光层完全腐蚀完，证明显影液浓度合适，曝光时间准确；当将曝光好的感光板放进显影液后，线路立刻显现并部分或全部线条消失，则表示显影液浓度偏高，需加点清水，盖好后摇匀再试；反之，如果将曝光好的感光板放进显影液后，几分钟后还不见线路的显现，则表示显影液浓度偏低，需向显影液中加几粒显影粉，摇匀后再试；反复几次，直到显影液浓度适中为止。

（3）显影。取出两面已曝光完毕的感光板，把固定感光板的胶纸撕去，拿出感光板并放进显影液里显影。约半分钟后轻轻摇动，可以看到感光层被腐蚀完，并有墨绿色雾状飘浮。当这面显影好后，翻过来看另一面显影情况，直到显影结束，整个过程大约 2 分钟。当两面完全显影好后，可以看到，线路部分圆滑饱满，清晰可见，非线路部分呈现黄色铜箔。最后把感光板放到清水里，清洗干净后拿出并用纸巾将感光板的水分吸干。

调配好的显影液可根据需要倒出部分使用，但已显像过的显影液不可再加入到原液中。显像液温度控制在 15℃～30℃。原配显像液的有效使用期为 24h。20g 显像剂约可供 8 片 $10\times15cm^2$ 单面板显像。感光板自制造日期起，每放置 6 个月，显像液浓度则需增加 20%。

（4）腐蚀。腐蚀就是用 $FeCl_3$ 将线路板非线路部分的铜箔腐蚀掉。

首先，把 $FeCl_3$ 包装盒打开，将 $FeCl_3$ 放进胶盘里，把热水倒进去，$FeCl_3$ 与水的比例为 1:1，热水的温度越高越好。把胶盘拿起摇晃，让 $FeCl_3$ 尽快溶解在热水中。为防止线路板与胶盘摩擦而损坏感光层，避免腐蚀时 $FeCl_3$ 溶液不能充分接触线路板中部，可将透明胶纸粘贴面向外，折成圆柱状贴到板框线外，最好四个脚都贴上，以保持平衡。

然后将贴有胶纸的面向下，把它放进 $FeCl_3$ 溶液里。因为腐蚀时间跟 $FeCl_3$ 的浓度、温度，以及是否经常摇动有很大的关系，所以，要经常摇动，以加快腐蚀。当线路板两面非线路部分铜箔被腐蚀掉后将其拿出来，这时可以看到，线路部分在绿色感光层的保护下留了下来，非线路部分全部被腐蚀掉。腐蚀过程全部完成约 20min。

最后将电路板放进清水里，待清洗干净后拿出并用纸巾将附水吸干。

（5）打孔。首先选择好合适的钻头，以钻普通接插件孔为例，选择 0.95mm 的钻头，安装好钻头后，将电路板平放在钻床平台上，打开钻床电源，将钻头压杆慢慢往下压，同时调整电路板位置，使钻孔中心点对准钻头，按住电路板不动，压下钻头压杆，这样就打好一个孔。提起钻头压杆，移动电路板，调整电路板其他钻孔中心位置，以便钻其他孔，注意此时钻孔为同型号。对于其他型号的孔，更换对应规格的钻头后，按上述同样的方法钻孔。

打孔前，最好不要将感光板上残留的保护膜去掉，以防止电路板被氧化。

不需用沉铜环的孔选用 0.95mm 的钻头，需沉铜环的孔用 1.2mm 的钻头，过孔用 0.4mm 钻头。

（6）穿孔。穿孔有两种方法，可使用穿孔线，也可使用过孔针。使用穿孔线时，将金属线穿入过孔中，在电路板正面用焊锡焊好，并将剩余的金属线剪断，接着穿另一个过孔，待所有过孔都穿完，正面都焊好后，翻过电路板，把背面的金属线也焊好。

使用过孔针更简单，只需从正面将过孔针插入过孔，在正面用焊锡焊好，待所有过孔都插好过孔针并焊好后，再在背面焊好。

（7）沉铜。穿孔也可以采用沉铜技术。沉铜技术成功低解决了普通电路板制板设备不能制作双面板的问题。沉铜技术替代了金属化孔这一复杂的工艺流程，使得手工能够成功的制作双面板。

沉铜时，先用尖镊子插入沉铜环带头的一端，再将其从电路板正面插入电路板插孔中，用同样的方法将所有插孔都插好沉铜环；然后从正面将沉铜环边沿与插孔周边铜箔焊接好，注意不要把焊锡弄到铜孔内，这样将正面沉铜环都焊好后，整个电路板就做好了，背面铜环边沿留在焊接器件时焊接。

（8）表面处理。在完成电路板的过孔及沉铜后，需要进行印制电路板表面处理。

①用天那水洗掉感光板残留的感光保护膜，再用纸巾擦干，以方便元器件的焊接。

②在焊接元器件前，先用松节油清洗一遍线路板。

③在焊接完元器件后，可用光油将线路板裸露的线路部分用光油覆盖，以防氧化。

1.3.4 设计过程中需考虑的问题

印制电路板在设计过程中要考虑以下问题：

(1) 确保电路原理图元件图形与实物一致，并确保电路原理图中网络连接的正确性。

(2) 除了考虑原理图的网络连接关系外，需考虑电路工程的相关要求，主要是电源线、地线和其他一些导线的宽度、线路的连接、部分元件的高频特性、阻抗和抗干扰等。

(3) 需考虑安装孔、插头、定位孔、基准点的基本要求，各种元器件的摆放位置和安装位置，以满足整机系统的要求，同时要便于安装、系统调试以及通风散热。

（4）在制造性和工艺性上，要熟悉设计规范和生产工艺要求，使得所设计的印制电路板能顺利生产。

（5）元器件在生产过程中应便于安装、调试、返修，同时印制电路板上的图形、焊盘、过孔等要标准，确保元器件之间不会碰撞，且方便安装。

（6）在满足基本设计需求的前提下，为降低成本，应尽量减少印制电路板的板层和面积。同时，减少过孔，优化走线，使印制板疏密均匀，整体布局美观，满足实用性和可靠性的要求

1.4 电路设计中应考虑的其他问题

在实际电路设计过程中，很多因素都会影响电路的实际性能，诸如温度、空气湿度、电磁干扰、所用材料和使用工艺等。这里重点讨论温度、抗干扰和生产工艺对电路设计的影响。

1.4.1 温度

电子器件和电路在实际应用过程中，电流的运动都会伴随有热量的产生，而热量会在一定程度上影响电路的性能，为了提高电子产品的可靠性，同时使电路的电学性能得以充分发挥，就必须使产生的热量达到最低程度。同时随着工艺的进一步发展，电子封装朝着不断减小尺寸和提高性能的方向发展，将会对散热设计提出更高的要求。

对有源器件来说，温度的升高通常会改变其电学性能。在有缘硅器件中，温度每升高 10℃，漏电电流就会加倍；而温度的降低可使得这些器件的漏电流减小。而对于无源元件，温度的改变通常会改变它们的数值，如果温度很高，很可能造成电参数元件永久劣化或完全失效，例如对于电阻，通常情况下，温度升高会使得阻值增大。因此，为了满足电路的电性能和热性能的要求，电路设计过程，需要对每个元器件进行热模拟和电模拟，并反复设计以获得所需的性能。

另外，温度的变化也会影响到器件的物理结构。材料具有热胀冷缩的性能，并在膨胀和收缩时受到约束就会产生热应力。焊接过程中，如将铜热沉和金属化的陶瓷基板焊接在一起，在温度循环过程中，一系列的加热和冷却过程交替进行，铜将会以比陶瓷更高的速率膨胀和收缩，但却受到了约束。经过一段时间和重复的温度循环之后，这种约束将会导致热沉弯曲、焊接失效、陶瓷翘曲或者陶瓷完全失效和开裂。为了减少或者消除这种热应力，需要选择合适的材料并减少由器件自身发热引起的温度变化。

另外，在电路板印制过程中，也会产生一系列的热量，因此，可通过一些措施来冷却电子装置，如尽可能地使用高温元器件，隔开对温度敏感的元器件与高散热源；并通过热传导，对流和辐射来保证适当的导体的冷却等。其中热传导可通过使用高导热性的材料，将散热器尽可能贴近设计的器件，以及在传导路径的各部分，确保良好

热连接的方式进行等实现;对流降温可通过增加表面面积使热量传播，或者用扰流代替层流增加热传播效率，确保所需降温部分周围环境得到很好的清理。辐射散热可通过使用具有高散发和吸收性材料，增加辐射体温度、降低吸收体温度实现;同时还可通过几何设计减小辐射体本身的反射。更要注意通过改变功率晶体管或大功率电阻的布局来清除局部会损坏电路板或相邻元器件的热点。一般地，将此类元器件安装在散热器的框架附近。另外，这些基本知识在印制电路板时也不容忽视，印制电路板最好是直立安装，板间距应大于2cm；同时，通过如下规则排列在印制板上的器件：在采用自由对流空气冷却的设备设计过程中，将按纵长方式排列集成电路或其他器件，将使热量有效降低;在同一块印制板上，按其发热量大小及散热程度将器件分区排列; 发热量小或耐热性差的器件，如小信号晶体管、小规模集成电路、电解电容等，均放在冷却气流的最上流入口处；而像功率晶体管、大规模集成电路等，此类发热量大或耐热性好的器件，均放在冷却气流最下游；对温度比较敏感的器件应位于温度最低的区域（如设备的底部），不应将其放在发热器件的正上方，多个器件应在水平面上交错布局;由于设备内印制板的散热主要依靠空气流动，所以，要仔细研究空气流动路径，合理配置器件或印制电路板; 同时，不要留有较大的空域，以防止空气流动时，总向此类阻力小的地方流动。

在实际电路设计过程中，通过如下途径可使元器件保持在最高工作温度以下:

（1）认真分析电路，对每个元器件的最大功耗做到胸中有数;

（2）查找资料，根据元器件本身的特性以及绝缘环境，确定元器件表面工作温度的上限值，可允许的最高温度取决于，并牢记在心。

1.4.2 抗干扰

实际的电路环境中，有很多干扰因素，这使得电路的温度性、可靠性受到影响。电路中有很多抗干扰的方式方法，如选用去耦滤波电路、提高共模抑制比、利用光电耦合等，而接地较为常用。

“接地”是从事电子电路设计的人员常听到的名词，“地”是指电路系统的参考零电位点。即在实际电路工作时，为电路正常工作而提供的一个基准电位，该基准电位可以是电路系统中的某一点、某一段或某一块等。当该基准电位与大地连接时，基准电位可视为大地的零电位，而不会随着外界电磁场的变化而变化。当该基准电位不与大地连接时，视为相对零电位。但相对零电位不稳定，会随着外界电磁场的变化而变化，从而改变系统参数，导致电路系统不能稳定工作。

电路的接地点是否正确、合理，将会干扰电路的正常工作，电路在实际设计过程中，根据性质可分为多种接地方式，如数字地、模拟地、信号地等。各种接地应分别设置，不能混合设在一起，如将数字地和模拟地接在一起则两种电路的强大干扰使得电路失去原有功能，无法正常工作。我们知道，一个电子电路的设计过程中，通常会有模拟信号，也存在数字信号，数字电路是高低电平，而高低电平在变换过程中，如前后沿较陡或频率较高，则电量起伏变换波动大，大量的电磁波将会产生，从而干扰电路。同时，对于模拟电路，各种小信号放大电路之间的耦合方式不当，与数字电路在其地线间会互相干扰，造成模数间转换不稳定。通常的情况下，对于数字和模拟部分，各用一套整流电路，然后两者之间通过光耦合器耦合，可把两套电源间的地线实现电隔离。

另外，信号地是指信号电路、逻辑电路和控制电路的地，是各种物理量信号源零电位的公共基准地线。由于导线均有阻抗，且流经电流不同，而信号地必须通过导线连线，从而使得各个接地点的电位不完全相同。实际电路中的信号相对较小，更加容易受到干扰。通常对该类问题的解决办法为：分开同一设备的信号输入端地与信号输出端地，否则，信号通过地线形成反馈，可能会引起信号浮动。在设备测试电路中，信号地至关重要。

还有一种地是功率地，是指负载电路或功率驱动电路的零电位的公共基准地线。通常情况下，负载电路或功率驱动电路的电流强、电压高，如接地地线电阻较大，产生的电压降较大而导致较大干扰。因此功率地须与其他弱电地分开设置，以保证整个系统稳定可靠的工作。

在电路板制作过程中，也需考虑抗干扰能力，特别是在线路板中的电源线、地线的设计过程中，需根据流过电流的大小，尽量加大电源线的宽度，来减小环路电阻。另外将电源线、地线的走向和数据传送方向保持一致，从而增强电路的抗噪声能力。并把板上的逻辑电路和线性电路分开，低频电路采用单点并连接地，高频电路采用多点串联接地，并选用短而粗的线作为地线。通常可选用合适的退耦电容放置在印制板的关键部位，如在电源端连接大小为10μF~100μF的电解电容，在20~30管脚的集成电路芯片的电源管脚附近，布置0.01pf的磁片电容，如果芯片很大，有几个电源引脚，可在每个电源附近加一个退耦电容。如果芯片超过200个管脚，则在四边均加上至少二个退耦电容。对于抗干扰能力弱、关断电源变化大的元件应在该元件的电源线和地线之间直接接入退耦电容，而电容引线都不宜过长，尤其是高频旁路电容不能有引线。

1.4.3 生产工艺

在电路设计过程中，除了上面要考虑的因素，生产工艺也不容忽视，因为工艺的不同会影响所设计电路的性能，这里简单介绍几种工艺，包括SMT、THT和SMT/THT混合组装。

1. 单面SMT（单面回流焊接技术）

单面SMT工艺较为简单，其PCB主要一面全部是表面组装元器件。其加工工艺为：锡膏涂布→元器件贴装→回流焊接→手工焊接。

2. 双面SMT（双面回流焊接技术）

该工艺对双面都是表面贴装元器件的PCB较为适用，在设计时尽量选用表面贴装元器件，从而提高加工效率。如果无法避免使用小部分THT元器件，可以采用通孔回流焊接技术和手工焊接方法。前者要求THT元器件必须符合回流焊接的温度要求和通孔回流焊接条件。具体加工工艺为：锡膏涂布→元器件贴装→回流焊→翻板→锡膏涂布→元器件贴装→回流焊接→手工焊接。

3. 单面 SMT+THT 混装（单面回流焊接，波峰焊接）

该要求在布局时，尽可能将元器件都布于同一面，减少加工环节，提高生产效率。具体加工工艺为：锡膏涂布→元器件贴装→回流焊接→插件→波峰焊接。

4. 双面 SMT+THT 混装（双面回流焊接，波峰焊接）

该工艺较复杂，此类 PCB 板底面的 SMT 元器件需要采用波峰焊接工艺，因此对底面的 SMT 元器件有一定要求。设计过程中如果元器件密度过大，底面必须排布元器件并且 THT 元器件又较多的 PCB 板时，该工艺比较有效。具体加工工艺为：锡膏涂布→元器件贴装→回流焊接→翻板→印胶→元器件贴装→胶固化→翻板→插件→波峰焊接。

第二章　模拟电路的基本单元结构和设计方法

2.1 基本运放电路

运算放大器是模拟电路设计中常用的器件，通常是模拟电路中的主要有源器件，简称为运放。由运放可以组成同相和反相放大器、运算电路、滤波器等单元电路，本节将详细介绍运放的基本特性和功能电路的组成。

2.1.1 运放的基本特性和分类

运算放大器是集成的高增益、直流差分放大器，设其同相和反相输入端电压分别为u_+和u_-，输出端电压为u_o，则有：

$$u_{\mathrm{o}} = A_{\mathrm{d}}(u_+ - u_-) + A_{\mathrm{c}}\frac{u_+ + u_-}{2} + u_{\mathrm{Q}}$$

A_{d}称为差模放大倍数，表示运放对差模信号的放大能力，往往非常大，比如 103 以上。A_{c}称为共模放大倍数，一般较小，可以小于 1。为了综合表示运放对信号的放大能力，经常用共模抑制比 CMRR 表示对共模信号的抑制和对差模信号的放大，CMRR=$|A_{\mathrm{d}}/A_{\mathrm{d}}|$；$u_Q$表示输入信号为 0 时的静态输出，如果折合到输入端，用u_{os}表示，称为输入失调电压，是放大直流小电压信号时误差的主要来源。同时，运放要正常工作，输入级的差分放大器正负输入端总有一定的偏置电流，称为输入偏置电流$\mathrm{I_b}$，由于正负输入端偏置电流不平衡带来的电流误差，称为输入失调电流$\mathrm{I_{os}}$，它是放大小电流信号时误差的主要来源。对于一般运放来说，输入端有电压时总会有一定输入电流，因此输入电阻或输入阻抗也是一个重要的特性。

对于好的运放，总是希望差模放大倍数尽可能大，共模放大倍数尽可能小，输入失调电压和输入失调电流几乎为 0，而输入阻抗越大越好，因此可以抽象出理想运放的概念。理想运放必须满足如下两点要求：

1. 电压输出只取决于输入差模电压，而差模电压放大倍数为无限大。
2. 输入阻抗为无限大。

第一点决定了只要理想运放工作在线性放大状态下，则输入差模电压一定为 0，即得出正负输入端电压相等，$u_+ = u_-$。第二点决定了理想运放不需要输入电流，即输入电流为 0。应用这样两点，就可以解决所有线性工作的理想运放电路分析的问题，记住这里的前提是运放工作在线性放大状态。

对于实际的运放，则可以表示为在理想运放基础上的一些修正。图 2.1-1 给出了一个实际运放和理想运放的示意图，其中小的实线三角形表示理想运放，而大的虚线三角形表示实际的运放，并且实际运放只考虑了输入偏置电流和输入失调电压的影响，没有考虑实际运放放大倍数并不是无限大的因素。

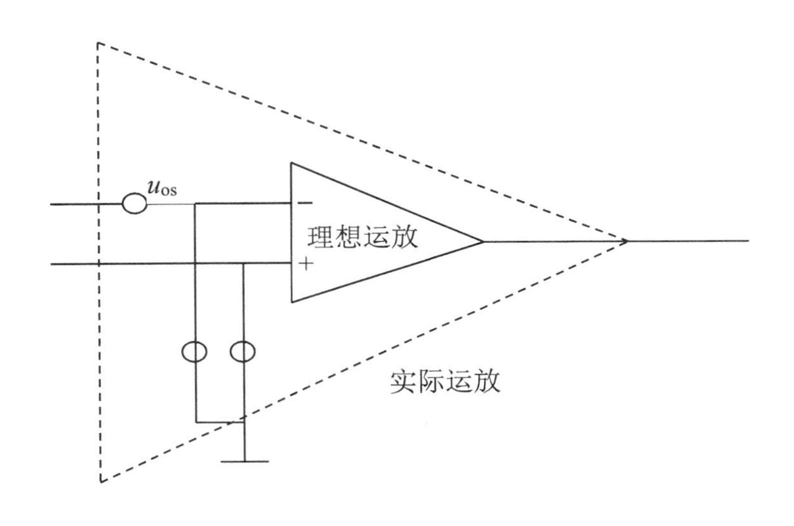

图 2.1-1 实际运放示意

实际的运放的性能离理想运放究竟有多远呢？以普通运放 LF411 为例，$u_{os} \le 2mV$，$A_o \ge 88dB$，CMRR>70dB，IB<200pA。由这些参数可以看出，一般信号放大的情况下，理想运放的条件是容易满足的。

运放可以根据不同的性能特点分成不同的种类，下面给予粗略的介绍并提供一些型号供实际设计选用。

根据单个器件中封装的运放个数不同，可以分成单运放、双运放和四运放，单个器件中分别封装了 1 个、2 个和 4 个性能相同的运放。典型的普通单运放有：LM741、LF351、NE5532 等，双运放典型型号有：LF353 等；典型的四运放有 LM324 等。

在实际应用中，有时需要运放由单电源供电，为了满足这种需要，特地设计了单电源供电运放，比如：TL062、TL084、TL082 等。单电源供电运放和普通运放的差异在于输入端信号的最大输入范围，普通运放如果单电源供电，输入端信号范围低端不会低于 0.5V，而单电源供电运放则一般包含 0V。

还有一种低压运放，可以单电源应用，也可以双电源应用。一般运放输入或输出范围可以表示为$-(V_s-\Delta_1)$到$(V_s-\Delta_2)$，其中$\pm V_s$为运放的供电电源，Δ_1和Δ_2一般大于0.5V。对于低电源电压运放，Δ_1和Δ_2不宜过大，否则当Vs较小时，输入和输出范围就变得很窄了。当Δ_1和Δ_2很小（典型值小于 100mV）时，就说该运放的输入或输出是“轨至轨”（rail to rail）的，而低压供电运放一般输入或输出或两者同时具有“轨至轨”特性。典型的型号如OPA351等，输入和输出均有“轨至轨”特性。

如果要求运放有超出普通运放更低的输入失调电压，用来满足较高精度和其他方面的性能，那么可以选择低输入失调电压运放，典型型号为OP07、OP27、OP37和改进型号OP77等，其输入失调电压的典型值为60μV。

为了满足放大微弱直流信号的要求，可以选用零漂移运放。其内部首先在一个时钟信号的控制下，把输入信号斩波成交流进行放大，而在某些时钟相位时进行漂移量的矫正，从而满足零漂移。这种运放的典型型号为LT1050和LT1055，如LT1050，其输入失调电压最大为5μV，输入失调电压的温度漂移不大于0.05μV/℃。

2.1.2 运放电路的构成

刚才讲过，只要运放工作在线性放大状态，就可以用上面提到的原则分析理想运放电路。运放电路中怎样保证工作在线性放大状态呢？这就需要引入负反馈来实现。从反馈取样信号来看，负反馈可以分成电压反馈和电流反馈；从反馈信号在输入端的连接情况看，可以把反馈分成串联反馈和并联反馈。因此，总共有四种类型的负反馈：电压串联负反馈、电压并联负反馈、电流串联负反馈和电流并联负反馈。在理想运放电路中，不论引入何种形式的负反馈，都能在输入信号大小适当的情况下使运放工作在线性状态。

一般地，假设输出信号是X_o（电压或电流，取决于电路的具体形式，下同），反馈系数F，输入信号X_i，对于负反馈，差模输入信号为$X_d=X_i-X_oF$。对于由运放组成的开环放大器，输出总是正比于差模输入，即$X_o=A_oX_d$，这就是说，差模输入X_d变大，则X_o变大，从而减小X_d变大的趋势，保证运放工作在线性状态下。综合上面两个公式，得出：

$$A_F=\frac{A_o}{1+A_oF}\approx\frac{1}{F}$$

开环放大倍数越大，上式的精确程度越高。由上式可以看出，当开环放大倍数很大时，闭环放大倍数只取决于反馈系数，而与开环放大倍数几乎是无关的。一般来说，反馈网络是一个信号衰减网络，很容易由电阻等无源元件组成精确、稳定的反馈网络。因此，只要有一个放大增益充分高的运放作为开环放大器，可以很容易组成放大倍数精确、稳定的闭环放大器，而不需要开环放大器的放大倍数稳定，只需其充分的大。其中的原因是：反馈放大器是一个反馈控制系统，开环放大器把输入和反馈信号的差作为输入信号进行放大，从而把输入信号和反馈信号的差控制在很小的范围内，这个差就是误差。因此，只要放大器开环放大倍数足够大，闭环放大倍数误差就会很小。

通过上面的分析知道，必须以运放为基本放大器和反馈网络一起组成反馈放大器才能组成合适的线性放大电路。从对输出信号的采样看，可以把负反馈分成电压负反馈和电流负反馈两种。最简单的电压负反馈的反馈网络应该是电阻分压网络，如图 2.1-2 所示。电阻 R_1 和 R_2 组成分压网络，把输出电压 U_o 取样得到反馈电压 U_F 。显然

$$U_F = \frac{R_2}{R_1 + R_2} U_o$$

而电流反馈则可以由和负载串联的元件实现，比如串联电阻，把输出电流变成电压信号，如图 2. 1-3 所示，显然有：

$$U_F = R_s I_o$$

这两种电路的反馈信号都是电压。

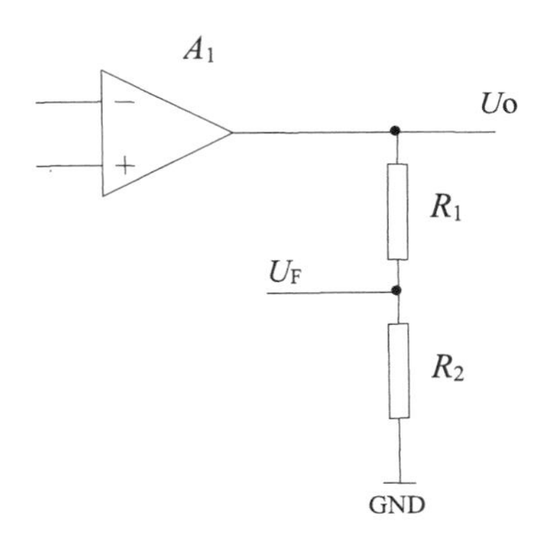

图 2.1-2 电压负反馈

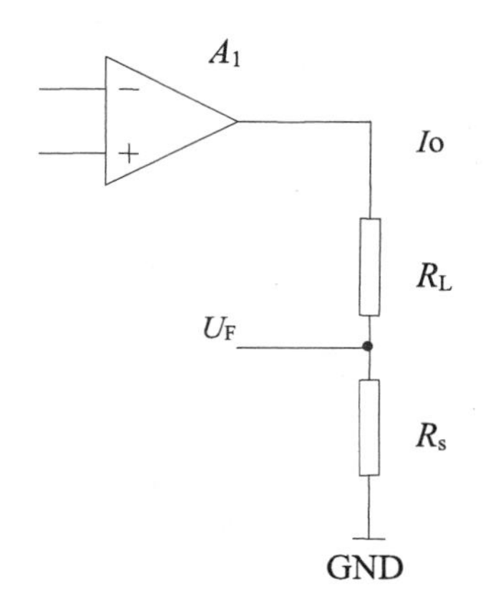

图 2.1-3 电流负反馈

在输入端的叠加方式则有串联和并联反馈。串联负反馈根据电压的串联叠加关系，把输入电压和反馈电压以及正负输入端组成的回路电压进行叠加，形成输入电压和反馈电压的差作为放大器的输入。并联反馈是根据节点电流定律，在反相输入端的节点上，输入电流、反馈电流叠加相减形成运放的输入电流。图 2.1-4 给出了四种典型的电路。对于 2.1-4（a）图，由负反馈的理论有：

$$F=\frac{U_F}{U_o}=\frac{R_2}{R_1+R_2}$$

$$A_F=\frac{1}{F}=1+\frac{R_1}{R_2}$$

其实可以由上节中给出的理想运放的条件计算得出相同的结论。由 $u_+=u_-$：

$$U_i=U_o$$

由正负端输入电流为 0：

$$U_F=\frac{R_2}{R_1+R_2}U_o$$

同样可以得出：

$$A_F=\frac{U_o}{U_i}=1+\frac{R_1}{R_2}$$

比较计算过程可知，通过理想运放的两个条件来进行计算更方便更容易。但是对于非理想运放就得使用反馈理论提供的方法。理想运放的两个条件有时也称为“虚短”和“虚断”，因为在分析输入电路时，$u_+=u_-$ 就像正负输入端短路类似，而正负输入端电流为 0 和输入端断路类似。

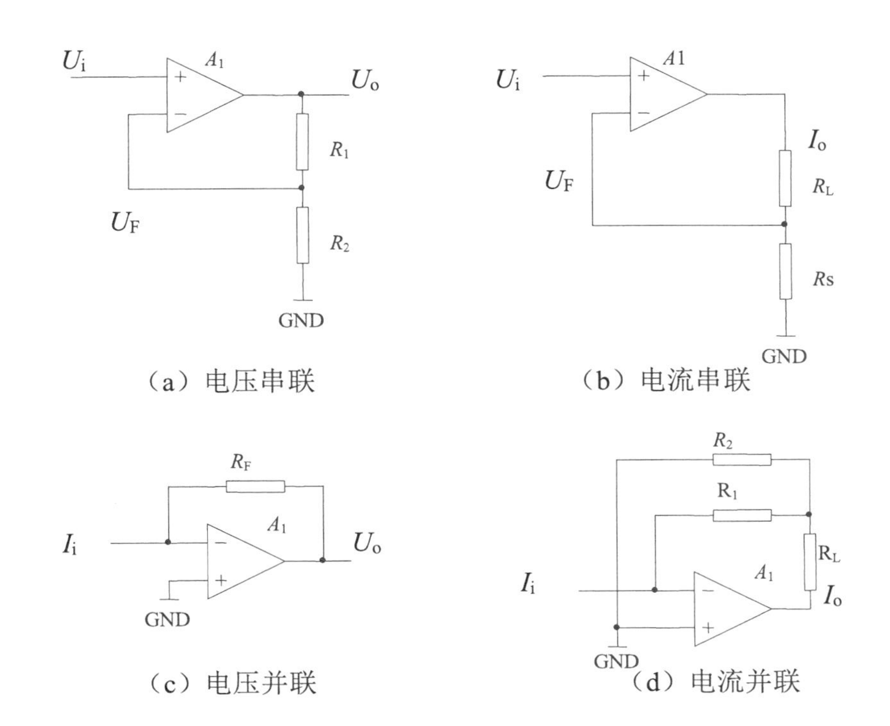

图 2. 1-4 四种典型的负反馈电路

总结以上的论述，运放电路的构成方法为：必须采用负反馈构成线性放大电路。如果需要电压输出，则采用电压反馈；如果需要电流输出，则采用电流反馈；如果需要放大电流输入信号，则采用并联反馈；如果需要放大电压信号，则需要串联反馈。运放电路计算时则经常采用输入电流为 0 和输入电压为 0 两条准则，通常称为“虚断”和“虚短”。

2.1.3 基本放大和运算电路

运放可以方便地构成同相、反相等基本放大电路和加法、减法等运算电路，下面简要地介绍各种电路的组成方法和特点，详细的讨论请参见电子技术课本。

1. 反相放大器

图 2.1-5（a）是一个反相放大器。其电压放大倍数 $A=-\dfrac{R_2}{R_1}$,放大倍数为负数，故为反相放大器，输入电阻为 R_1。该电路由于 R_1、R_2 无法取得过大，尤其是放大倍数较大时，故而输入阻抗无法很大。共模输入电压约为 0，所以这个电路对共模抑制比要求可以较低。

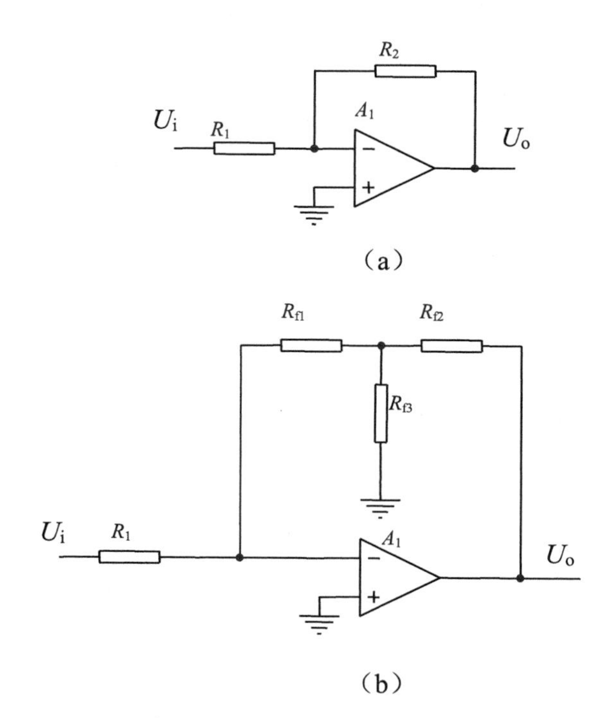

图 2.1-5 反相放大器电路

图 2.1-5（b）是（a）电路的一种改进，使不用大反馈电阻也能得到较大的放大倍数：

$$A_{VF} = -\frac{R_{f1} + R_{f2} + R_{f1}R_{f2}/R_{f3}}{R_1}。$$

2. 同相放大器

图 2.1-4 中的（a）是典型的同相放大器，其电压放大倍数为：$A_F = \frac{U_o}{U_i} = 1 + \frac{R_1}{R_2}$。电路是电压串联负反馈，输入阻抗很高，输出阻抗很小。但是有共模电压，容易给输出带来直流误差。当作为交流放大时，应该注意高输入阻抗的影响，需要给输入电容一个电荷积累的泻放回路，如图 2.1-6（a）所示电路，如果没有 R3，耦合电容上积累的静电荷将得不到释放，造成输出有很大的直流成分。或者采用图 2.1-6（b）所示的电路，虽然采用直接耦合，但直流电压增益为 1，而交流可以得到相当大的增益。

对于这两个电路，要注意其低频转折点，应该选取合适的阻容参数，以得到足够低的低频转折频率。

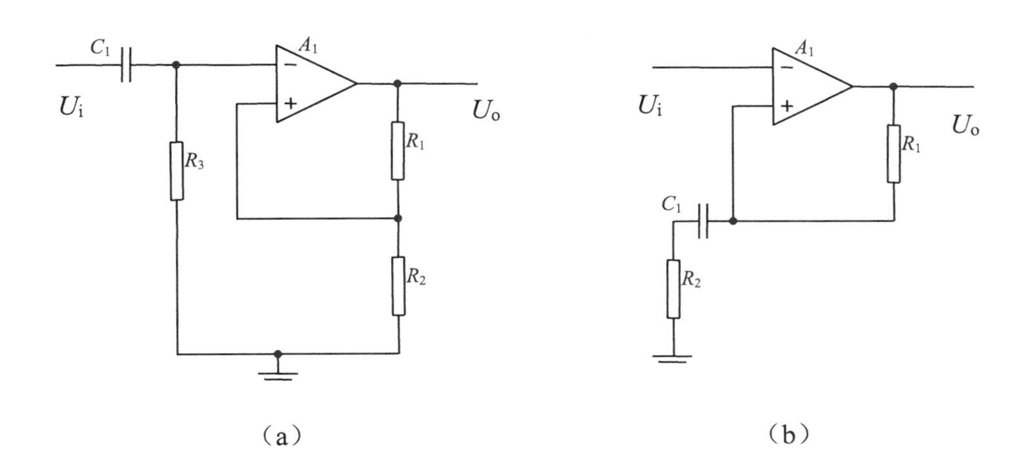

图 2.1-6 交流耦合的同相放大器

3. 求和电路

图 2.1-7 是一个反相求和放大器。容易知道 $U_o=-R_f(\frac{U_{i1}}{R_1}+\frac{U_{i2}}{R_2}+\frac{U_{i3}}{R_3})$，为输入电压的加权求和。

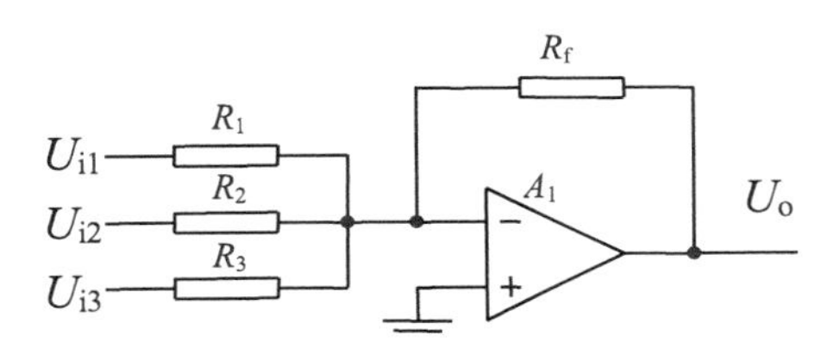

图 2.1-7 反相求和放大器

4. 微分电路

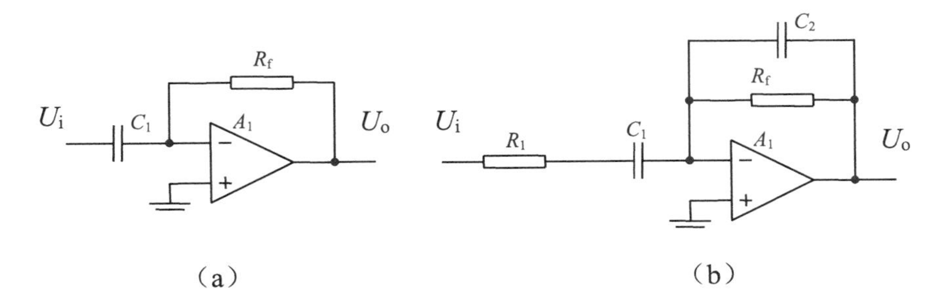

图 2.1-8 微分电路

微分电路是利用电容器的电压和电流关系。电容器的电量和电压关系为：

$Q = CU$，而电流和电量的关系为：$I = \frac{\mathrm{d}Q}{\mathrm{d}t}$，因此，电压和电流关系为：$I = C\frac{\mathrm{d}U}{\mathrm{d}t}$。利用这个微分关系，组成微分电路，如图 2.1-8（a）电路，电容两端电压即为 U_i，输出电压为$U_o = -IR_f$，得到输入输出电压关系为：$U_o = -R_f C\frac{\mathrm{d}U_i}{\mathrm{d}t}$。这个电路对于噪声和高频信号敏感，往往限制实际应用。因此，实际当中经常采用图 2.1-8（b）所示的电路，在 $C1$ 上串联一个电阻 $R1$ 限制电流的高频成分，同时，在电阻 Rf 两端并联一个小电容 $C2$，用来增加高频分量的负反馈，从而减小高频分量的放大倍数。电路中元件 $R1$ 和 $C2$ 的选择取决于希望舍弃的高频分量的频率。

5. 积分电路

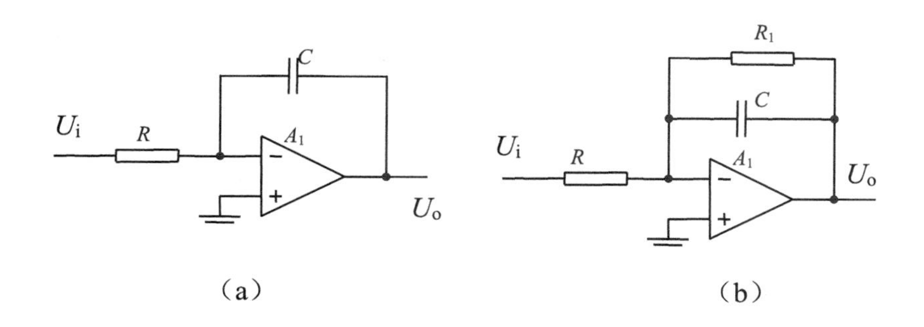

图 2.1-9 积分电路

把电容器放在反馈回路里就可以形成积分电路，如图 2.1-9（a）所示，当然电路也可以接受电流输入。根据电容器电压和电量的关系为：

$$U_o = -\frac{Q}{C} = -\frac{1}{C}\int i\mathrm{d}t = -\frac{1}{RC}\int U_i \mathrm{d}t$$

因此，输出等于输入电压的积分，而且是反相积分器。该电路有一个致命缺陷，当输入电压即使为 0 时，由于输入偏置电流和输入失调电压的存在，使得仍然有小积分电流进入电容器，经过长时间积累形成较大的输出。为了克服这个缺陷，通常采用图 2.1-9（b）电路，电容上并联一个大电阻 R1，由于 R1 取值很大，正常积分不会受到影响，但是对于小积分电路形成一个抵消的泻放通路，也可以采用三极管或场效应管代替电阻 R1，当希望积分电容放电恢复为 0 时，通过让三极管或场效应管导通来实现。

2.1.4 其他功能电路

除了上面讲的常见电路外，用运算放大器也可以实现其他多种功能电路，比如绝对值电路、恒流源电路等。下面给予说明。

1. 绝对值电路

绝对值电路就是让电路的输出等于输入的绝对值。如果输入为交流信号，输出变成脉动的直流信号，因此也叫精密整流电路。如果用二极管实现绝对值功能，是可以粗略实现的，比如用二极管桥实现。但是，二极管正向导通是需要一定的压降，对于硅管是0.6~0.7V，对于锗管是0.2V，因此会带来相当的误差。因此，要实现精密的整流电路，需要用二极管和运放共同来实现。

图2.1-10是一个精密整流电路。其工作过程为：当输入电压Ui>0时，A2输出为负，D1截止，D2导通。A2的输出通过D2负反馈到其负输入端，形成反相放大器，所以A点电压$U_A = -U_i$。而A1形成反相求和电路，输出电压$U_o = -R(\frac{U_i}{R} + \frac{U_A}{R/2}) = U_i$。当Ui<0时，D1导通，D2截止。这时，A2的负输入端和A点都是0电位，A1形成反相放大器，所以有：$U_O = -U_i$。综合这两种情况得到：$U_O = |U_i|$。

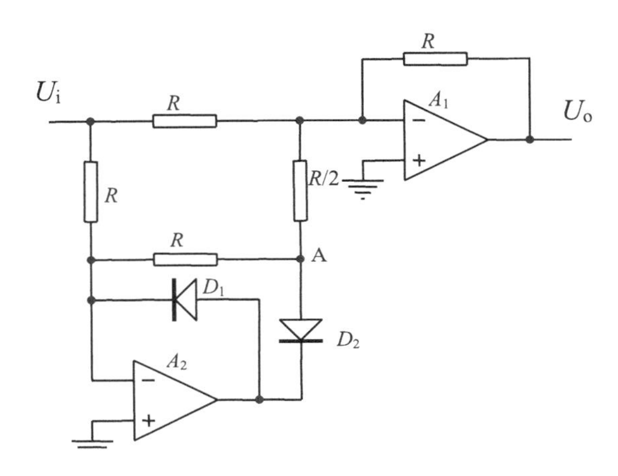

图2.1-10 精密整流电路

2. 压控电流源电路

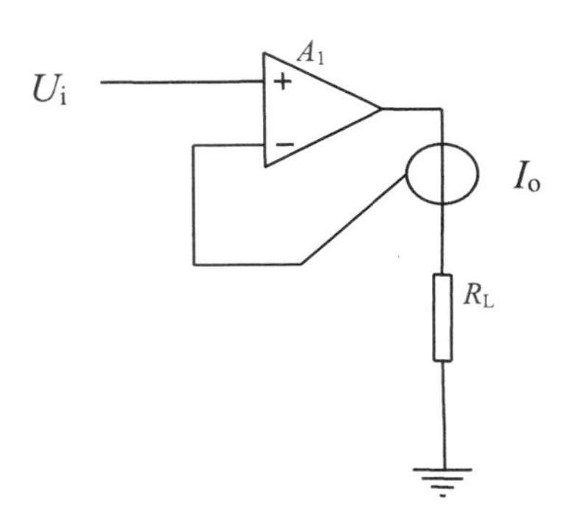

图2.1-11 压控恒流源电路

简单的压控恒流源电路可以用运放的电流串联负反馈实现，如图2.1-4（b）所示，该电路中通过一个电阻 R_S 进行电流信号的采样，在输入端串联负反馈。该电路的负载不能接地，有时不能满足要求。这时可以采用专门的电流传感器代替采用电阻 Rs，区别是该传感器接到运放输出到 R_L 之间，而让 R_L 接地，如

图 2.1-11 所示。这种传感器可以利用电流的磁效应，通过测量磁场得到电流，如霍尔电流传感器；也可以用采样电阻配合专用的放大器实现。

图 2.1-12 给出了一个理论上非常完美的电流源电路。如果电阻选取满足 R1/R2=R3/R4，则输出电流满足 $I_{load}=-V_{in}/R_3$。但实际上这个电路并不太实用，原因是如果电阻匹配的不精确，则输出就不会是很好的恒流源。另外，运放的共模抑制比等参数也影响电路的精度，因此该电路并没有得到广泛的应用。

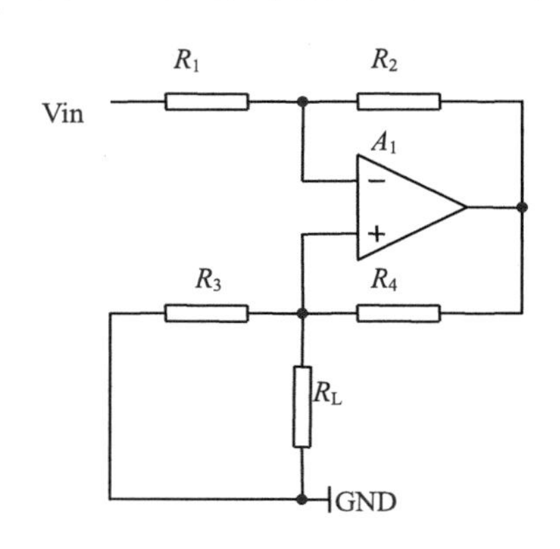

图 2.1-12 Howland 电流源电路

3. 峰值检波电路

峰值检波就是获得某一个波形中的极大值。原则上，可以很容易用二极管实现，比如二极管和电容的串联，如图 2.1-13 所示。当 Vin 升高时，输入电压给电容充电，而输入电压降低时，电容无法通过二极管放电。因此，电容上总是记录了 Vin 的最大值。该电路的缺点是 Vout 和 Vin 的最大值总是相差一个二极管的正向压降。

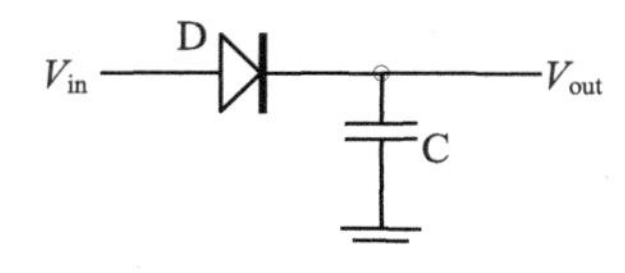

图 2.1-13 简易的峰值检波电路

如果采用有源电路，通过运放来克服二极管的正向压降，就形成如图 2.1-14 有源峰值检波电路。该电路工作原理如下：当 Vin 高于电容电压时，D 导通形成负反馈，电容电压跟随 Vin 升高；当 Vin 下降时，Vin 电压小于电容电压，导致运放 A1 输出最小，D 反偏，C 上的电荷无法释放，电压保持。因此，Vin 增加时 C 电压跟随增加，Vin 下降时 C 电压不随着下降，C 的电压保持了输入电压的最大值。

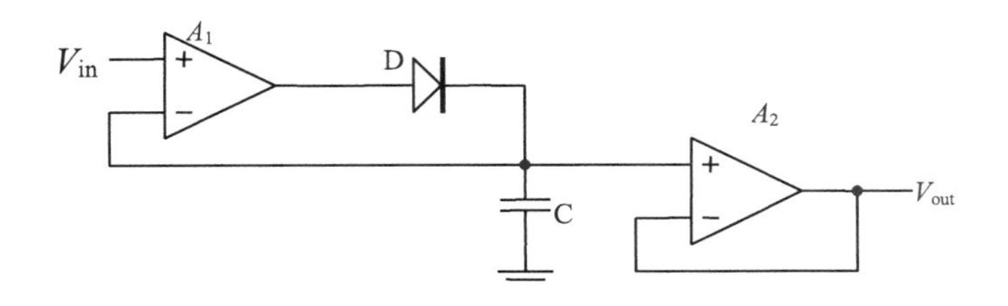

图 2.1-14 有源峰值检波电路

在上面的电路中，实际应用时往往需要隔一段时间电容上的电压重新复位，这可以由电容两边并联一个三极管或场效应管实现。当需要复位时，控制管子导通，电容放电，电压重新回到零点。正常工作时只需要让管子截止就不影响电路的正常工作。

4. 有源钳位电路

钳位电路通常有二极管实现，用来防止某点电压高于或低于某给定的值。这种电路同样面临二极管压降带来的误差，通常需要用专门的设计去抵消。可以设计一个有源钳位电路，可以免去二极管正向压降的困扰。图 2.1-15 电路中，电位器 R2 用来调整 V+电压。当 Vin 大于 V+时，运放 A1 输出为最小，二极管反偏，Vout=Vin。当 Vin 小于 V+时，A1 输出增加，二极管导通形成负反馈，运放工作于线性状态，输出等于 V+，即被钳位于 V+。

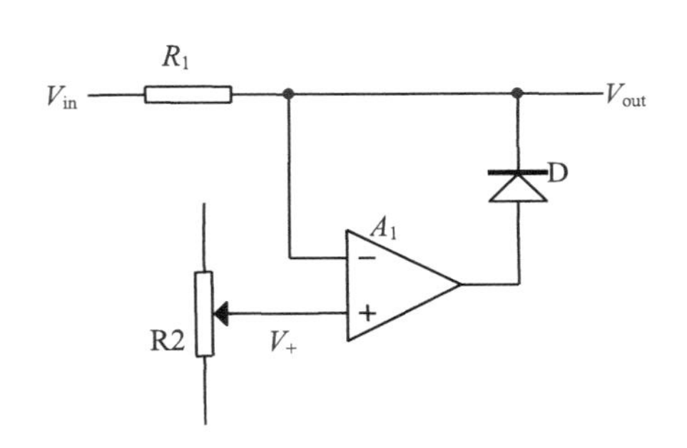

图 2.1-15 有源钳位电路

2.1.5 误差和带宽

1. 运放电路误差的来源与克服

从 2.1.1 节的叙述可以知道，实际运放和理想运放相比带来误差的因素包括：Uos 和 IB 的影响、共模抑制比、有限大小的放大倍数等。

对于输入失调电压 Uos 带来的误差，往往通过选择器件来克服。由于 Uos 是由于差分电路的不对称性带来的，其大小随温度和时间变化，通常无法简单地通过外加电压抵消。对于有的种类的运放芯片，它设计有调零引脚，通过外接电位器可以调整 Uos

的大小。但由于 Uos 随时间和温度的漂移，仍然无法消除 Uos。对于精度要求较高的微弱信号的放大，可以采用一种称为“斩波自稳零”的运算放大器实现，比如 LT1055 等。这种放大器的原理大致如下：运放在时钟的控制下分成两个工作状态，一种状态对输入信号进行放大，另一个工作状态输入端接地，运放的输出就是由电路自身造成的，通过特殊的电路自动把输出调整为零。这两个状态在时钟的作用下交替进行，就把输出误差控制在很小。比如用 LT1055 制作的放大器电路，可以把误差控制在 1μV 微伏的量级上。

输入偏置电流 IB 在正负输入端都有，等效为正负输入端各有一个恒流源。要想抵消两个恒流源的作用，需要对外电路做特别的要求。从运放的正或负输入端向外看，其他电路等效为一个恒压源和电阻的串联（戴维南定理）。如图 2.1-16 中，V1、V2 和 R1、R2 为戴维南定理等效的外电路，IB1、IB2 为输入偏置电流。要让两个恒流源产生的影响消失，只需设计电路的时候选择 R1 和 R2 相等，则输入偏置电流在输入端产生的电压相等而互相抵消。

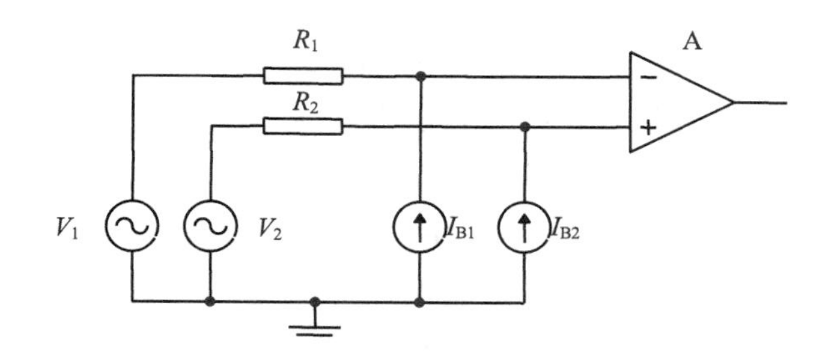

图 2. 1-16 运放外电路输入偏置电路的等效电路

比如在设计反相放大器的时候，负输入端的外电路等效电阻为 Ri//Rf，因此在要求精度较高的场合，正输入端不会直接接地，而是采用大小恰好是 Ri//Rf 的电阻接地，如图 2.1-17 所示。这个设计方法也可以用在同相放大器或其他电路中。

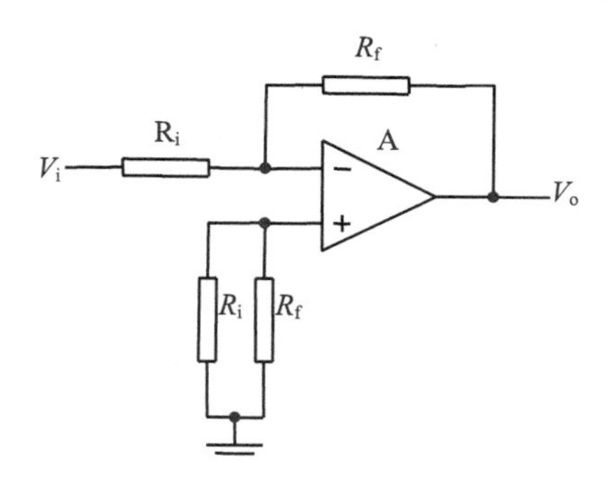

图 2. 1-17 考虑输入偏置电流的反相放大器电路

共模抑制比 CMRR 可以通过选择器件来实现，即选用高 CMRR 的器件，也可以通过选择合理的电路形式忽略其影响，如反相放大器的共模输入信号就约为 0，对 CMRR 要求很低，而同相放大器则需要较高的 CMRR。

有限的电压放大倍数也能带来误差，因为设计往往假定放大倍数为无限大。以同相放大器为例，它是电压串联负反馈，在理想运放的假设下，电压放大倍数为：$A_{VF}=\frac{1}{F}$，

而假定放大倍数有限的情况下，为：$A_{VF}=\frac{A_V}{1+A_VF}$，带来的误差为：$err=\frac{1}{A_VF}=\frac{A_{VF}}{A_V}$。

即误差为闭环放大倍数和开环放大倍数的比。因此，要降低误差，需要选择放大倍数充分大的运放或者让单级放大倍数较低。

2. 仪表放大器

仪表放大器是一个高输入阻抗、高共模抑制比、高放大倍数的精确放大器，同时要求其放大倍数容易调整。典型的差分放大器是不满足要求的，因为其输入阻抗不高。可以考虑在差分放大器基础上正负输入端加入跟随器，但这样无法方便地对放大倍数编程，同时要满足精度要求，需要的电阻要精确匹配。其实可以采用典型的三运放仪表放大器，如图 2.1-18 所示。

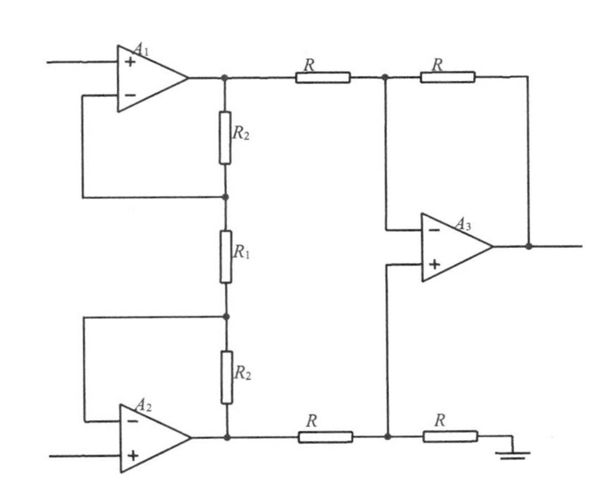

图 2. 1-18 三运放组成的仪表放大器电路

在三运放电路中，A1 和 A2 组成差模放大倍数 $A_d=1+\frac{2R_2}{R_1}$ 的放大器，共模放大倍数为 1，需要的电阻不用精确匹配就能满足要求。A3 组成差模放大倍数为 1，而共模放大倍数为 0 的差分放大器。四个电阻全部采用统一的阻值 R，在厚膜工艺中可以方便地精确匹配相同大小的电阻，而不能保证绝对值的准确，正好可以在这个场合运用。放大器中的电阻 R1 引出，由外电路提供电阻以方便改变放大倍数。

在一些仪表放大器器件中，考虑到引线电阻的影响，往往带有敏感输入端来满足由负载上直接引出电压到放大器的要求。同时，如果输入传感器采用两芯屏蔽线作为传输线，则为了克服信号线和屏蔽层之间电容带来的噪声和误差，需要屏蔽层和信号

共电位而不是接地。因此，需要一个共模电压加到屏蔽层上，这可以用自举电路实现。整个电路的实现如图 2. 1-19 所示。

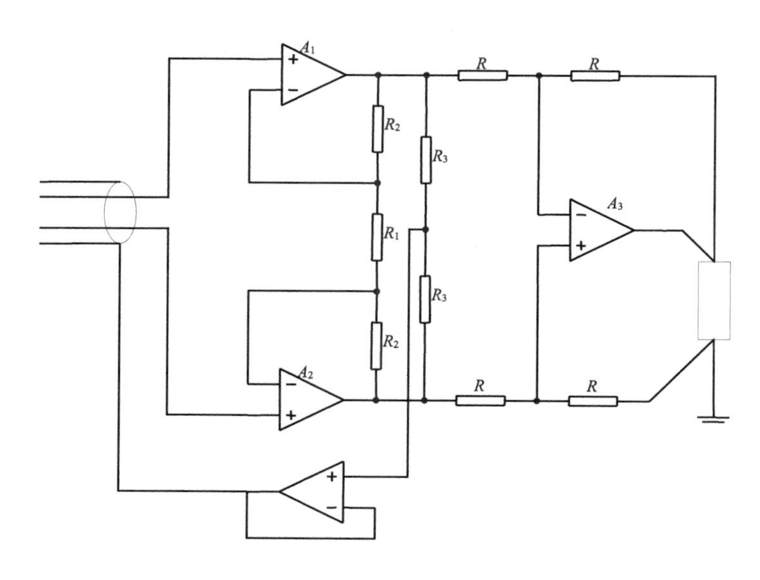

图 2. 1-19 带有自举和敏感输入的仪表放大器电路

典型的仪表放大器如 INA102、INA110、AD624 等。

3. 负反馈电路带宽及计算

无论用电压型运算放大器组成何种形式的放大电路，都是通过某种负反馈形成的。对于较低的频率，即中频，可以假设开环放大倍数为 AO，闭环放大倍数为 AF，而随着频率的升高高频放大倍数将下降，考虑随频率下降的高频放大倍数表达式为：

$$A_{OH}=\frac{A_O}{1+j\frac{f}{f_h}}$$

这是通常的情况，表明放大倍数的高频行为由一个电阻和电容组成的低通滤波器决定，而 fh 是滤波器的特征频率。实际放大电路的高频行为可能由多个这样的滤波器决定，每个滤波器特征频率都是不同的。这时考虑特征频率最低的一个滤波器，它起到主要的作用，整个行为仍然可以近似地用上面的表达式表示。

上面是在开环的情况下，现在考虑在闭环情况下，对于中频，已经知道有：

$$A_F=\frac{A_O}{1+A_OF}$$

上式是一个很好的基础，当考虑高频情况时，将开环放大倍数用 AOH 代替即可得到高频的闭环放大倍数表达式 AFH。

$$A_{FH}=\frac{A_{OH}}{1+A_{OH}F}=\frac{A_O}{1+j\frac{f}{f_h'}}，这里\ f_h'=(1+A_OF)f_h$$

上面的公式表明，闭环放大倍数的高频行为仍然像一个低通滤波器，只是这时高频转折频率变成了 f_h' 而已。对于高频转折频率，特别注意到：$A_F f_h' = A_O f_h$，表明形成负反馈电路后放大倍数和高频转折频率的积是常数，总等于开环放大倍数和开环高频转折频率的积。考虑到运放电路通常低频段从零频率开始，高频转折频率就是带宽，因此上面的结论也可以表述为：运放电路的增益带宽积为常数。

这个结论也可以进一步推而广之。考虑到一般负反馈放大器的低频转折频率和开环放大器的低频转折频率比也相应地按相同比例向低频端拓展，因此对于任何负反馈放大器，都可以说增益带宽积是一个常数。

增益带宽积对于实际运放电路的设计具有很高的指导意义。比如，一个运放的开环放大倍数为 80dB，带宽 8Hz，增益带宽积为 80000。如果设计一个放大倍数 40dB，带宽 1000Hz 的放大器，则需要的增益带宽积为 100000，显然至少需要两个这样的运放，设计两级放大器才能实现。

2.2 电流模电路的应用

电流模技术是指电流模集成电路的设计、制造工艺和应用技术，电流模集成电路由于高速、线性好、频带宽等特点，在宽带放大器应用方面占有重要的地位。这里介绍电流模电路的应用技术。

2.2.1 电流模电路的基本概念

在一般的电路系统设计中，常常习惯于用电压代表要处理的信号，这就是电压模电路。实际上，电压和电流是完全对偶的，完全可以用电流表示、处理信号，而三极管、场效应管等器件是电流输出器件，用电流表示信号更符合实际。

电流模和电压模没有实质的区别，只是表现为阻抗的高低。如果输入阻抗很小，则方便用来接收电流信号的输入；输入阻抗高，则用来接收电压输入信号。前者则是电流模的输入，而后者则可以说是电压模的输入。对输出阻抗，正如电压源和电流源的区分是相对的一样，如果输出阻抗高，则输出电流很少受负载的影响，近似为恒流源，为电流模输出；如果输出阻抗小，则输出电压近似不受负载的影响，为电压模输出。

在集成电路的设计中，各种电流模信号的输入、放大、输出等处理，都是由一些电路模块实现的。常用的电流模基本电路模块如下：

（1） 跨导线性电路。

（2） 电流镜。

（3） 电流传输器。

（4） 开关电流电路。

（5） 支撑电路。

这些模块的应用，使电路具有许多特点，总结如下：

（1） 频带宽，速度高。

（2） 动态范围大。

（3） 非线性失真小。

（4） 易于实现电流的存储和转移。

因此，和电压模电路比起来，电流模电路具有显而易见的优越性。

2.2.2 电流反馈集成运算放大器

电流反馈集成运算放大器是指负输入端具有低输入阻抗（因此为电流输入），主要由电流模电路模块实现的集成放大器。由于应用了电流模电路模块，电路具有高速、高带宽特点，适合于作为视频放大器、同轴电缆驱动器、高速通信电路等。

电流反馈运算放大器的组成框图如图 2.2-1 所示。

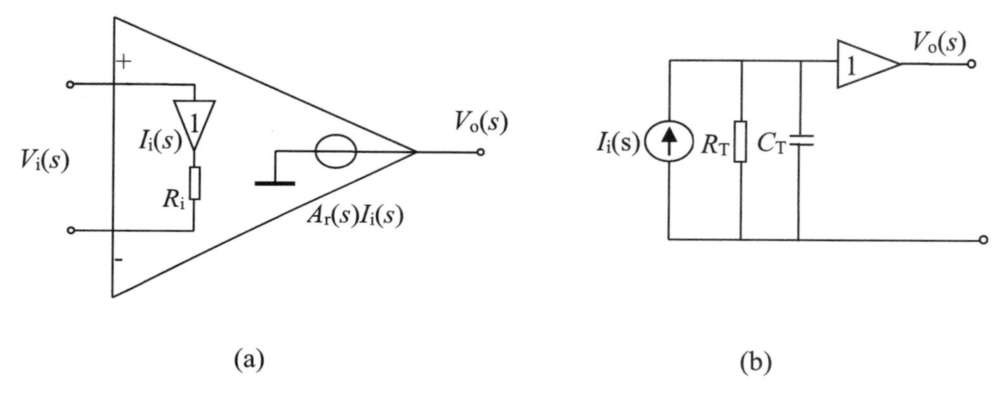

图 2. 2-1 电流反馈运算放大器

由图 2.2-1 中可以看出，同相输入端是单位增益缓冲器，其输出阻抗为 Ri，亦即反相输入端的输入阻抗。互阻增益线性地把电流 Ii(s)转换为输出电压 Vo(s)，运放的放大特性由互阻增益 Ar(s)表征。运放的电路模型如图（b）所示，RT 表示低频互阻增益，CT 为等效电容，是高频时信号的衰减因素。后面接有单位增益缓冲器，因此输出阻抗很低。容易得出，互阻增益表示为：

$$A_{\mathrm{r}}(s)=\frac{V_{\mathrm{o}}(s)}{I_{\mathrm{i}}(s)}=\frac{R_{\mathrm{T}}}{1+sR_{\mathrm{T}}C_{\mathrm{T}}}$$

实际应用中，信号通常由正输入端输入，具有高输入阻抗，而反馈由负输入端进行，低输入阻抗，输入电流通过放大成为输出电压，组成同相放大器。由于互阻增益相当高，因此线性工作时的负输入端输入电流很小，反馈网络的电阻可以取得小些。同相放大器的典型电路如图 2.2-2 所示。

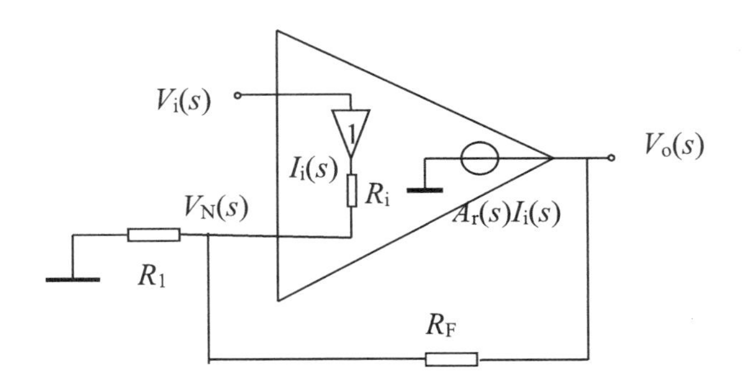

图 2.2-2 电流反馈运算放大器组成的同相放大器

容易得出：

$$\begin{cases} I_i(s)=\dfrac{V_i(s)-V_N(s)}{R_i}=\dfrac{V_N(s)}{R_1}+\dfrac{V_N(s)-V_o(s)}{R_F} \\ V_o(s)=A_r(s)I_i(s) \end{cases}$$

解此方程组可得：

$$A_{vf}(s)=\frac{V_o(s)}{V_i(s)}=\frac{1+R_F/R_i}{1+\dfrac{R_F}{A_r(s)}\left(1+\dfrac{R_i}{R_1}+\dfrac{R_i}{R_F}\right)}$$

将 Ar(s)的表达式带入上式，并整理得到：

$$A_{vf}(s)=\frac{V_o(s)}{V_i(s)}=\frac{1+R_F/R_i}{1+\dfrac{R_F}{R_T}+\dfrac{R_FR_i}{R_TR_1}+\dfrac{R_i}{R_T}+s\left(\dfrac{R_F}{R_T}+\dfrac{R_FR_i}{R_TR_1}+\dfrac{R_i}{R_T}\right)R_TC_T}$$

为了讨论低频特性，令 s→0：

$$A_{vf}(s)=\frac{V_o(s)}{V_i(s)}=\frac{1+R_F/R_i}{1+\dfrac{R_F}{R_T}+\dfrac{R_FR_i}{R_TR_1}+\dfrac{R_i}{R_T}}$$

一般情况下，互阻 RT 很大，而输入阻抗 Ri 很小，即 $R_T>>R_i$，$R_T>>R_F$，$R_1>>R_i$，则上式近似为：

$$A_{vf}(s)=\frac{V_o(s)}{V_i(s)}\approx 1+\frac{R_F}{R_1}$$

上式表明，只要电流反馈放大器的增益足够高，其组成的同相放大器电压增益和电压模电路相同。实际上，当电流模电路互阻增益足够高时，负输入端输入电流趋近于 0，即电流模运放通过比较输入端电流控制输出电压，因此近似有虚短的特性。

在高频情况下，同样有 $R_T >> R_i$， $R_T >> R_F$， $R_1 >> R_i$，则闭环电压增益近似为：

$$A_{vf}(s) = \frac{V_o(s)}{V_i(s)} \approx \frac{1 + R_F / R_i}{1 + s[R_F + (1 + R_F / R_i) R_i] C_T}$$

令 $A_{vf}(0) = 1 + R_F / R_i$，则上式为：

$$A_{vf}(s) = \frac{V_o(s)}{V_i(s)} \approx \frac{A_{vf}(0)}{1 + s[R_F + A_{vf}(0) R_i] C_T} = \frac{A_{vf}(s)}{1 + j\dfrac{f}{f_H}}$$

fH 即为闭环增益的上限截止频率：

$$f_H = \frac{1}{2\pi[R_F + A_{vf}(0) R_i] C_T}$$

上式表明，上限截止频率和反馈电阻 RF，低频增益以及反相输入端的输入电阻 Ri 有关。在以下两种特殊情况下，分别讨论：

（1）如果低频增益较低，满足 $R_F >> A_{vf}(0) R_i$，则：

$$f_H = \frac{1}{2\pi R_F C_T}$$

上式表明，截至频率主要取决于反馈电阻和频率补偿电容，与增益无关。

（2）如果闭环增益较高，满足 $R_F << A_{vf}(0) R_i$，则：

$$f_H \cdot A_{vf}(0) \approx \frac{1}{2\pi R_i C_T}$$

上式表明，这是具有固定的增益带宽积。

如果用电流反馈运算放大器组成反相放大器，可以得到类似的结论，这里不再赘述，参看相关文献。

在实际使用时，一定注意，为了电路稳定，RF 的取值很重要，一般器件手册中都给出了推荐值或参考值，应选择合理的 RF。另外，电容元件不能作为反馈元件形成积分电路，否则电路会不稳定。

目前，主要半导体器件厂商都推出了电流反馈集成运算放大器，常见型号有：TI 公司的 OP160、OP260，AD 公司的 AD811、AD844、AD9610、AD9618、AD8005、AD8011 等，凌特公司（LT）有 LT1223、LT1227、LT1228、LT1229 等。AD811 的典型值为：

转换速率：　2500V/μs；

带宽（G=10）：　100MHz；

输入失调电压：　$< 5\text{mV}$；

低频互阻增益：　1.5MΩ；

同相输入端输入电阻：　　1.5MΩ；
反相输入端输入电阻：　　14Ω；
共模抑制比：　　66dB。

2.3 电源电路的种类与设计

电源电路是电子电路系统必不可少的组成部分。从电路系统的要求考虑，好的电源系统必须具备充足的功率余量，准确且稳定输出电压，低噪声或纹波电压。从能量供给角度考虑，好的电源系统必须具有充分高的效率。如果电源系统效率低下，不仅造成能量的浪费，而且由于发热严重，往往会造成电源电路本身的不稳定，为整个系统的稳定工作埋下隐患。

从结构上往往可以把电源电路划分成一次电源和调整器两部分。一次电源提供不太稳定的直流电压供给，调整器把一次电源提供的电压变成稳定的、符合电路系统要求的电压。不同条件下，可以得到的一次电源和需要采用的调整器电路可能差异很大，下面就常用的情况进行说明。

2.3.1 一次电源

一次电源是能量的提供者，不同的场合，往往有不同的一次电源供给。常见的一次电源包括：市电、一次电池和蓄电池等。

市电是最廉价和容易得到的电源，由供电部门提供 50Hz、220V 的交流电。为了获得需要的电压，可以通过工频变压器进行电压变换。为了获得直流，则需要整流和滤波电路。常见的整流电路有半波整流、全波整流和桥式整流，常见的滤波电路有电感滤波、电容滤波和 π 型滤波等。对于小功率直流电源，常采用桥式整流和电容滤波电路。图 2.3-1（a）是单路输出的整流滤波电路，图 2.3-1（b）是两路输出的整流滤波电路。

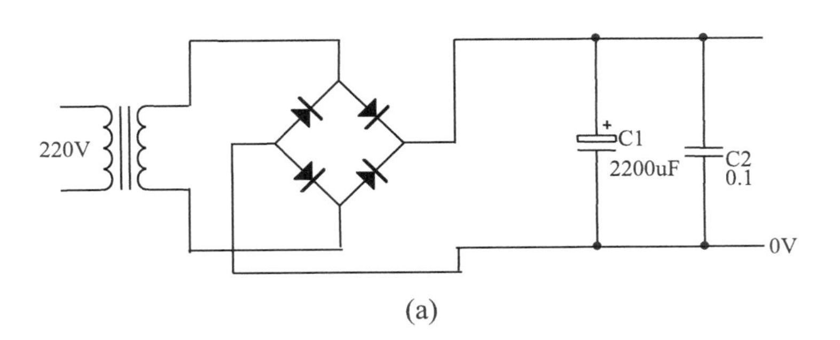

(a)

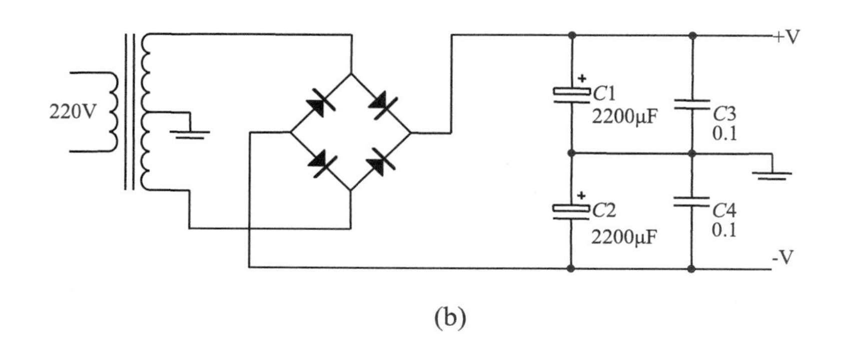

(b)

图 2. 3-1 两种桥式整流电容滤波电路

整流滤波后的直流电压和输入电压的关系通常和输出电流相关，当输出电流大时，输出电压低一些。根据经验，取$U_o = 1.2 - 1.4U_\sim$，作为一个大致的估计。

由于电容滤波电路只有在电压相位 90o 附近才有充电电流，因此电流的脉动是非常大的。当输出功率很高时，丰富的电流谐波对电网带来非常不利的影响，因此在大功率的场合经常避免使用电容滤波电路，可以代之以 π 型滤波电路或有源整流器实现。

另外，常用的一次电源是各种类型的电池。电池可以分为一次电池和蓄电池，一次电池不能再生，只能一次使用，蓄电池可以通过充电的方式使之再生，重复使用。电池在使用时为了得到不同的电压，通常是一组电池串联使用，因此其输出电压只能是某个单元电压的整数倍。当电池的放电电压低于某特定值时，就认为电池容量耗尽了。电池从满容量到耗尽所放出的总电量用来表示电池的容量，用安时（Ah）或毫安时（mAh）做单位。如电池的容量是 1Ah，则用 1 安培电流放电，1 小时放光，如用 100mA 电流放电，则 10h 放光。

锰锌碱性干电池是一种常用的一次电池，不同的尺寸会有不同的容量。常用的 5 号电池（AA）一般具有 500~1000mAh 的容量，7 号电池（AAA）容量一般为几百 mAH，小于 5 号电池。一个单元锰锌干电池的额定电压为 1.5V，当放电电压下降到 1.2V 以下时，可以认为容量耗尽了。

氧化银碱性电池是一种高容量、小体积电池，做成纽扣大小和形状，称为氧化银纽扣电池。银纽扣电池也分不同的型号和尺寸，有着不同的容量，即可以做成一次电池，也可以做成蓄电池。氧化银纽扣电池的标称电压是 1.5V，可以两组做成一个包装，形成 3V 电池。

干电池也可以做成多层叠加而成的方形，成为叠层电池，以达到较高的额定电压，用于有特定要求的场合。叠层电池的额定电压有：6V、9V 和 22.5V 等。

蓄电池可以重复使用，使用时除了注意用量外，还要注意充电不要超过额定容量，形成过充，通常会对电池造成损害。充电时，可以采用标称容量的 1/n 电流充电，充电时间约为 n h，称为 n h 充电率。好的充电器应当通过测量充电过程中的电池电压来判断是否充满，而终止电压不仅与电池种类相关，也与电池温度和充电电流有关，故而应当综合测量和判断，达到最佳充电。

最常用的蓄电池是铅酸电池，电极有铅板组成，电解液是硫酸。铅酸电池每个单元电压为 2V，一个电池往往由多组串联而成，形成 6V、12V、24V、36V 等额定电压，当然也可以定制需要的其他电压。铅酸电池容量高、放电电流大、易于维护、价格低廉，因此广泛应用于大容量场合，比如电话局的交换机备用电源、UPS 电源、无人值守装置等。但由于内含液体电解液，即使密封和采用其他新技术后也必须竖直放置充电，不具有便携性。

在手机、MP3、PDA、笔记本电脑等常用锂离子电池作为电源。锂离子蓄电池容量大，使用方便，可以做成各种形状，但价格较高，较多应用于高档场合。锂离子电池单元额定电压为 1.2V，通常多组电池串联形成不同的额定电压。

以前有一种镍镉电池广泛使用，但由于对环境会造成极大危害已经淘汰了，代之以镍氢电池。镍氢电池较锂离子电池便宜，同时又具有较大的容量和便携性，在较低档的手机等设备中得到了一定程度的应用。镍氢电池的单元电压为 1.25V。

除了这里介绍的这些电池，如果在野外等特殊环境，还可以用太阳电池供电，电路较为复杂，这里不做介绍。

另外，现在市场上有一种“超级电容器”元件，可以达到法拉以上的电容量，除了作为大容量电容当作电路元件使用外，通常可以用来储能做蓄电池用。由于其本质上是一种电容器，因此可以用非常快的速度充电，具有非常长的使用寿命，是一种非常有前景的储能元件。比如已经做成超级电容作为能源的公共汽车，20 分钟即可充电完毕，非常具有实用价值。

2.3.2 线性电源调整器

一次电源给电路系统提供能量，但往往不能提供稳定的、适合电路要求的电压，这就需要电压调整器电路。线性电压调整器中三极管或场效应管工作于线性放大状态。按照连接关系，可以分为并联型和串联型两种线性电压调整器。

并联型电压调整器的原理如图 2.3-2 所示。三极管 G 称为调整管，它和负载 RL 是并联关系，所以该电路叫作并联稳压电路。当输出电压增加时，运放输出增加，三极管集电极电流增加，导致输出电压下降，形成负反馈。从电路形式上看，并联稳压电路和负载并联在一起，通过负反馈，使两端电压保持稳定，既不增加，也不减小，在电路中起的作用如同一个稳压二极管。图中的电源 B 是一个基准源，提供基准电压。

如果把基准源、放大器和三极管集成为一个集成电路，就是 LM336 芯片。LM336 芯片有两种型号，一种基准源 2.5V，另一种基准源 5V，可以用来组成各种应用电路。

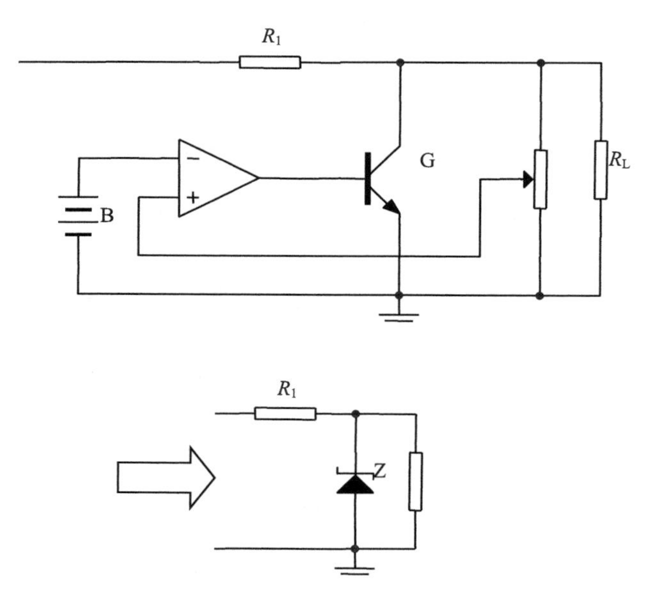

图 2.3-2 并联稳压电路

图 2.3-3（a）是输出固定的 2.5V 基准源，（b）是输出可以通过电阻调整的基准源。LM336 是一种非常容易使用的器件，其封装也非常小巧，和小功率三极管一样是 TO92 封装。

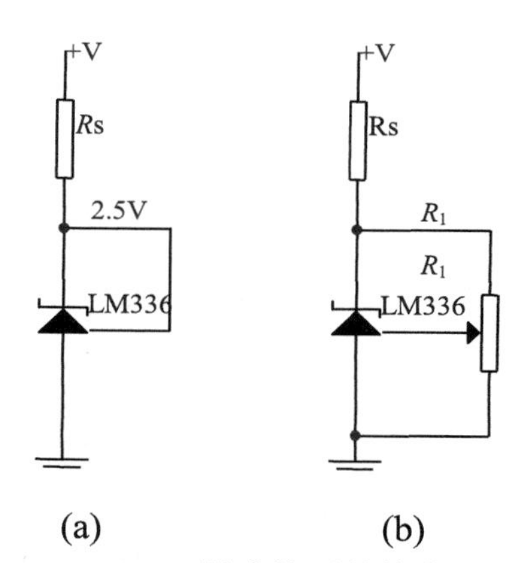

图 2.3-3 LM336 组成的两种基准源电路

(a) 输出固定的 2.5V 基准源 (b) 输出可以通过电阻调整的基准源

从并联电压调整器的原理可知，当负载变化时，导致负载电流的变化，而负载和调整管的总电流是不变的，故而所有电流变化都被调整管抵消。这就使得调整管必须保持相对于负载电流比较大的电流。因此，并联稳压电路不可能制作高功率、大电流的稳压电路，而大功率稳压电路则由串联稳压电路实现。

串联型电压调整器如图 2.3-4 所示，调整管 G 和负载是串联关系。输出电压的一部分反馈到放大器的负输入端，形成电压串联负反馈。设电位器 RP 上下部分电阻分别

为 R_{P1} 和 R_{P2}，易知输出电压为：$U_o = \frac{R_{P1}}{R_P} U_Z$ 。

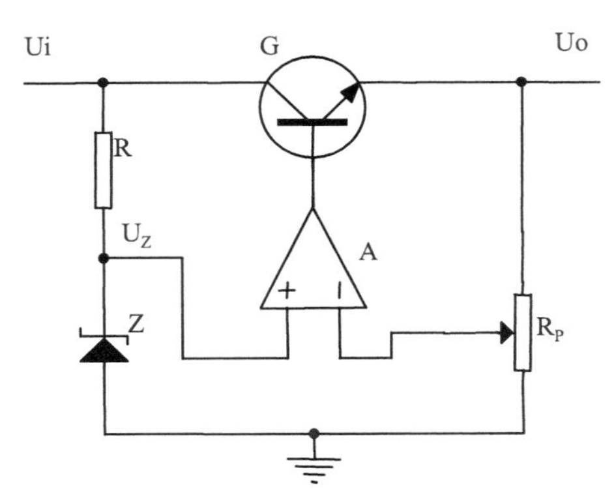

图 2. 3-4 串联型稳压电路

常用的固定电压输出三端稳压器是 78 系列和 79 系列，原理和上面类似。如果希望得到可调的输出，则可以使用 LM317 器件。LM317 组成的电路如图 2.3-5 所示，LM317 总是保持其输出端和公共端电压差为 1.25V，而公共端的电流可忽略不计。则容易计算出输出电压为：$U_o = (1 + \frac{R_1}{R_2}) \times 1.25V$ 。

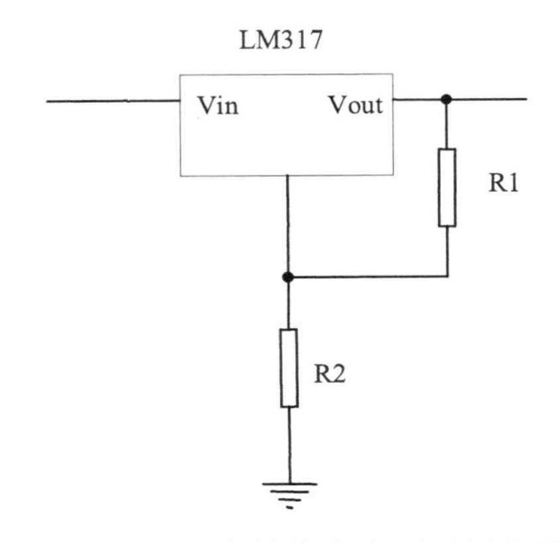

图 2. 3-5 LM317 组成的输出电压可调稳压电路

LM317 以及 78、79 系列集成电路有一个共同的缺陷，就是当输入、输出之间的电压相差较小时无法完成稳压的功能。这个电压差随着不同的型号要求略有不同，一般也要大于 1.5V，否则无法稳压。

如果希望输入输出之间电压差较小时也能保持稳压功能，则可以选用低压差稳压器，它们专门为这种情况特殊设计，有的型号在输入输出之间压差小到 100mV 时都可以稳压。常用的型号例如 SP1117，不同的输出后缀不同，如 SP1117-33，表示输出电压 3.3V。也有输出可调的型号。

理论上分析可以知道，串联型稳压电路的效率 $\eta \le V_o / V_i$ ，因此，当输出和输入电压相差较大且输出功率较高时，串联型稳压器损耗的功率较大。这就要求，从工艺上串联型稳压电路要注意散热，防止过热烧毁，往往加装散热片等。

2.3.3 简单的开关电源调整器电路

为了提高电压调整电路的效率，可以考虑让调整管工作在开关状态，以降低功耗。调整管导通时，虽然有电流但是电压为 0，而截止时虽然电压很大但电流为 0，不论何种情况功耗都很小。为了输出稳定的电压，需要电容、电感等元件平滑输出电压，这样就组成了开关电源电路。

1. 降压变换器的原理

图 2.3-6 是一个典型的降压型开关变换器电路。开关管 G 在外界控制下导通或截止，当导通时，输入电压 Vi 通过电感 L 给负载供电，同时在电感中电流增加，储存了能量；当 G 截止时，由于电感有维持电流不突变的特性，因此电感电流继续供给到负载，电感电流减小，释放能量，并通过二极管 D 形成回路。电容 C 的作用是当 L 电流变化时，维持负载两端的电压不变。

为了计算输出电压 Vo，设 G 的基极用矩形波控制其导通和截止，矩形波周期为 T，高电平（导通）时间为 T1，低电平（截止）时间为 T2。由于电容 C 的作用，当 C 取值较大时，输出电压 Vo 近似为常数。当开关管 G 导通时，电感电流增加为：

$$\Delta I = (V_i - V_o)T_1 / L$$

而当开关管截止时，电感电流减小为：

$$\Delta I' = V_o T_2 / L$$

当稳态工作时，电感上增加的电流应该等于减小的电流，因此得到：

$$V_o = \frac{T_1}{T} V_i = DV_i$$

这里 D 是驱动矩形波的占空比，而输出电压值和驱动占空比有关，和电感 L、电容 C、负载等无关。因此，改变占空比即可得到不同的输出电压。产生不同的占空比用以改变输出电压通常采用 PWM 电路实现，这里 PWM 是脉冲宽度调制的意思。

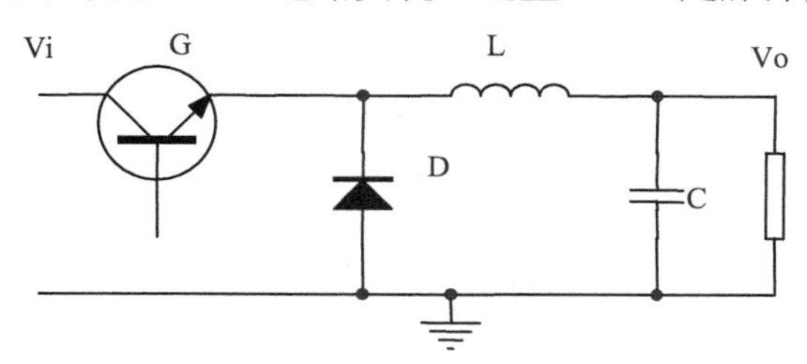

图 2. 3-6 降压开关变换器电路

上面的推导要成立，还有一个重要条件，就是电感给负载供电时电流必须连续，亦即在 T2 阶段开关管截止时电感上的电流要始终大于 0，从图 2.3-7 波形可以看到，为了满足要求，输出电流须大于电流的变化。因此得到：$2I_o > V_o T_2 / L$，从而电感必须满足：

$$L > \frac{V_o}{2I_o} T_2 = \frac{1}{2} R_L T_2$$

因此，L 的选择必须满足上式，以保证电感电流的连续。

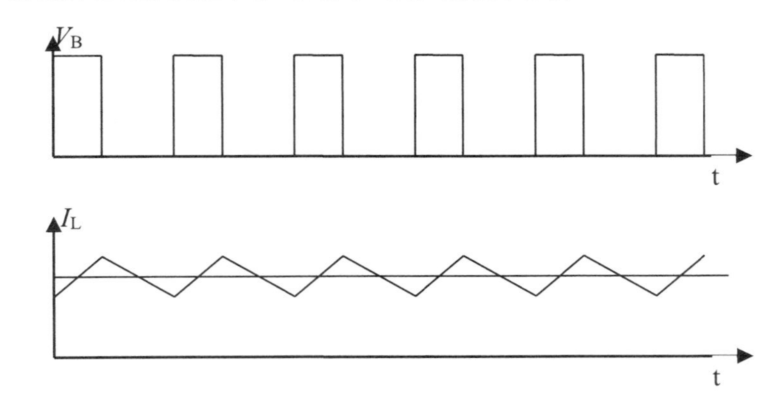

图 2. 3-7 降压开关变换器波形

在文献中，降压变换器又叫 Buck 变换器。

2. 升压型变换器

升压变换器能够提升输出电压，又叫 Boost 变换器，典型电路如图 2.3-8 所示。开关管 G 在 PWM 波的控制下导通或截止，当开关管导通时，管压降约为 0，输入电压几乎都加到电感两端，电感电流迅速增加。当开关管截止时，电感电流维持，通过二极管 D 给电容 C2 充电，同时给负载供电。需要说明的是，当 G 导通时，D 是反相偏置的，负载由电容 C2 继续提供电流。

为了计算输出电压 Vo，先计算电感的电流 iL。当 G 导通时，电感电流增加为：

$$\Delta I_L = \frac{V_i T_1}{L}$$

当三极管 G 截止时，电感通过 D 给负载供电，电流减小，减小量为：

$$\Delta I'_L = \frac{(V_o - V_i) T_2}{L}$$

同样考虑到电感电流的增减应当平衡，则上两式应当相等，得到：

$$V_o = \frac{T}{T_2} V_i = \frac{1}{1-D} V_i$$

上式表明，输出电压高于输入电压，当 D 增加时，输出电压升高，因此，可以通过专门的 PWM 控制器产生占空比可变的 PWM 波来得到稳定的输出电压。

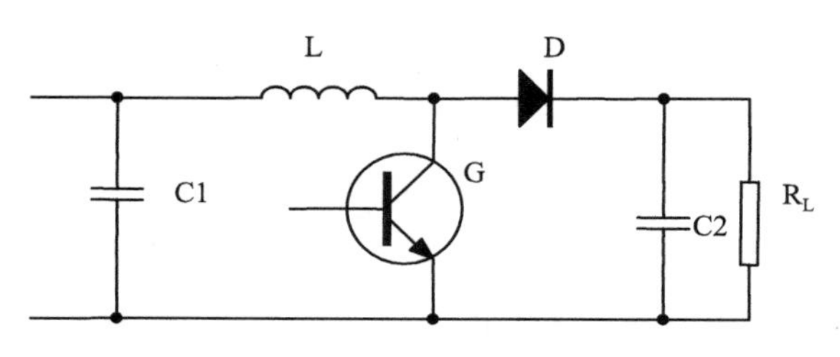

图 2.3-8　升压开关变换器

考虑电感电流连续工作的条件，首先计算电感上的平均电流。由电容 C2 上的电荷平衡，一个周期的放电电量为 IoT，而充电电量为 T2 阶段 G 截止时的电感充电，因此平均电流为：$I_L=\frac{I_o T}{T_2}=\frac{I_o}{1-D}$，要满足 2IL>ΔIL，则得到：

$$L>\frac{V_o}{2I_o}(1-D)^2T_1=\frac{1}{2}R_L(1-D)^2DT$$

只有选择的电感满足上式时，电感电流才能够连续，上面的推导才能得到，这时变换器的工作状态也是比较好的。

3. 升降压变换器

上面两种变换器是基本的变换器，其他变换器可以看成两种变换器的组合。比如升降压变换器就可以看成两种变换器的串联，但是合并了开关管。

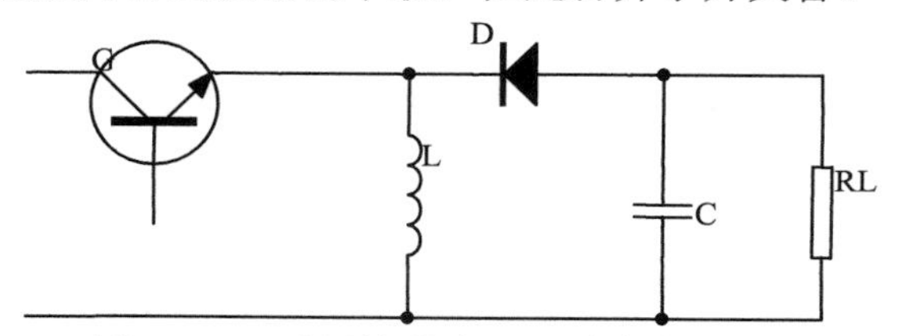

图 2. 3-9 反极性升降压开关变换器

升降压变换器如图 2.3-9 所示，是反极性变换器，输入正电压，输出负电压。当电感电流连续时，输入输出关系是：

$$V_o=\frac{D}{1-D}V_i$$

式中，D 是控制开关管 G 的 PWM 波的占空比，当 D=0.5 时输入输出电压相等，而输出电压随 D 增加。

4. 开关变换器芯片及电路

开关变换器电路还有很多种，这三种比较基本而且常用，实际使用时，我们只需选择合适的芯片，并选择恰当的外围元件，就可以组成适用的电源变换电路。而开关变换器的效率总是远远高于线性电压调整电路。

很多半导体公司都生产开关电源调整器芯片，比如国家半导体、美信、凌特等公司都有自己的产品线，并且产品各有特点。下面选择国办的 LM2576 芯片进行介绍，其他芯片也具有许多非常先进的特性，使用时请参阅厂家的资料。

LM2576 内部包括振荡器和比较器组成的 PWM 发生电路、温度和电流保护电路、误差放大器、驱动电路和开关三极管等。芯片内部功能框图见图 2.3-10，内部开关管足以产生大电流输出，误差放大器可以用来产生完整的反馈控制环路。

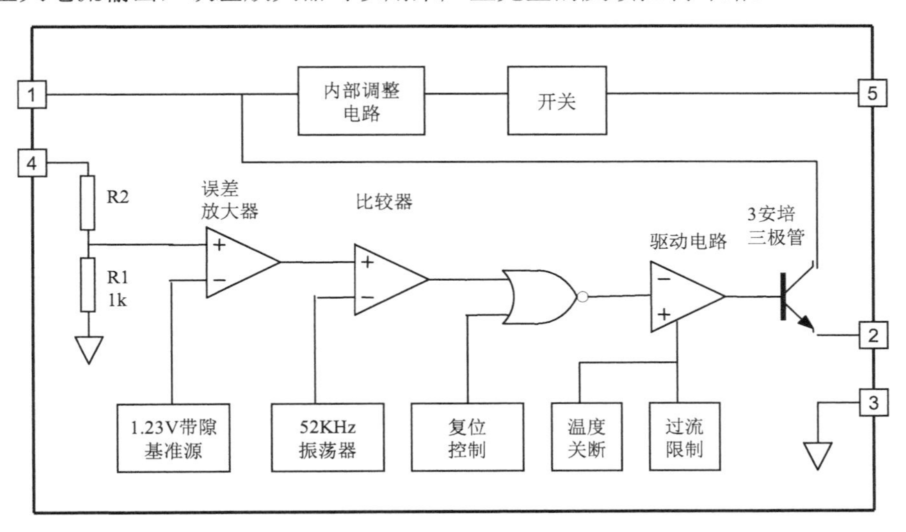

图 2.3-10 LM2576 功能框图

由 LM2576 可以组成各种开关电源变换器，包括上面的三种：降压、升压和反相变换器。当组成开关变换器时，所需外围元件非常少，这是该器件的特点之一。LM2576 是一个系列器件，其输出电压可以有 3.3V、5V、12V、15V 和可调等多种版本。

图 2.3-11 是 LM2576 组成的降压电路，整个电路只需要 4 个外围元件，足见其简洁。如果输入为 76V，则需要带 HV 后缀的型号，否则输入必须在 40V 以下。

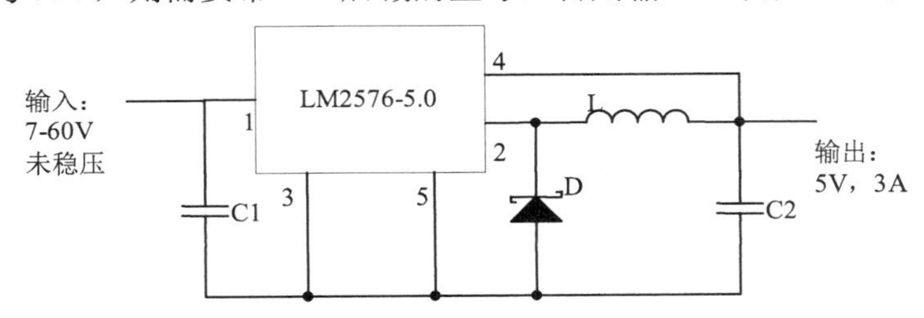

图 2.3-11 LM2576 降压电路

图 2.3-12 给出一个输出可调的降压电路，容易得到，输出电压为：

$$V_o = (1 + \frac{R_2}{R_1})V_{ref}$$

为了降压输出电压的纹波系数和噪声，额外增加了一个电感 L_1 和电容 C_3 组成的低通滤波器电路，该电路是可选的。

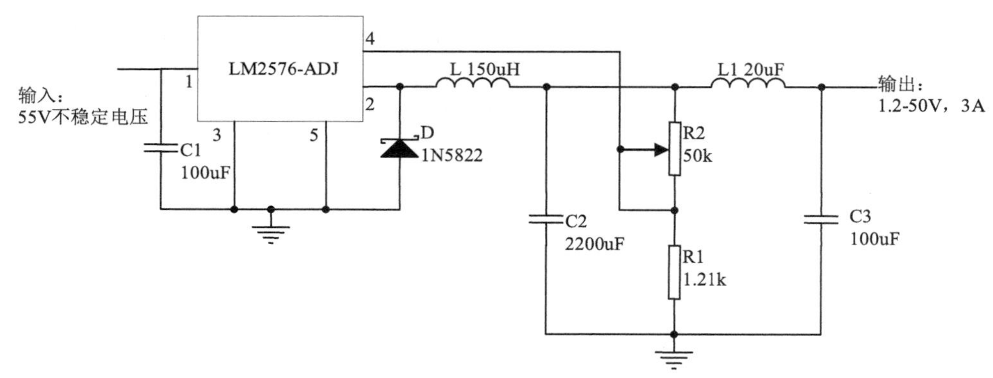

图 2.3-12 LM2576 组成输出可调的降压电路

图 2.3-13 给出一个负电压的升压电路，输入-5 到-12V，输出稳定的-12V。由于输入端 1 脚接地，当开关管导通时，2 脚和地接，电感 L 电流增加；当开关管截止时，电感电流给 C2 充电，恰好构成 Boost 电路。

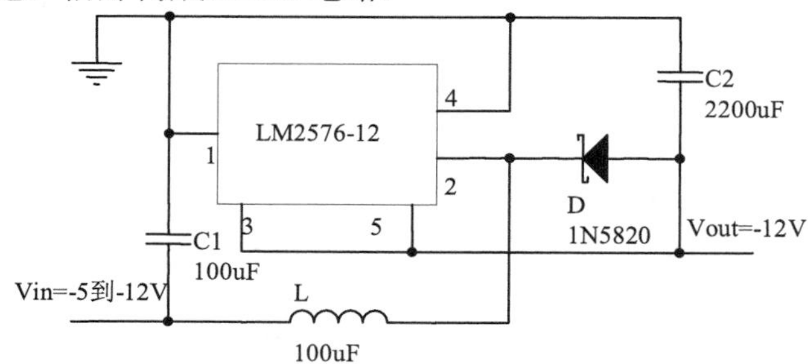

图 2.3-13 LM2576 组成负电压升压电路

图 2.3-14 所示为 LM2576 组成反相开关变换电路。可以和图 2.3-9 对比知道，两个电路拓扑结构是相同的。

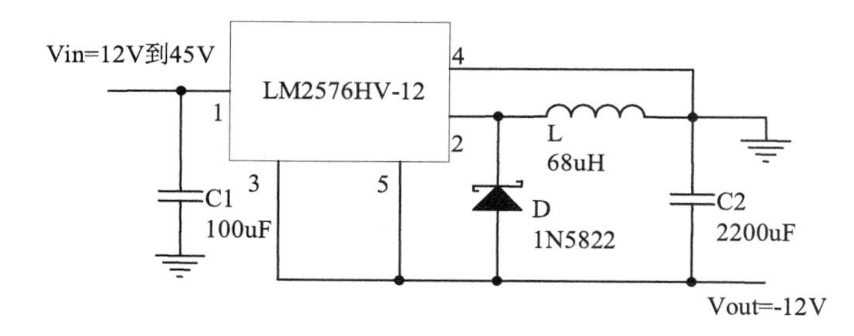

图 2.3-14 LM2576 组成反相开关变换电路

在 LM2576 组成的电路中，电感、电容和二极管的选择非常重要，这里不再赘述。

2.3.4 电荷泵电路

电荷泵电路的晶体管也是工作于开关状态，只是它不用电感储能，而是用电容器进行储能和电压变换。

1. 电荷泵变换器的原理

反极性电荷泵变换器的原理如图 2.3-15 所示，模拟开关 S1、S3 为一组，S2、S4 为另一组，两组之间用反相器连接，一组的导通和另一组是完全反相的，它们都受 clk 信号的控制。当 clk 为高时，S1、S3 导通，S2、S4 截止，输入电压通过 S1 和 S3 给电容 C1 充电，极性是上面正、下面负。当 clk 信号由高变低时，S1、S3 断开，S2、S4 接通，这时 C1 正极性的一端接地，而负极性的一端通过 S4 给 C2 充电。clk 信号是方波信号，随着 clk 信号的不断变化，C2 上积累了负电压。当没有负载时，输出电压和输入电压相等。

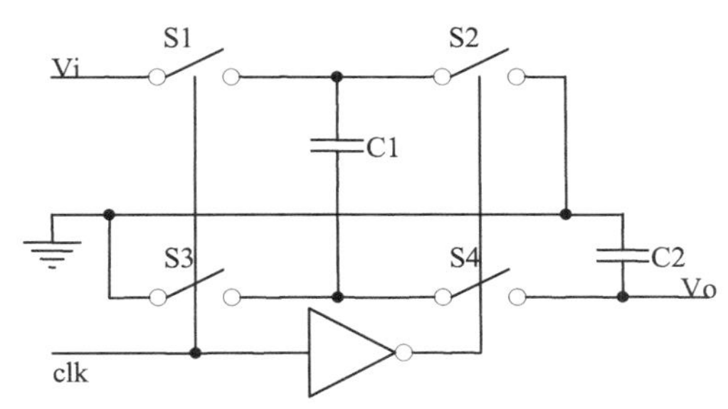

图 2. 3-15 反极性电荷泵原理

倍压变换器的原理如图 2.3-16 所示，在 clk 高电平时工作过程仍如前所述，但当 clk 低电平时，S1、S3 断开，S2 和 S4 把充电的电容器 C1 和输入电压 Vi 串接后向 C2 充电。当没有负载时，输出电压为输入电压的 2 倍，称为倍压电荷泵电路。

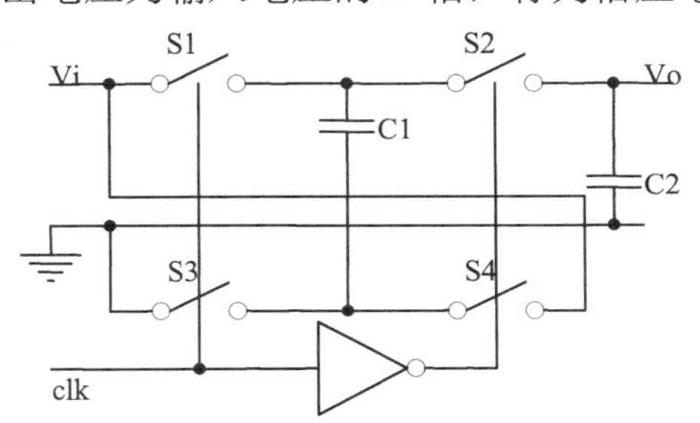

图 2. 3-16 倍压电荷泵原理

四倍压电路的原理也是类似的，这里不再赘述。

2. 实用电路介绍

实际使用时，开关往往被场效应晶体管所代替，由于场效应晶体管的高阻抗特性，使得电荷泵电路具有高效率、低静态功耗和小功率等特点，特别适合便携式应用等特殊场合。下面介绍一些典型的应用和进展。

最早应用并取得成功的反相电荷泵芯片的是 ICL7660，该芯片组成的应用电路如图 2.3-17 所示。该电路中 C1、C2 取值较大，应为 10μF 左右。输出阻抗较大，当输出 40mA 时，输出电压由-5V 就会掉到-3V。也有一些芯片进行了改进，但基本功能和特性相同，比如 MAXIM 公司的 MAX1044、Telcom 公司的 TC1044S、TC7660 和 LTC 公司的 LTC1044/7660 等。这些改进型器件功能与 ICL7660 相同，性能上有所改进，管脚排列与 ICL7660 完全相同，可以互换。

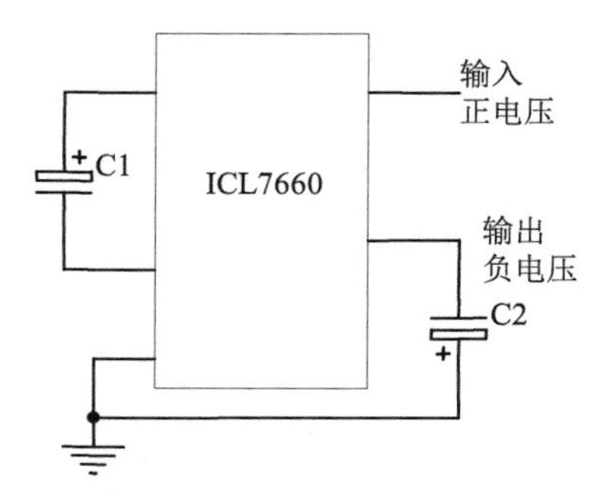

图 2.3-17 ICL7660 应用电路图

随着电子工艺水平的提高，又有很多新型的器件被开发出来，性能取得进一步提升。这些提升主要表现在输出电路增加、输出阻抗减小；进一步减小静态功耗；进一步提高工作电压；为了减小体积，允许使用更小的电容等。

例如 MAX660 的输出为 100mA，输出阻抗仅为 6.5Ω，而 MAX682 的输出可达 250mA，并在内部加入了稳压电路，输出电压变化非常小。同样的器件还有 AD 公司的 ADM8660 和 LT 公司的 LT1054 等。

在降低功耗方面，ICL7660 的静态电流典型值为 170μA，新产品 TCM828 的静态电流典型值为 50μA，MAX1673 的静态电流典型值仅为 35μA。另外，为更进一步减小电路的功耗，已开发出能关闭负电源的功能，使器件耗电降到 1μA 以下，而关闭负电源后使部分电路不工作，进一步达到减少功耗的目的。例如，MAX662A、AIC1841 两器件都有关闭功能，在关闭状态时耗电< 1μA，几乎可忽略不计。这一类器件还有 TC1121、TC1219、ADM660 及 ADM8828 等。

ICL7660 电荷泵电路的输入电压范围为 1.5～10V，为了满足部分电路对更高负压的需要，已开发出输入电压为 18V 及 20V 的新产品，即可转换成-18 或-20V 的负电压。例如，TC962、TC7662A 的输出电压范围为 3～18V，ICL7662、Si7661 的输入电压可达 20V。

为了进一步减小整个电路的尺寸，除了芯片本身减小尺寸外，还需要减小使用电容的体积和容量。为达到此目的，必须提高电路的工作频率。ICL7660 工作频率为 10kHz，外接 10μF 电容；新型 TC7660H 的工作频率提高到 120kHz，其外接泵电容已降为 1μF。MAX1680/1681 的工作频率高达 1MHz，在输出电流为 125mA 时，外接泵电容仅为 1μF。TC1142 的工作频率为 200kHz，输出电流 20mA 时，外接泵电容仅为 0.47μF。MAX881R 的工作频率为 100kHz，输出电流较小，其外接泵电容仅为 0.22μF。

另外，还开发了输出电压可变的 MAX881R、ADP3603～ADP3605、AIC1840/1841 等型号，输出电压可以通过外加分压电阻网络予以调整，有了四倍压之后再加入稳压电路的型号，为 MAX662A。

凌特公司（LT）还推出一种型号 LTC1502，它能从一节电池中获得稳定的 3.3V 电压，输出电流达到 20mA，静态功耗为 40μA，最低工作电压低至 0.9V，为电池供电的便携式应用创造了便利。另外，当需要超低工作电压时，可以采用精工电子的 S882Z 芯片，工作电压低至 0.3V。

第三章　8051 单片机系统设计和调试

3.1 实验板介绍

为了学生实验的方便，我们设计了一款成本低廉、使用方便、便于携带的单片机实验板，设计的初衷主要是从成本控制的角度考虑，只有自己设计和制作才能降低足够的成本，保证实验能够持续进行下去，而不会遇到经费的困扰。

这个实验板包括一片 8051CPU 及必要的外围电路、RS232 电平转换、字符液晶显示、AD 转换器芯片、数字温度传感器、模拟湿度传感器、8 个按键及 8 个独立的 LED 发光二极管等电路，同样由于成本控制考虑，一开始并不要求把所有芯片焊上去，而是只焊接一些最小系统必需的器件，其他器件随着使用的要求逐渐增加，而某些器件可能最终也用不上。

下面将分别介绍这些电路的原理和编程方法。

3.1.1 CPU 及核心电路

1. 单片机芯片的选择

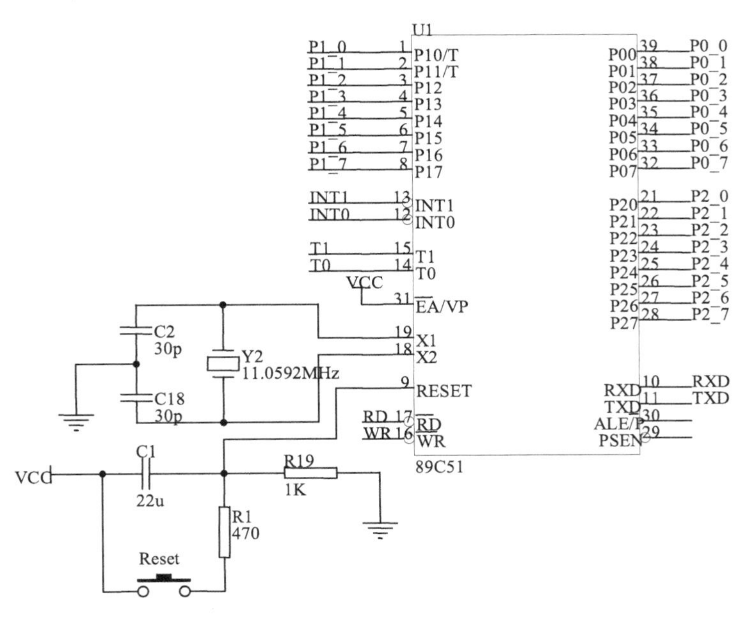

图 3.1-1 CPU 电路

首先需要选择一款单片机芯片，这里选用工业标准兼容的 51 单片机芯片，内置程序存储器，容量可以不同。在一般情况下，选择内置程序存储器的单片机更能降低成本，如果程序存储器容量不够，只会去寻找更大的内置程序存储器的单片机型号，而不是去扩充外置程序存储器。

作为参考选择，可以选用 Atmel 公司的 AT89S51、Philips 公司的 P89V51RD2 以及深圳宏晶公司的 STC 系列单片机。当然还可以有很多其他选择，但上面提到的型号具有各自的代表性，AT89S51 较为流行，P89V51RD2 具有支持调试的固件，STC 的价格最低，又是中国大陆具有自主知识产权的芯片（支持民族产业）。同时这三种型号又都具有在系统编程（In System Programmable，ISP）能力，只要通过一个和计算机相连的串口就可以对单片机进行编程，省掉专门购买的编程器。

2. 单片机时钟

尽管有的型号内置了时钟电路，但还是选择了 11.0592MHz 的石英晶体振荡器作为单片机芯片的时钟。之所以选择这个频率，是因为该频率经过整数分频后恰好得到串行通信的标准波特率，便于和计算机进行通信。

3. 复位电路

虽然有很多上电复位芯片可供选择，这里还是选择了简单的阻容复位电路。一来这里对抗干扰等要求不高，二来采用阻容可以进一步降低成本，减少复杂度。

3.1.2 RS232 电平转换电路

1. EIA 电平

8051 单片机具有工业标准的通用串行通信端口（UART），可以用来和计算机等其他设备通信。但是，在串行通信的时候，如果用 TTL 电平直接传输，则只能传输很短的距离，比如在 30cm 之内。为了提高串行通信设备的传输距离，则需要把 TTL 电平转换成 EIA 电平，该电平的规范是 RS232 标准的一部分，可以查看详细的规定，这里只给出一个粗略的介绍。

EIA 电平规定，用-15~-3V 电压代表逻辑“1”，用+15~+3V 电压代表逻辑“0”，而这范围之外的任何电压都是无效的。PC 机上的标准串口就是采用的这种电平规范，在这种规范下，终端设备可以通过 15m 的电缆连接，大大提高了传输距离。

2. MAX232 芯片

为了实现 TTL 等 5V 逻辑电平到 EIA 电平的转换，可以考虑提供符合 EIA 电平要求的正负电源，再设计一个开关电路，实现电平的转换。有许多芯片满足这种转换的要求，MC1488 和 MC1489 就是最著名的例子。但是，往往系统中没有符合 EIA 电平要求的正负电源提供，只有标准的 5V 电源，而增加额外的电源种类需要增加成本和提高系统的复杂性。这时可以用 MAX232 芯片解决问题。

MAX232 芯片把由 5V 电压变成 EIA 电平的电荷泵器件和开关电路集成到一起，只需提供几个小体积的电容器就能满足 TTL 电平到 EIA 电平转换的功能，提供两个 TTL 电平到 EIA 电平的转换和两个 EIA 电平到 TTL 电平的转换功能，应用非常方便。MAX232 芯片的管脚如图 3.1-2 所示。型号 MAX3232 是 MAX232 的 3.3V 版本，管脚和 MAX232 兼容。

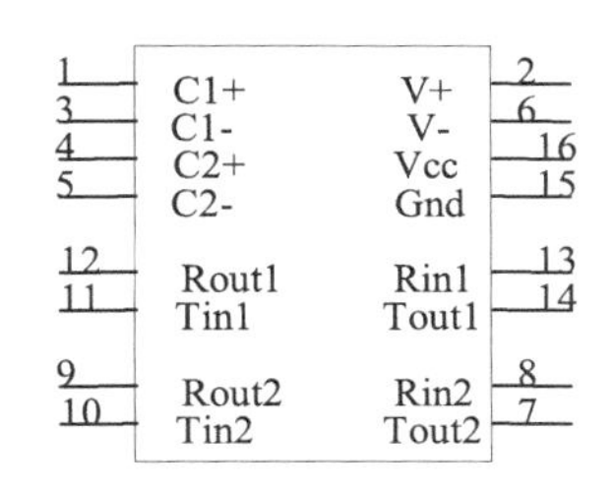

图 3.1-2 MAX232 管脚图

MAX232 的应用电路如图 3.1-3 所示，1μF 电容 C200、C201 是电荷泵电容，C202、C203 是输出退耦电容，C204 是电源退耦电容。图中只使用了一组电平转换门，而另一组电平转换门则没有使用。EIA 电平输出和输入则接到了一个 9 针 D 形插头 J-RS232 上，按照 RS232 规范的要求，9 针 D 形公头的 2 脚、3 脚和 5 脚分别是输入、输出和地引脚。

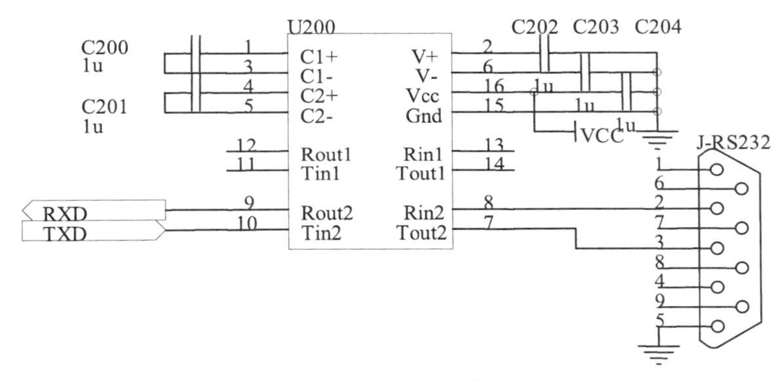

图 3.1-3 RS232 电平转换电路

以上只是从我们需要的角度作的一个简单介绍，完整的 RS232 规范则包含电平、连接器、电缆、传输速率等各个方面，大家可以进一步阅读相关文献。

3.1.3 AD 转换电路

AD 转换器是实现模拟信号到数字信号转换的器件，依据数字接口的不同可以分为并行接口和串行接口两种。并行接口的时序简单，速度快，但需要较多的 IO 口线；串行接口的时序复杂，速度慢，但需要的 IO 口线少，硬件设计简单，占用的 PCB 板空间更少，因此往往被优先选用。

我们这里选择美国国家半导体公司（National Semiconductor Corporation）生产的 8 位串行 AD 转换器 ADC0831，该器件适合我们应用的特点包括：转换时间 35μs、5V 单电源供电、输入范围 0~5V、易于和任何处理器接口等。

ADC0831 采用双列直插封装，引脚如图 3.1-4 所示。各脚功能如下：V_{IN}（+）和

V_{IN}（-）是模拟差分输入，如果是单端输入，可以把 V_{IN}（-）接地。V_{CC} 和 GND 是电源和地引脚，CS 是片选引脚，正常操作是必须接低电平。CLK 是数字输出的时钟，由单片机给出，DO 是数字量的数字输出引脚，由单片机读入。

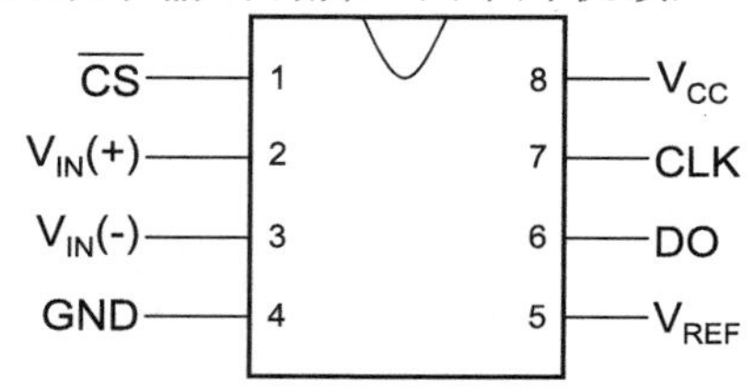

图 3.1-4 ADC0831 管脚图

ADC0831 的操作时序如图 3.1-5 所示。首先应当把 CLK 置为 0，CS 为 1，这时 DO 为高阻态。把 CS 置 0，器件开始有效，经过 $t_{SET\text{-}UP}$ 时间开始给出第一个时钟，这时，DO 开始变为低电平，这个输出是没有意义的。从第二个时钟的下降沿开始，DO 的输出结果从高位到低位，直至在低位（LSB）输出后 CS 仍回复 1，从而整个器件变成无效，结束这次 AD 转换过程。

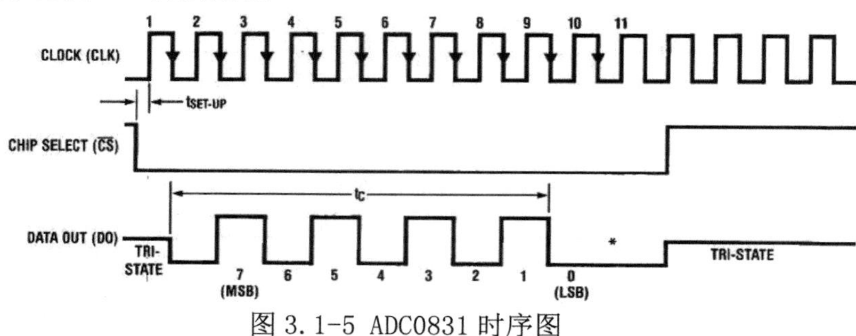

图 3.1-5 ADC0831 时序图

3.1.4 PWM 实现的 DA 电路

脉冲宽度调制（Pulse Width Modulated，PWM）是用占空比不同的方波产生模拟电压的方法。设方波的幅度为 V_m，占空比为 $D = T_{on}/T$，则经过低通滤波后滤除所有交流成分，输出的电压为傅里叶变换后的零频率部分，为：

$$V_{out} = DV_m = \frac{T_{on}}{T} V_m$$

在实验电路板中，采用模拟开关分别接通 V_{CC} 和 GND 来获得方波，采用简单的阻容二阶低通滤波器进行滤波，形成了三路 PWM 模拟输出，电路如图 3.1-6 所示。

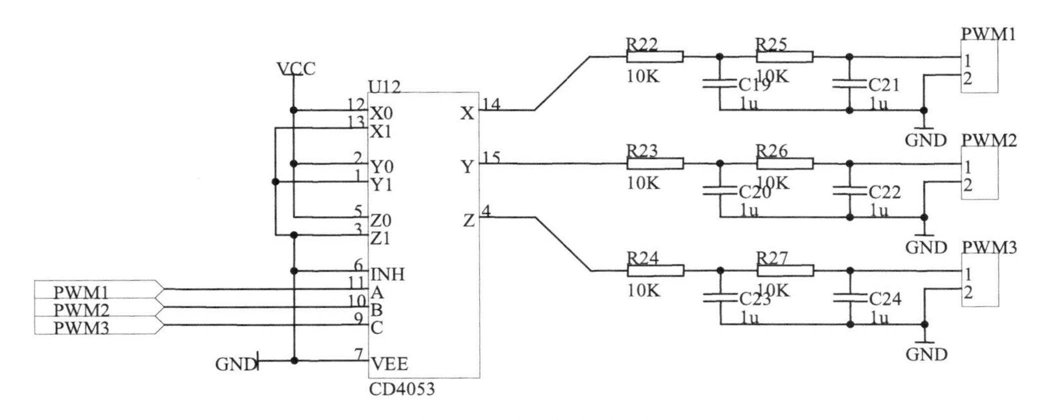

图 3.1-6 PWM 产生电路图

图 3.1-6 中，CD4053 是二择一模拟开关，通过控制端高低电平控制输出端和 0、1 两个输入端接通。0、1 两个输入端分别接了 V_{CC} 和 GND，因此，输出端就会产生与控制端同步的高电平为 Vcc、低电平为 GND 的方波。滤波器则由两级阻容滤波器组成，完全满足性能的要求。

PWM 波容易用单片机产生，可以利用 51 单片机的通用定时计数器产生，也可以选用具有计数器阵列（PCA）的单片机芯片，都可以方便产生占空比可调的方波。

3.1.5 传感器电路

板上设计了温度、湿度、光敏、红外、声音等传感电路，这里只讨论前三种，后面几种将单独讨论。

温度传感器

温度传感器选用了 Dallas 公司生产的 DS18B20 数字温度传感器。该器件数字输出的误差在 0℃~75℃时为 0.5℃，数字接口采用单线总线（One Ware Bus），节省单片机的 IO 口资源。同时，除了可以通过 V_{CC} 引脚独立供电外，也支持从数据通信引脚供电，即所谓“总线窃电”技术，从而使远距离测量走线更为方便。我们这里只讨论独立供电的情况。

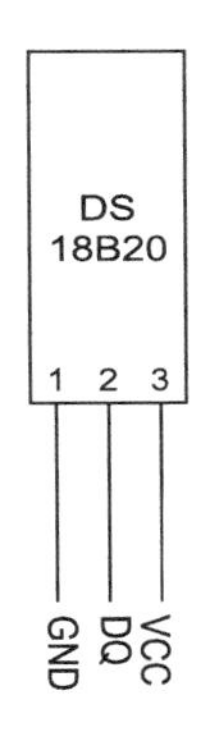

图 3.1-7 DS18B20 引脚图

DS18B20 的引脚如图 3.1-7 所示，其中 GND 为公共地，V_{CC} 为外供电电源，DQ 为单线总线。DS18B20 内部包括三个主要部分：激光 ROM 和单线总线控制、温度传感器和测量电路、温度报警电路。单线总线上可以接入多个器件，每个器件和单片机引脚都是漏极开路输出，整个总线共用一个 4.7kΩ 上拉电阻，形成“线或”。在搜索命令中，当器件应答时，输出“0”的器件优先，而输出“1”的器件检测到在总线上实际上是“0”，则退出通信过程。

单线总线上的器件分为主器件和从器件，这里单片机为主器件，DS18B20 为从器件，从器件可以为多个。在单线总线上，通信都是主器件发起的，通信过程分为 5 种：复位（主器件）、存在应答（从器件）、写“1”、写“0”、读“1”和读“0”。

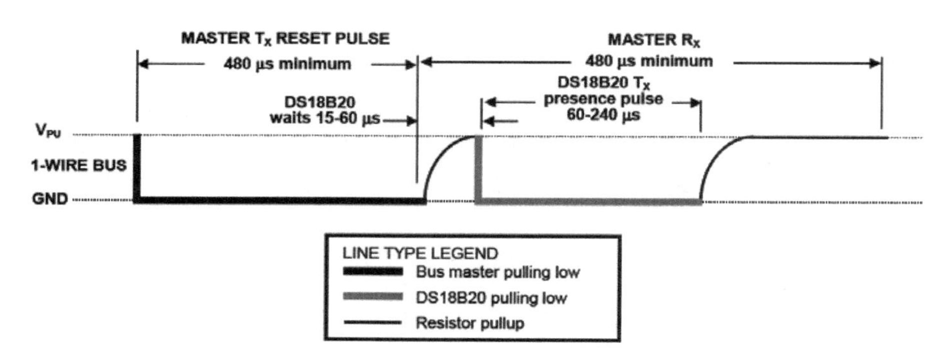

图 3.1-8 单线总线复位和应答时序图（取自 Dallas 公司资料）

整个通信总是由复位和存在应答开始。主器件拉低总线并保持至少 480μs，然后放弃总线，完成复位过程。当总线上存在 DS18B20 时，它检测到复位之后的上升沿，就把总线拉低 60~240μs 作为存在应答，表明从器件存在。整个过程的时序见图 3.1-8。

当单线总线主器件需要写 0 或 1 时，首先拉低总线至少 1μs 再开始写时间片，在 15μs 之后，DS18B20 开始采样总线。因此，如果写 0，需要保持总线 60—12μS 即可；如果写 1，则需在总线拉低 1μs 之后释放，使之在 15μs 之内回复高电位。

当单线总线主器件需要读数据时，拉低总线至少 1μs 再开始一个读时间片，从器件将在 15μs 之内给出应答数据，因此，主器件在拉低 1μs 之后放弃总线，在适当的时机读取从器件的响应。

读写的时序见图 3.1-9。

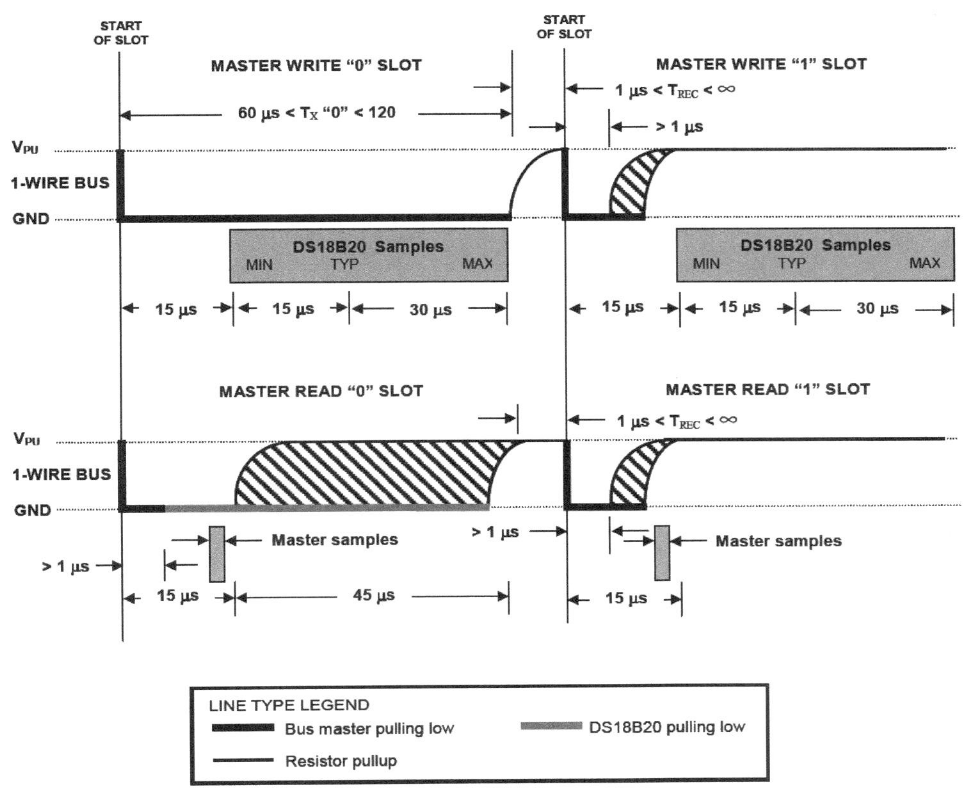

图 3. 1-9 单线总线读写时序图（取自 Dallas 公司资料）

DS18B20 的温度测量是通过计数器实现的，内部将其转化为温度值，存储在两个字节中。存储格式如图 3. 1-10 所示，其中标志 S 的为符号位，如果为 1 表示温度为负值。

	bit 7	bit 6	bit 5	bit 4	bit 3	bit 2	bit 1	bit 0
LS Byte	2^3	2^2	2^1	2^0	2^{-1}	2^{-2}	2^{-3}	2^{-4}
	bit 15	bit 14	bit 13	bit 12	bit 11	bit 10	bit 9	bit 8
MS Byte	S	S	S	S	S	2^6	2^5	2^4

图 3. 1-10 DS18B20 温度存储格式（取自 Dallas 公司资料）

在对 DS18B20 的激光 ROM 操作之前，不能进行存储器操作和控制操作。DS18B20 包含 64 位激光 ROM，其中第 1 字节为产品类型代码，对于 DS18B20 来说是 10h。接下来的 48 位 6 字节是唯一的序列号，剩下的一个字节是 CRC 校验。

8bit CRC	48bit 序列号	8bit 代码
MSB　　LSB	MSB　　LSB	MSB　　LSB

图 3.1-11 DS18B20 内部 ROM 组成图

ROM 操作命令共有 5 种，分别为：读 ROM（Read ROM）、匹配 ROM（Match ROM）、搜索 ROM（Search ROM）、跳过 ROM（Skip ROM）和搜索报警（Search Alarm）。对

于各种 ROM 操作的流程，可以参看图 3.1-12。Read ROM 用来从总线上读取 DS18B20 的序列号，只能在总线上有一个从器件时使用。Match ROM 用来选择总线上某个特定的序列号器件，Search ROM 用来从总线上的多个器件中选择一个从器件读取序列号，这两个命令可以用在多个从器件的场合。Skip ROM 用来跳过 ROM 操作，直接进入控制和存储器操作，这个命令用来在只有一个从器件的情况下直接进入测量状态以节省时间。CRC 的产生按照 Dallas 规定的统一算法，可以参考相关的文档。

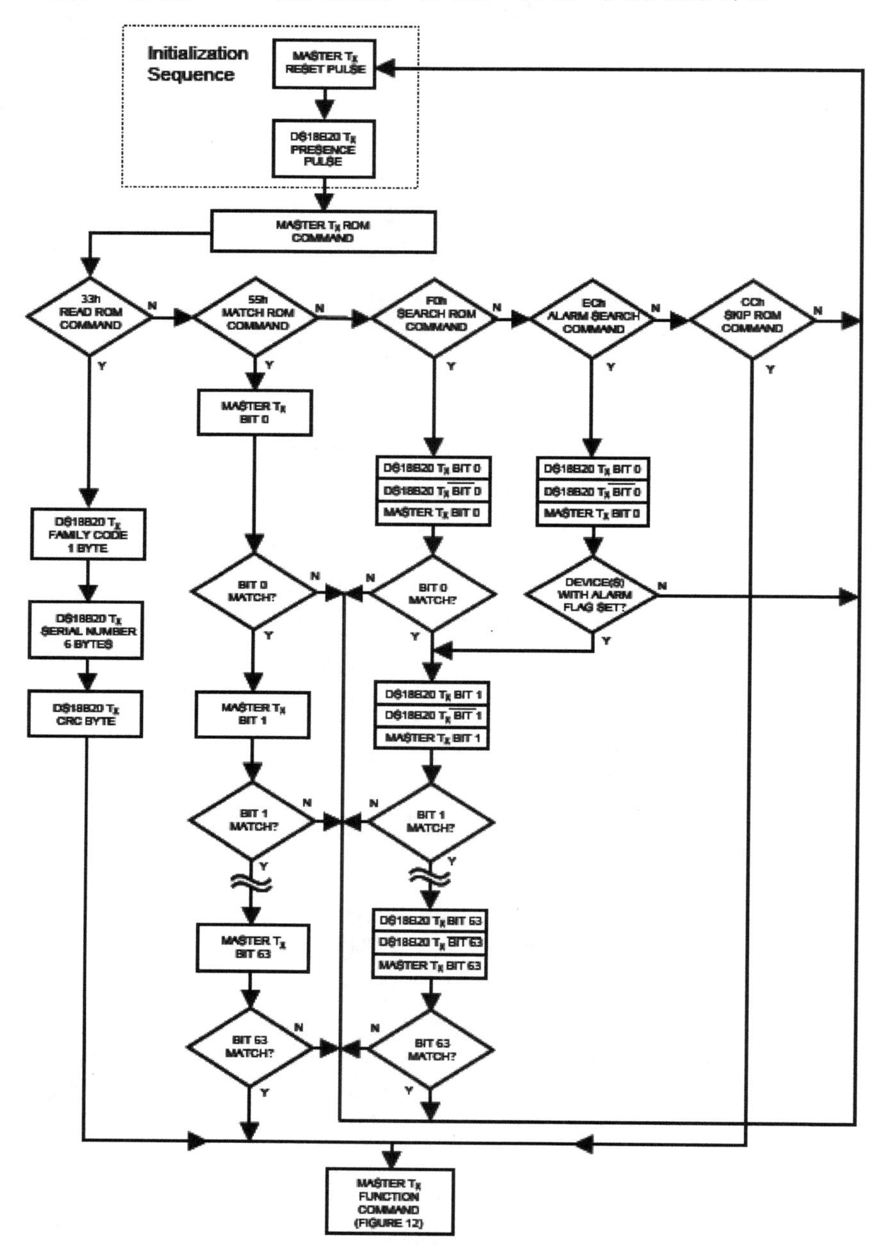

图 3.1-12 DS18B20 内部 ROM 操作流程图

DS18B20 的内部存储器称为 scratchpad 存储器，共有 8 字节，其含义见图 3.1-13。其中字节 0、1 用来存储温度测量结果，字节 2、3 用来设定温度报警的上限和下限，字节 4 是配置寄存器，字节 5、6、7 不使用，字节 8 是 CRC。

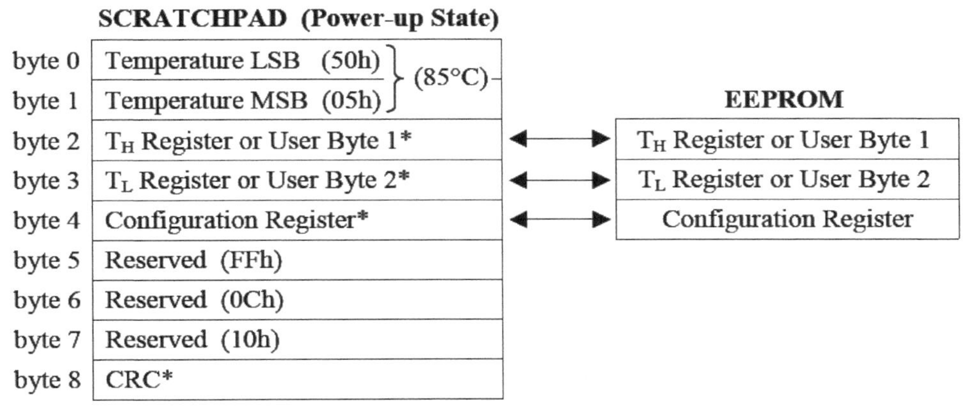

图 3.1-13 DS18B20 快速存储器

DS18B20 命令如下：

(1) 读暂存存储器：读取暂存存储器内容，从第 0 字节开始，直至第 9 字节。如果中间需要终止，则可以通过发送复位实现。

(2) 复制暂存存储器：把暂存中温度报警上下限数据复制到相关的 EEPROM 中，使得从新上电后数据不丢失。

(3) 温度变换：此命令开始温度变换。变换之后如果读 DS18B20，则输出连续的 0，直到变换结束后才输出 1。

(4) 重新调出 EEPROM 数据：把在 EEPROM 中存储的数据重新调入暂存存储器中，以便于读取。

(5) 读电源：读取电源的供给方式，如果输出 0，表明采用总线供电方式；如果输出 1，表明有独立的外电源供电。

DS18B20 的操作命令表见表 3.1-1。

表 3.1-1 DS18B20 操作命令表

Command	Description	Protocol	1-Wire Bus Activity After Command is Issued	Notes
TEMPERATURE CONVERSION COMMANDS				
Convert T	Initiates temperature conversion.	44h	DS18B20 transmits conversion status to master (not applicable for parasite-powered DS18B20s).	1
MEMORY COMMANDS				
Read Scratchpad	Reads the entire scratchpad including the CRC byte.	BEh	DS18B20 transmits up to 9 data bytes to master.	2
Write Scratchpad	Writes data into scratchpad bytes 2, 3, and 4 (T_H, T_L, and configuration registers).	4Eh	Master transmits 3 data bytes to DS18B20.	3
Copy Scratchpad	Copies T_H, T_L, and configuration register data from the scratchpad to EEPROM.	48h	None	1
Recall E^2	Recalls T_H, T_L, and configuration register data from EEPROM to the scratchpad.	B8h	DS18B20 transmits recall status to master.	
Read Power Supply	Signals DS18B20 power supply mode to the master.	B4h	DS18B20 transmits supply status to master.	

下面具体说明，当总线上只有一个从器件时，如何快速地读取一个温度变换结果。DS18B20 进行了一次温度变换的命令表，见表 3.1-2。

表 3.1-3　DS18B20 进行一次温度变换的命令表

主机方式	数据	注释
发送	Reset	发送一个复位
接收	Presence	接收从器件存在应答
发送	CCh	发送 **Skip ROM** 命令
发送	44h	发送温度转换命令
接收	1 字节	连续接收 **1** 字节数据，直到接收数据为 **FFh**
发送	Reset	发送一个复位
接收	Presence	接收从器件存在应答
发送	CCh	发送 **Skip ROM** 命令
发送	BEh	发送读取暂存存储器命令
接收	连续接收 9 字节	接收连续的 **9** 字节暂存存储器内容
发送	Reset	发送一个复位
接收	Presence	接收从器件存在应答
—	—	**CPU** 按照接收的内容计算温度

湿度传感器

湿度的测量选择了湿敏电容传感器 HS1101，它表现为一个湿度敏感的电容元件。在理想状况下，电容的变化量和相对湿度的变化成正比，定义灵敏度为相对湿度变化为 1%时引起的电容量的变化。HS1101 的各个参数见表 3.1-4，表中列出了特征参数、符号、最小值、最大值和典型值。

表 3.1-4 HS1101 的特征参数

特征参数	符号	Min	Typ	Max	单位
湿度测量范围	R_H	1		99	5
供电电压	V_s		5	10	V
标称电容@55%RH	C	177	180	183	pF
温度效应	T_{CC}		0.04		pF/℃
平　均　灵　敏　度 (33%~75%RH)	ΔC/%RH		0.34		pF/%RH
漏电流	I_x			1	nA
恢复时间@150　小时结露	t_r		10		s
迟滞			±1.5		%
长时间稳定性			0.5		%RH/yr
反应时间	t_a		5		S

电容量和湿度的关系也可以通过实验测定数据，然后用多项式拟合得到。厂家给出：

$$C(\mathrm{pF}) = C@55\% \times (1.25\times10^{-7}RH^3 - 1.36\times10^{-5}RH^2 + 2.19\times10^{-3}RH + 9.0\times10^{-1})$$

另外，对于不同的频率，电容量也会发生一定的变化。变化规律为：

$$C@fkHz = C@10kHz\times[1.027 - 0.01185\ln(fkHz)]$$

为了保证器件的稳定性，应当把一个特定的引脚 2 在电路中接地，该引脚已经在封装的时候做出了标记。

利用 HS1101 测量湿度的电路如图 3. 1-14 所示。

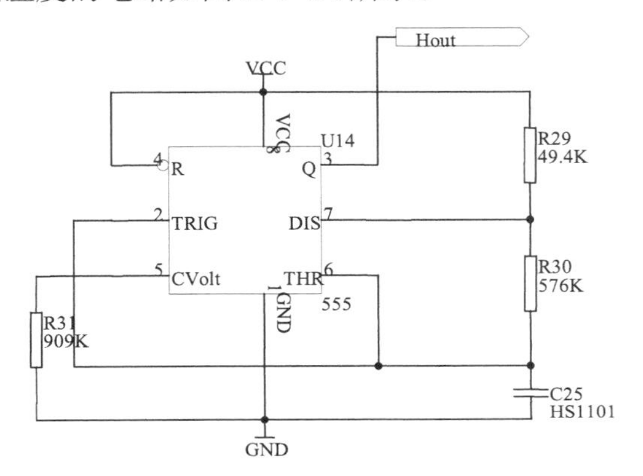

图 3. 1-14 湿度测量电路

此电路为典型的555非稳态电路。HS1101作为电容变量接在555的TRIG与THRES两个引脚上，引脚 7 用作电阻 R_{29} 的短路。测量电容 HS1101 通过 R_{29} 与 R_{30} 充电到门限电压（约 $0.67V_{CC}$），通过 R_{30} 放电到触发电平（约 0.33 V_{CC}），然后 R_{29} 通过引脚 7 短路到地。传感器由不同的电阻 R_{30} 与 R_{29} 充放电，其工作周期描述如下：

高电平时间：$T_{high}=C@\%RH*(R_{29}+R_{30})*\ln2$

低电平时间：$T_{low}=C@\%RH*R_{30}*\ln2$

输出频率：$f=1/(T_{high}+T_{low})=1/(C@\%RH*(R_{29}+2*R_{30})*\ln2)$

占空比：$D=T_{high}*f=R_{30}/(R_{29}+2*R_{30})$

为了使占空比接近 50%，则与 R_2 相比，R_4 应该非常小，但是不要低于最小值。为了克服输入阻抗的影响，555 必须为 CMOS 类型。

555 电路的非平衡电阻 R_{31} 是做内部温度补偿，目的是为了引入温度效应，使它与 HS1101 的温度效应相匹配。R_{31} 必须像所有的 R-C 时钟电阻的要求一样，1%的精度，最大温度效应小于 100ppm。由于不同型号的 555 的内部温度补偿有所不同，R_{31} 的值必须与特定的芯片相匹配。为了保证 55%RH 的典型湿度值振荡频率恰为 6660Hz，R_{30} 也需要做稍许修正，结果如表 3.1-5 所示。

表 3.1-5　不同 555 型号对应的电路参数

555 型号	R_{31}	R_{30}
TLC555	909KΩ	576 KΩ

TS555	100nF 电容	523K
7555	1732K	549K
LMC555	1238K	562K

在上面电路中，不同湿度对应的典型频率如表 3.1-6 所示。

表 3.1-6 不同湿度测得的频率

R_H	0	10	20	30	40	50	60	70	80	90	100
Fr	7351	7224	7100	6976	6853	6728	6600	6468	6330	6186	6033

更多的使用说明，见相关厂家提供的资料。

光照传感器

光敏电阻又称光导管，几乎都是用半导体材料制成的光电器件。光敏电阻没有极性，纯粹是一个电阻器件，使用时既可加直流电压，也可以加交流电压。无光照时，光敏电阻值（暗电阻）很大，电路中电流（暗电流）很小。

当光敏电阻受到一定波长范围的光照时，它的阻值（亮电阻）急剧减少，电路中电流迅速增大。一般希望暗电阻越大越好， 亮电阻越小越好，此时光敏电阻的灵敏度高。 实际光敏电阻的暗电阻值一般在兆欧级， 亮电阻在几千欧以下。

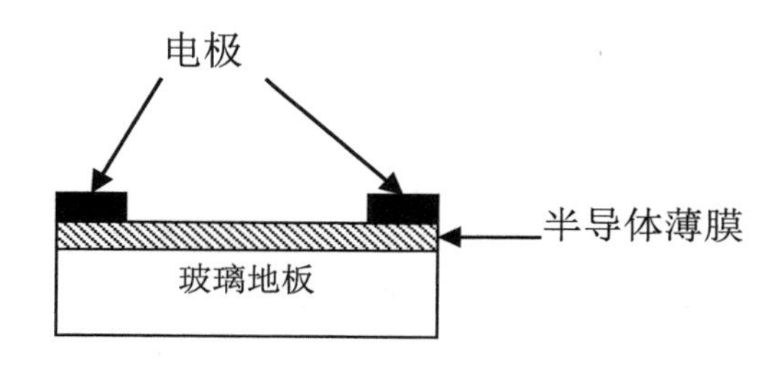

图 3. 1-15 光敏电阻结构图

图 3. 1-15 为光敏电阻的原理结构。它是涂于玻璃底板上的一薄层半导体物质，半导体的两端装有金属电极，金属电极与引出线端相连接，光敏电阻通过引出线端接入电路。为了防止周围介质的影响，在半导体光敏层上覆盖了一层漆膜，漆膜的成分应使它在光敏层最敏感的波长范围内透射率最大。不同半导体材料的光敏电阻性能不同，这里使用硫化镉光敏电阻，其敏感波长正好在可见光范围内。

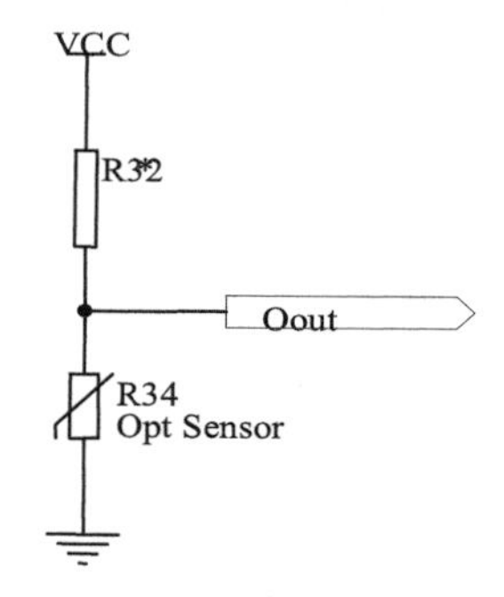

图 3. 1-16 光敏电阻测量图

光敏电阻测量电路示意如图 3. 1-16 所示。光敏电阻和普通电阻串联，有光照射时，光敏电阻阻值变小，输出低电平；无光照射时，光敏电阻阻值变大，输出高电平。其输出可以直接给单片机输入引脚做逻辑判断，也可以送给 AD 转换器进行模拟测量。

3.1.6 红外发射接收电路

红外接收采用一体化红外接收头 HS0038，该接收头包括红外线接收、AGC 放大、滤波、解调等。HS0038 首先接收 38kHz 的红外光信号，放大后进行滤波，然后解调出 38kHz 载波上调制的编码信号。电路内部结构框图见图 3. 1-17。

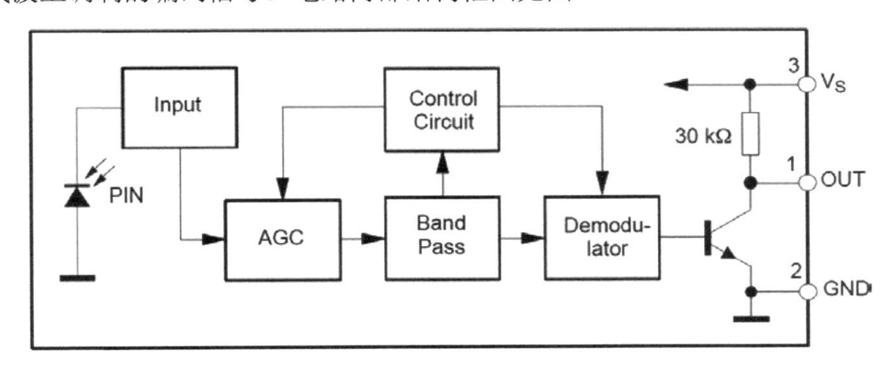

图 3. 1-17 HS0038 内部结构框图

HS0038 的特性见表 3.1-17。

表 3.1-7 HS0038 的特性

参数	测试条件	符号	最小值	典型值	最大值	单位
供电电流	V_S=5V, E_V=0	I_{SD}	0.8	1.1	1.5	**mA**
	V_S =5V, E_V=40klx，日光	I_{SH}		1.4		**mA**
供电电压		V_S	4.5		5.5	**V**
传输距离	E_V=0，测试电路见厂家说明	d		35		**m**
输出低电平电压	I_{OSL}=0.5 mA, E_e = 0.7 mW/m²	V_{OL}			250	**mV**
接收光强	脉宽符合: $t_{pi} - 5/f_o < t_{po} < t_{pi} + 6/f_o$,	$E_{e\ min}$		0.2	0.4	**mW/m²**
方向性	**半角接收范围**	$\Phi_{1/2}$		**±45**		**deg**

HS0038 接收到 38kHz 载波输出 0，否则输出高，适合各种编码对载波进行键控调制。它接收的信号需要满足以下条件：

(1) 载波频率要接近 38kHz 的滤波器中心频率。

(2) 突发片段长度应为 10 周期/次以上。

(3) 每次 10-70 周期的突发片段之间至少要有 14 周期长的间隙。

(4) 如果片段超过 1.8ms，则应至少插入一个 4 倍长度的间隙。

(5) 一秒钟可以连续接收 800 个片段。

符合要求的编码规范包括：NEC Code, Toshiba Micom Format, Sharp Code, RC5 Code, RC6 Code, R–2000 Code 等。绝大部分家用电器的红外遥控器符合这种要求，因此，该电路可以方便接收家用电器红外遥控器的信号。

红外发送电路可以采用通用遥控器集成电路，但是编码方式是固定的。为了灵活的编码，这里采用自己产生 38kHz 载波并监控调制的方法，调制信号用单片机产生。

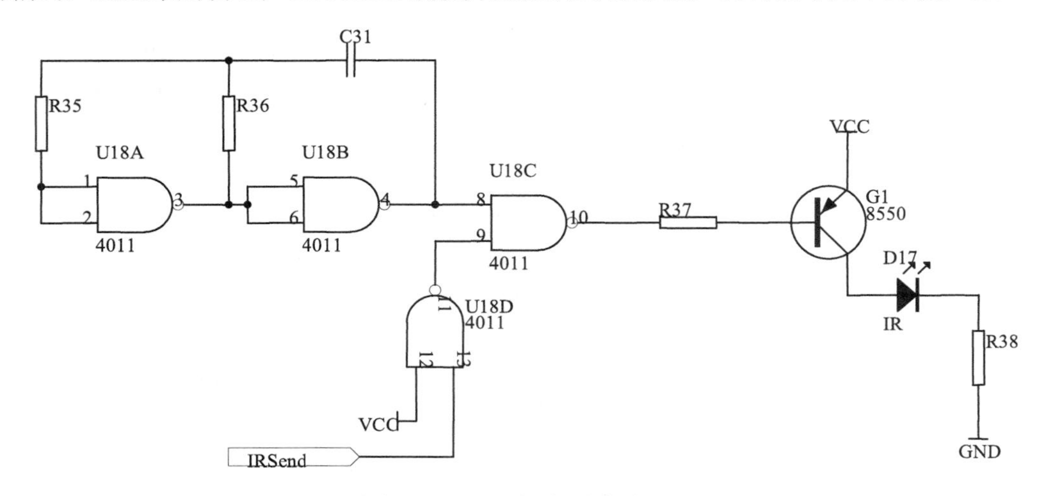

图 3. 1-18 红外发送电路

电路首先用 U18A、U18B 和电阻 R_{35}、R_{36}，以及电容 C_{31} 组成方波振荡器，调整阻容元件的值，使其振荡频率为 38kHz。U18C 起到键控调制的作用，当 IRSend 输入的信号经过 U18D 反相加到 9 脚，就可以控制 8 脚的震荡信号是否能够在 10 脚输出。10 脚输出通过 G1 通断来控制红外发光管 D17 发光，从而发射 38kHz 信号。

D17 采用普通红外发光二极管。

3.1.7 外部非易失存储器电路

这里选择 CATALYST 公司的 CMOS 技术非易失存储器串行 EEPROM，型号为 CAT24WC01/02/04/08/16/32/64/128/256 等作为外部非易失存储器，用来存储下电之后还需要保存的信息。由于上面提到的所有型号封装和管脚都是兼容的，只是容量不同，分别为 1K、2K…256K 位，因此在电路板上可以随便选择上面提到的任何一种芯片。

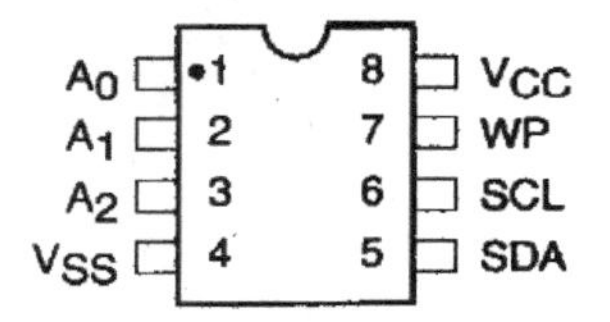

图 3. 1-19 CAT24WCXX 引脚图

该系列器件引脚如图 3. 1-19 所示，其中 A0、A1、A2 是器件的地址，在电路中已经接了低电平；V_{CC} 是电源，V_{SS} 接地；WP 是写保护，该引脚是为了防止错误地损坏存储数据而设置的；SCL、SDA 分别是 I²C 协议总线协议通信要求的引脚，分别是时钟和数据。

这些存储器内部组织成页进行管理，前五种 CAT24WC01/02/04/08/16 容量较小，每页 8 位字节；接下来两种 CAT24WC32/64 容量适中，每页 32 字节；后面两种 CAT24WC128/256 容量较大，每页 64 字节。经过这样组织，每种器件的容量不同，包含存储页的数量不同，页地址范围也就不同。在操作时，基本时序都是类似的，只是由于页地址范围和页容量不同而带来一些差异，因此，这里只以 CAT24WC01/02/04/08/16 等器件为例介绍操作过程。

这些存储器件都满足 I²C 协议，因此，器件的读写都是通过 I²C 总线来完成的。I²C 总线通信满足两条原则：（1）只有在总线空闲时才允许启动数据传送；（2）在数据传送过程中当时钟线为高电平时数据线必须保持稳定状态且不允许有跳变；时钟线为高电平时，数据线的任何电平变化将被看作总线的起始或停止信号。

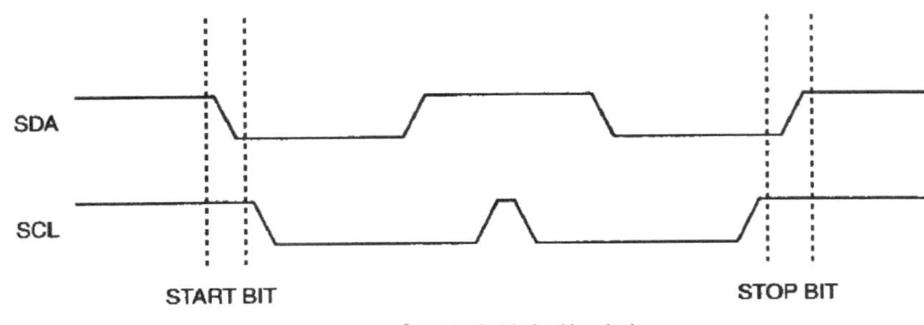

图 3.1-20 I²C 总线的起停时序

时钟线保持高电平期间数据线电平从高到低的跳变作为 I²C 总线的起始信号，时钟线保持高电平期间数据线电平从低到高的跳变作为 I²C 总线的停止信号，如图 3.1-20 所示。

器件								
CAT24WC01/02	1	0	1	0	A2	A1	A0	R/W
CAT24WC04	1	0	1	0	A2	A1	a8	R/W
CAT24WC08	1	0	1	0	A2	a9	a8	R/W
CAT24WC16	1	0	1	0	a10	a9	a8	R/W

图 3.1-21 CAT24 系列器件的地址组成

其中，A2、A1、A0 由相应引脚确定，a10、a9、a8 是内部页地址高位。

主器件通过发送一个起始信号启动发送过程，然后发送它所要寻址的从器件的地址，8 位从器件地址的高 4 位固定为 1010，接下来的 3 位为 A2、 A1、 A0，是由器件的地址位用来定义哪个器件以及器件的哪个部分被主器件访问，只有发送的地址位和器件的引脚电平决定的地址位相符合时，器件才做出响应。对于 CAT24WC04/08/16 等器件，器件地址只有 2 位或 1 位，剩下的位应由器件内部的页地址组成。从器件 8 位地址的最低位作为读写控制位，1 表示对从器件进行读操作，0 表示对从器件进行写操作。器件的地址组成见图 3.1-21。在主器件发送起始信号和从器件地址字节后，CAT24WC01/02/04/08/16 监视总线并当其地址与发送的从地址相符时通过 SDA 线响应一个应答信号，CAT24WC01/02/04/08/16 再根据读写控制位 R/W 的状态进行读或写操作。

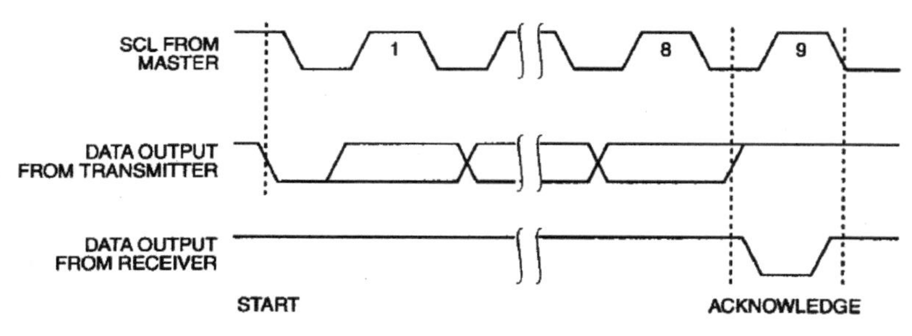

图 3.1-22 I^2C 总线应答时序

I^2C 总线数据传送时，每成功地传送一个字节数据后，接收器都必须产生一个应答信号。应答的器件在第 9 个时钟周期时将 SDA 线拉低，表示已收到一个 8 位数据。

CAT24WC01/02/04/08/16 在接收到起始信号和从器件地址之后响应一个应答信号，如果器件已选择了写操作，则在每接收一个 8 位字节后响应一个应答信号。

当 CAT24WC01/02/04/08/16 工作于读模式时，在发送一个 8 位数据后，释放 SDA 线并监视一个应答。信号一旦接收到应答信号，CAT24WC01/02/04/08/16 继续发送数据，如主器件没有发送应答信号，器件停止传送数据，且等待一个停止信号。

通过 I^2C 总线，单片机可以对存储器件进行读写操作。写操作包括字节写和页写，读操作包括立即地址读、字节读和连续读。

1. 字节写

在字节写模式下，主器件发送起始命令和从器件地址信息（R/W 位置零）给从器件，在从器件产生应答信号后，主器件发送 CAT24WC01/02/04/08/16 的字节地址，主器件在收到从器件的另一个应答信号后，再发送数据到被寻址的存储单元，CAT24WC01/02/04/08/16 再次应答并在主器件产生停止信号后，开始内部数据的擦写。在内部擦写过程中，CAT24WC01/02/04/08/16 不再应答主器件的任何请求。

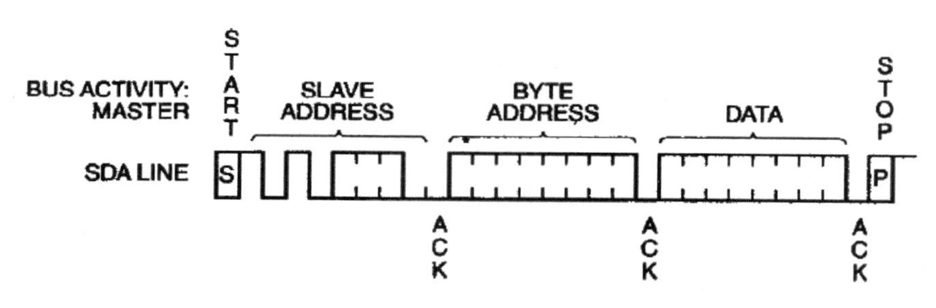

图 3.1-23 CAT24WCXXX 字节写时序

2. 页写

用页写 CAT24WC01，可一次写入 8 个字节数据，CAT24WC02/04/08/16 可以一次写入 16 个字节的数据。页写操作的启动和字节写一样，不同在于传送了一字节数据后，并不产生停止信号，主器件被允许发送 *P*（CAT24WC01，*P*=7；CAT24WC02/04/08/16，*P*=15）个额外的字节，每发送一个字节数据后，CAT24WC01/02/04/08/16 产生一个应答位，并将字节地址低位加 1，高位保持不变。如果在发送停止信号之前主器件发送超过 P+1 个字节地址，计数器将自动翻转，先前写入的数据被覆盖。接收到 *P*+1 字节数据和主器件发送的停止信号后，CAT24CXXX 启动内部写周期将数据写到数据区，所有接收的数据在一个写周期内写入 CAT24WC01/02/04/08/16。

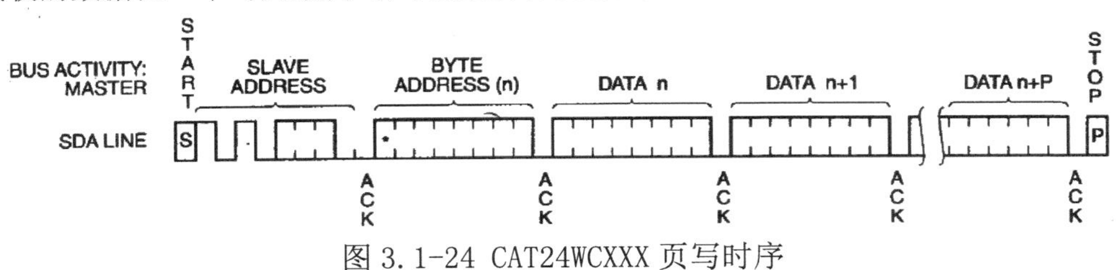

图 3.1-24 CAT24WCXXX 页写时序

可以利用内部写周期时禁止数据输入这一特性，一旦主器件发送停止位，指示主器件操作结束，CAT24WC02/04/08/16 启动内部写周期，应答查询立即启动，包括发送一个起始信号和进行写操作的从器件地址。如果 CAT24WC02/04/08/16 正在进行内部写操作不会发送应答信号；如果 CAT24WC02/04/08/16 已经完成了内部自写周期，将发送一个应答信号，主器件可以继续进行下一次读写操作。

写保护操作特性可使用户避免由于不当操作而造成对存储区域内部数据的改写，当 WP 管脚接高时，整个寄存器区全部被保护起来，而变为只可读取。CAT24WC01/02/04/08/16 可以接收从器件地址和字节地址，但是装置在接收到第一个数据字节后不发送应答信号，从而避免寄存器区域被编程改写。

3. 立即地址读

对 CAT24WC01/02/04/08/16 读操作的初始化方式和写操作时一样，仅把 R/W 位置设为 1。CAT24WC01/02/04/08/16 的地址计数器内容为最后操作字节的地址加 1，也就是说，如果上次读/写的操作地址为 N，则立即读的地址从地址 *N*+1 开始。如果 N=E（这里对 24WC01，*E* =127；对 24WC02，*E*=255；对 24WC04，*E* =511；对 24WC08，*E* =1023；对 24WC16，*E* =2047，则计数器将翻转到 0）且继续输出数据，CAT24WC01/02/04/08/16 接收到从器件地址信号后 R/W 位置为 1，它首先发送一个应答信号，然后发送一个 8 位字节数据，主器件不需要发送一个应答信号，但要产生一个停止信号。

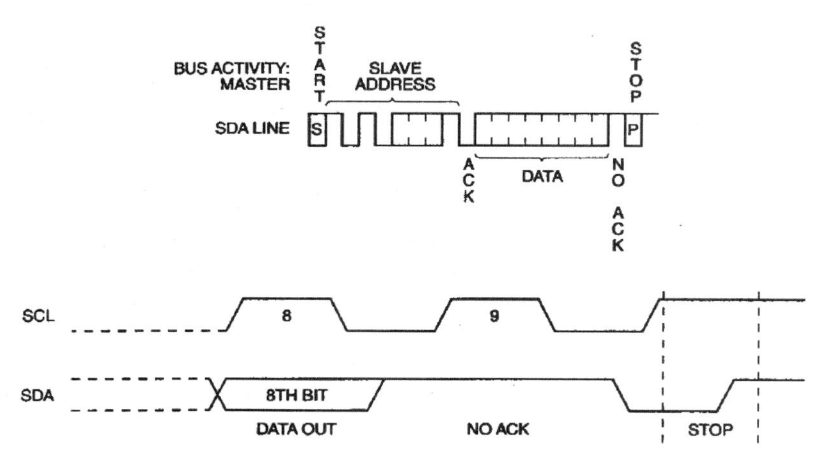

图 3.1-25 CAT24WCXXX 立即地址读时序

4. 选择性读

选择性读操作允许主器件对寄存器的任意字节进行读操作，主器件首先通过发送起始信号、从器件地址和它想读取的字节数据的地址，执行一个伪写操作，在 CAT24WC01/02/04/08/16 应答之后，主器件重新发送起始信号和从器件地址，此时 R/W 位置为 1，CAT24WC01/02/04/08/16 响应并发送应答信号，然后输出所要求的一个 8 位字节数据，主器件不发送应答信号，但产生一个停止信号。

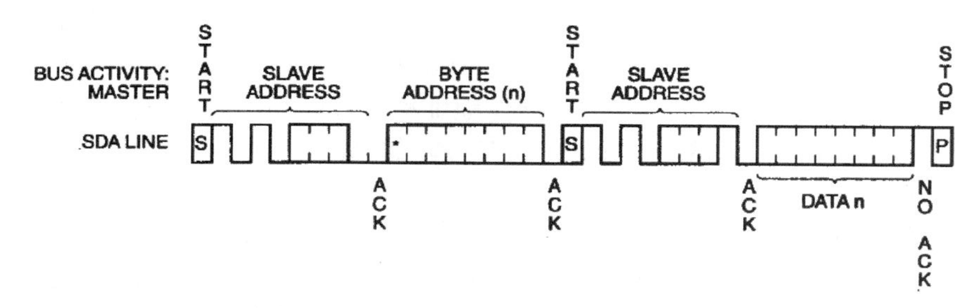

图 3.1-26 CAT24WCXXX 选择性读时序

5. 连续读

连续读操作可通过立即读或选择性读操作启动，在 CAT24WC01/02/04/08/16 发送完一个 8 位字节数据后，主器件产生一个应答信号来响应，告知 CAT24WC01/02/04/08/16 主器件要求更多的数据，对应每个主机产生的应答信号，CAT24WC01/02/04/08/16 将发送一个 8 位数据字节，当主器件不发送应答信号而发送停止位时结束此操作。

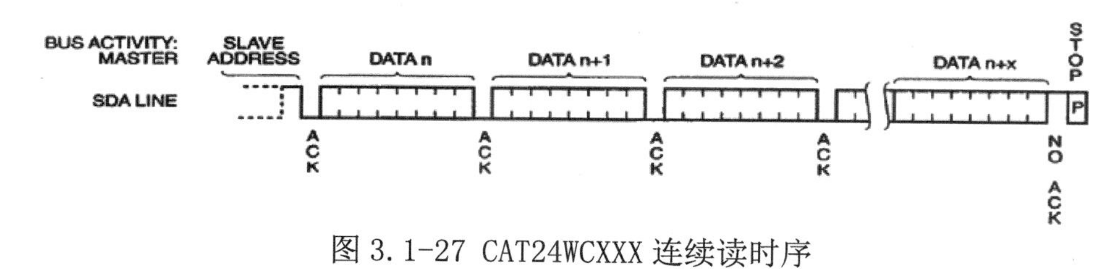

图 3.1-27 CAT24WCXXX 连续读时序

从 CAT24WC01/02/04/08/16 输出的数据按顺序由 N 到 N+1 输出。读操作时地址计数器在 CAT24WC01/02/04/08/16 整个地址内增加，这样整个寄存器区域可在一个读操作内全部读出。当读取的字节超过 E 时（对于 24WC01，E=127；对 24WC02，E=255；对 24WC04，E=511；对 24WC08，E=1023；对 24WC16，E=2047），计数器将翻转到零并继续输出数据字节。

对于更大存储空间的 EEPROM 型号，可以参照上面的例子，同时阅读厂家提供的资料进行设计。

3.1.8 实时时钟电路

实验板采用 DS1302 作为实时时钟芯片。DS1302 涓流充电时钟芯片包含一个实时时钟（Real time clock，RTC）/日历和 31 字节的静态 RAM。它通过简单的串行接口和单片机进行通讯。RTC/日历提供秒、分、小时、天、星期、月和年。如果当月天数小于 31 天将自动进行调整，包含闰年校正。时钟可以工作在 24 小时制和 12 小时制，12 小时制下用 AM/PM 来指示。

在 DS1302 和微处理器之间使用同步串行方式进行通讯。只需要三线就可以通讯，分别为：（1）RST（reset）；（2）I/O（数据线）；（3）SCLK（串行时钟）。数据可以通过一次一字节或可达 31 字节的突发模式下传入或移出时钟/RAM。

DS1302 设计成可以在很低电压下工作，并可以在小于 1 mW 的功耗下保持数据和时钟信息。DS1302 还集成了两个电源脚，分别用于主电源和备份电源供应，有可编程的对 V_{CC1} 的涓流充电功能，并增加了 7 字节中间结果暂存器存储器空间。

电路板的实时时钟电路如图 3. 1-28 所示，SCLK、nRST 和 DATA 为串行通信用的时钟、复位和数据引脚，接到单片机的 IO 口上；CRY2 是 32.768kHz 的晶振，产生标准的频率基准；BT2 是一个 3V 锂离子电池，用来在系统下电的情况下提供维持时钟和保持 RAM 数据的功能。

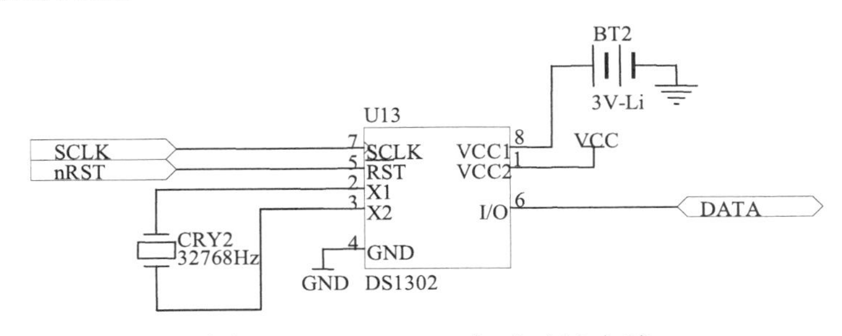

图 3. 1-28 DS1302 实时时钟电路

DS1302 中的时钟、日历寄存器和静态 RAM 以及控制寄存器等都映射为存储器，其地址同时也是命令字节，由 8 位组成，其中最高位 7 始终为 1，第 6 位为 0 时表示时钟，为 1 时表示静态 RAM；第 5-1 位由时钟或静态 RAM 的地址组成；位 0 表示读写，0 表示写入 DS1302，1 表示读出。

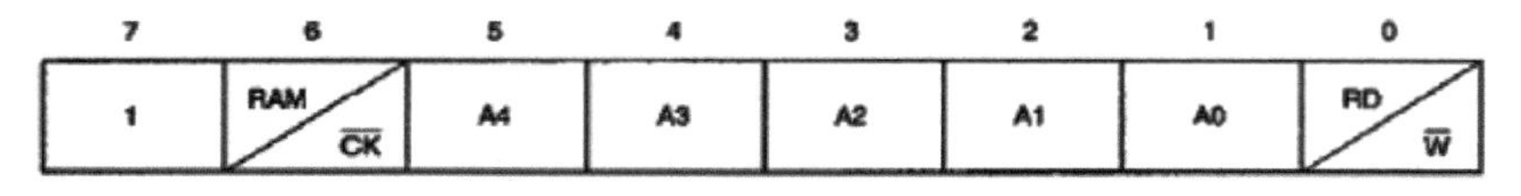

图 3.1-29 DS1302 实时时钟芯片控制/地址字节

时钟、日历、RAM 和控制寄存器的分布和地址见图 3.1-30。其中时钟、日历等都用 BCD 码表示，秒的高位 CH 表示时钟暂停。当其为 1 时时钟振荡器停止，同时 DS1302 进入低电源备用模式，电流降至 100nA；当该位设置成逻辑 0 时，时钟启动。初始上电状态未定义。

小时寄存器的第七位被定义成 12 小时或 24 小时模式选择位。当为高时，选中 12 小时模式。在 12 小时模式下，位 5 为 AM/PM 判断位，其中高代表 PM。在 24 小时模式下位 5 是 10 小时位（20—23 小时）的第二位。

控制寄存器的位 7 为写保护位。前 7 个位（位 0—6）被强制置成 0，读取结果一定为 0。在对时钟或 RAM 进行任何写操作之前，位 7 一定要被设成 0。当为高时，写保护位拒绝对任何其他寄存器进行写操作。上电初始状态未定义。在对器件进行写操作前应清除 WP 位，才能够进行。

涓流充电寄存器（Trickle Charger）控制 DS1302 的涓流充电特性。涓流充电选择位（TCS）（位 4—7）对涓流充电器进行选择。为了防止意外使能，只有一个 1010 组合才使能涓流充电器，其他全部的组合都将禁止涓流充电器。在 DS1302 上电时涓流充电器为禁止。二极管选择位（DS）（位 2—3）选择在 V_{CC2} 和 V_{CC1} 之间连接一个或两个二极管。如果 DS 为 01，选择一个二极管；如果 DS 为 10，选择两个二极管。如果 DS 为 00 或 11，涓流充电器在不管 TCS 为何值时都将禁止。RS 位（位 0—1）选择连接在 V_{CC2} 和 V_{CC1} 之间的电阻。RS 位的组合可能为 00、01、10、11 四种结果，如果 RS 为 00，涓流充电器在不管 TCS 为何值时都将禁能；如果为 01，表明接入 2kΩ 电阻；如果为 10，表明接入 4kΩ 电阻；如果为 11，表明接入 8k 电阻。二极管和电阻由用户根据电池或超级电容充电所需要的充电电流进行选择。最大的充电电流可以通过如下所示的例子进行计算。假设 V_{CC2} 上加了系统电源 5V，V_{CC1} 上连接了一个 3V 可充电电池，同时假设涓流充电器已经被使能成 1 个二极管和电阻 R_1 模式，则最大的电流 I_{MAX} 可以通过如下计算出来：

I_{MAX}=（V_{CC2}-U_D- V_{CC1}）/R_1=（5V−0.7V−3V）/2kΩ=0.65mA

这里只是一个估算，随着电池充电的完成，电池的内阻和电压都将发生变化。

图 3.1-30 中给出了时钟或 RAM 的猝发模式地址。当对猝发模式地址进行访问时，读写将从时钟或 RAM 区域的最小地址发生并连续进行，直到处理了全部时钟数据 8 字节或全部 RAM 数据 31 字节。

在时钟猝发模式下，前 8 个时钟/日历寄存器可以从地址 0 位 0 开始被连续地读取或写入。当写时钟/日历猝发模式被指定时，如果写保护位为高，则 8 个时钟/日历寄存器的任何位都不能进行数据传送（包括控制寄存器）。在猝发模式下涓流充电器不能操作。在时钟猝发读的起始，当前时间被传入暂存寄存器。当时钟继续运行时，时间信息通过这些中间寄存器被读取。如果在读期间主寄存器更新，该模式不再重新读取寄存器。

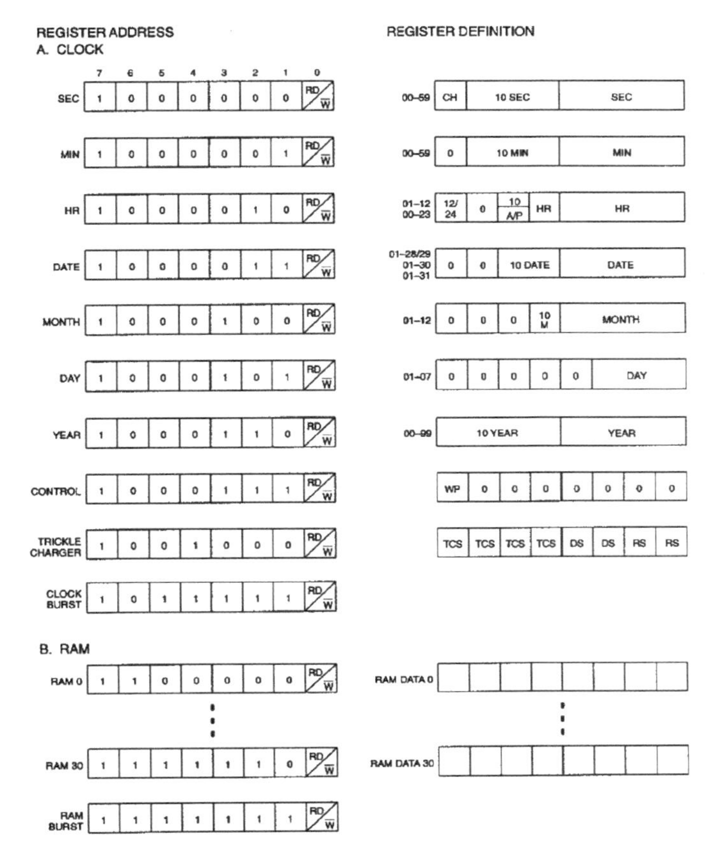

图 3. 1-30　DS1302 时钟、日历、RAM 和控制寄存器分布

静态 RAM 为 31×8 字节，在 RAM 地址空间连续寻址。RAM 命令字节可以指定猝发模式操作，在该模式下，31 字节 RAM 寄存器可以被从地址 0 位 0 开始连续读或写。

所有数据传送都通过拉高 RST 脚作为初始化。RST 提供两种功能：第一，RST 启动控制逻辑，即允许地址/命令字节进入移位寄存器；第二，RST 提供单字节或多字节转送时的中止信号。

时钟周期为在下降沿后跟随一个上升沿的序列。数据输入时，在时钟上升边缘的数据应保持有效，在时钟下降沿数据被 DS1302 锁存。如果 RST 为低，则中止所有的数据转送，并且 I/O 脚变成高阻态。在上电时，RST 一定为逻辑 0，直至 V_{CC}>2.0V。同时 SCLK 在 RST 驱动至逻辑 1 状态时应为逻辑 0。

图 3. 1-31 给出了写时序。如果地址是猝发访问地址，则在一个数据字节之后应连续地给出其他的数据字节，直至整个数据接收完成。如果要在中间接收写入过程，则通过提前给出 RST 信号完成。

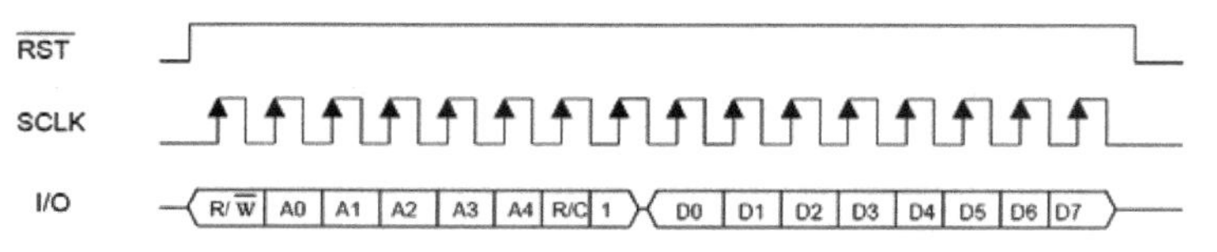

图 3.1-31 DS1302 写时序图

图 3.1-32 给出了读取数据时序，在通过 8 个 SCLK 周期输入一个写命令字节后，一个字节的数据就在接下来的 8 个下降沿被输出。注意第一个传送的位发生在命令字节写完后的第一个下降沿。该操作允许连续猝发模式读的能力，同时 I/O 脚在 SCLK 的上升沿为三态。数据输出从位 0 开始。

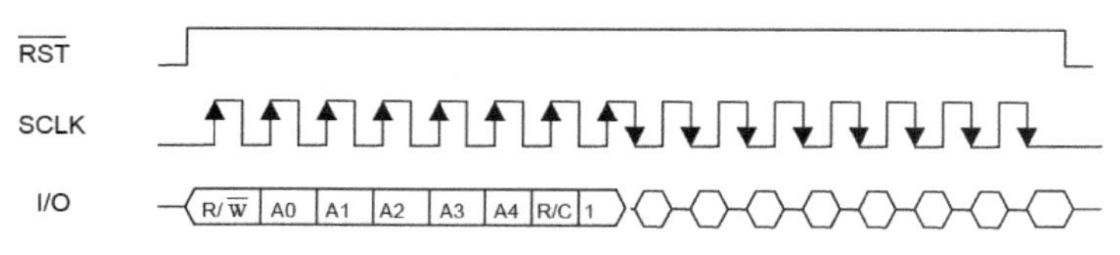

图 3.1-32 DS1302 读时序图

在实际程序设计中，要注意时钟使能位、电池充电控制等细节方面的工作。

3.1.9 字符液晶显示

实验电路板采用晶汉达公司的 JHD162A 字符点阵液晶模块进行显示。这种液晶模块和其他所有标明为 1602 的液晶模块在电子信号方面是兼容的，都是采用 KS0066 液晶控制器，为两行字符，不同的是液晶的色泽和背景光情况。该控制器可以采用 8 位数据宽度和单片机通讯，也可以采用 4 位数据宽度和单片机通信。

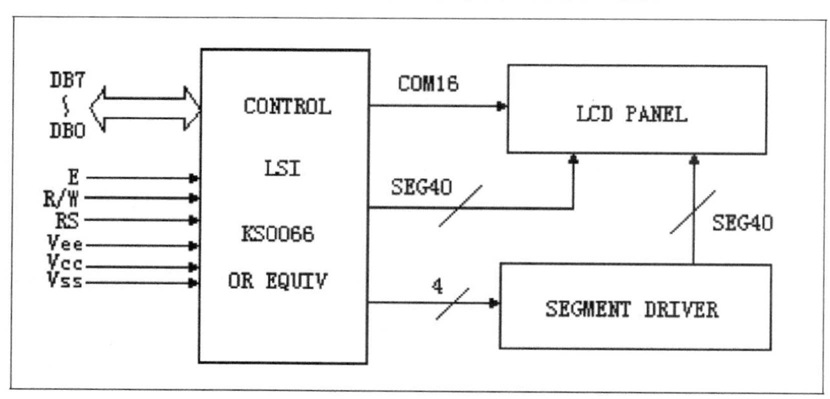

图 3.1-33 JHD162A 内部结构图

（取自晶汉达公司资料）

图 3.1-33 为 JHD162A 的内部结构图，由图中可看出，和单片机接口的信号有三个控制线和 8 个数据线。在三个控制信号中，E 为读写数据有效，在其为高时表示数据总线上的数据已准备好；R/W 为读写指示，低电平表示写入，高电平表示读出；RS 为寄存器选择，高电平为读写 RAM，低电平为读写寄存器。DB0-DB7 为双向数据信

号，如果采用 4 为通信方式，则只有 DB4-DB7 有效。

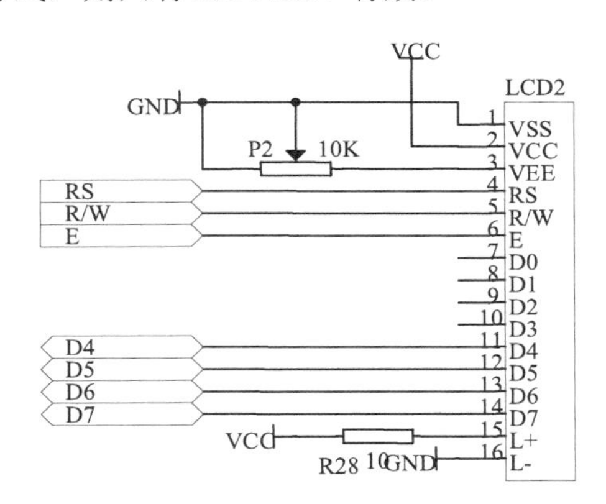

图 3. 1-34 JHD162A 接口电路图

图 3. 1-34 为 JHD162A 和单片机的接口电路图。从图中可以看出，单片机接口采用 4 为接口方式。另外，VEE 到地的电位器是用来调节显示的对比度，L+和 L-是背光的 LED 供电引出端，通过限流电阻 R28 接入电源。

表 3.1-8 JHD162A 指令表

指令	指令码										说 明	**指令周期**
	RS	R/W	DB7	DB6	DB5	DB4	DB3	DB2	DB1	DB0		**f_{osc}=250kHz**
清屏	0	0	0	0	0	0	0	0	0	1	清除屏幕，置 AC 为 0，光标回位	**1.64ms**
光标返回	0	0	0	0	0	0	0	0	1	*	DDRAM 地址为 0，显示回原位，DDRAM 内容不变	**1.64ms**
设置输入方式	0	0	0	0	0	0	0	1	I/D	S	设置光标移动方向并指定显示是否移动	**40μs**
显示开关	0	0	0	0	0	0	1	D	C	B	设置显示开或关 D、光标开关 C、光标所在字符闪烁 B	**40μs**
移位	0	0	0	0	0	1	S/C	R/L	*	*	移动光标及整体显示,同时不改变 DDRAM 内容	**40μs**
功能设置	0	0	0	0	1	DL	N	F	*	*	设置接口数据位数 DL、显示行数 L、字符字体 F	**40μs**
CGRAM 地址设置	0	0	0	1	ACG						设置 CGRAM 地址，设置后发送接收数据	**40μs**
DDRAM 地址设置	0	0	1	ADD							设置 DDRAM 地址，设置后发送接收数据	**40μs**
忙标志/读地址计数器	0	1	BF	AC							读忙标志 BF 标志正在执行内部操作并读地址计数器内容	**40μs**
CGRAM/DDRAM 数据写	1	0	写数据								从 CGRAM 或 DDRAM 写数据	**40μs**

CGRAM/DDRAM 数据写	1	1	读数据	从 CGRAM 或 DDRAM 读数据	**40μs**
	I/D=1：增量方式；I/D=0：减量方式 **S=1：移位** **S/C=1：显示移位；S/C=0：光标移位** **R/L=1：右移；R/L=0：左移** **DL=1：8 位；DL=0：4 位** **N=1：2 行；N=0：1 行** **F=1：5 x 10 字体；F=0：5 x 7 字体** **BF=1：执行内部操作；BF=0：可接收指令**			**DDRAM：显示数据 RAM** **CGRAM：字符发生器 RAM** **ACG：CGRAM 地址** **ADD：DDRAM 地址及光标地址** **AC：地址计数器用于 DDRAM 和 CGRAM**	**执行周期主频改变而改变** **例如，当 *fcp* 或 *fosc*=270kHz 时** **40s x250/270 =37 s**

表 3.1-8 给出了 JHD162A 的指令。系统复位后，首先进入 8 位接口模式，而电路板的硬件为 4 位模式，只有数据高 4 位进行了连接，应当首先进行“功能设置”，而 DL 恰好为 DB4，因此，只能首先设置 DL=0 而不顾其他设置位，进入 4 位接口模式后，重新分两次写入正确的设置位。

设置成两行模式和一行模式的差别在于 DDRAM 地址不同：如果是一行模式，地址从 00 至 4F，如果是两行模式，第一行地址从 00 至 27，第二行地址从 40 至 67。

High 4BIT / LOW 4BIT / LSB	MSB 0000 RAM	0010	0011	0100	0101	0110	0111	1000	1001	1010	1011	1100	1101	1110	1111
xxxx0000	(1)		0	@	P	`	p				ー	タ	ミ	α	p
xxxx0001	(2)	!	1	A	Q	a	q			。	ア	チ	ム	ä	q
xxxx0010	(3)	“	2	B	R	b	r			「	イ	ツ	メ	β	θ
xxxx0011	(4)	#	3	C	S	c	s			」	ウ	テ	モ	ε	∞
xxxx0100	(5)	$	4	D	T	d	t			、	エ	ト	ヤ	μ	Ω
xxxx0101	(6)	%	5	E	U	e	u			•	オ	ナ	ユ	σ	ü
xxxx0110	(7)	&	6	F	V	f	v			ヲ	カ	ニ	ヨ	ρ	Σ
xxxx0111	(8)	’	7	G	W	g	w			ァ	キ	ヌ	ラ	g	π
xxxx1000	(1)	(	8	H	X	h	x			ィ	ク	ネ	リ	√	x̄
xxxx1001	(2)	)	9	I	Y	i	y			ゥ	ケ	ノ	ル	¨	y
xxxx1010	(3)	*	:	J	Z	j	z			ェ	コ	ハ	レ	j	千
xxxx1011	(4)	+	;	K	[	k	{			ォ	サ	ヒ	ロ	˟	万
xxxx1100	(5)	,	<	L	¥	l	|			ャ	シ	フ	ワ	φ	円
xxxx1101	(6)	-	=	M	]	m	}			ュ	ス	ヘ	ン	キ	÷
xxxx1110	(7)	.	>	N	^	n	→			ョ	セ	ホ	゛	n̄	
xxxx1111	(8)	/	?	O	_	o	←			ッ	ソ	マ	゜	Ö	█

图-35 字符和代码对应图

DDRAM 是和显示内容一一对应的，只要在特定地址的位置写入字符代码，在对应的液晶上就会显示字符。字符的字模在 CGRAM 中存储，也可以通过修改 CGRAM 字模的方法，显示自己设计的图形点阵。图 3. 1-35 给出了字符的代码。

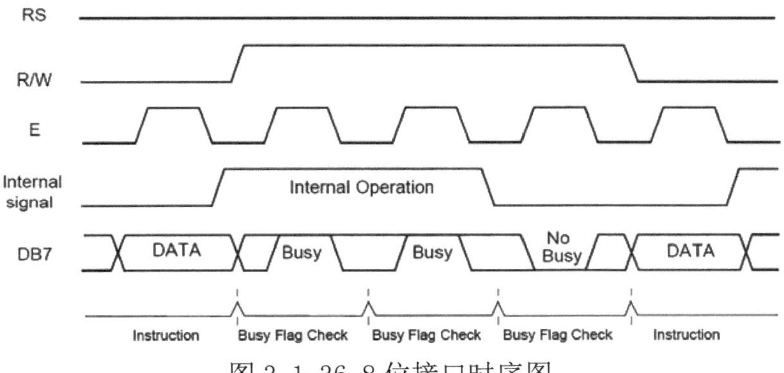

图 3. 1-36 8 位接口时序图

接口的读写时序和接口是 4 位或 8 位有关。图 3. 1-36 为 8 位接口时序，所需的命令和数据一次就可以写入和读出。图 3. 1-37 是 4 位接口时的时序，所需数据和命令要两次才能写入和读出，两次操作的顺序为先高半字节，后低半字节。

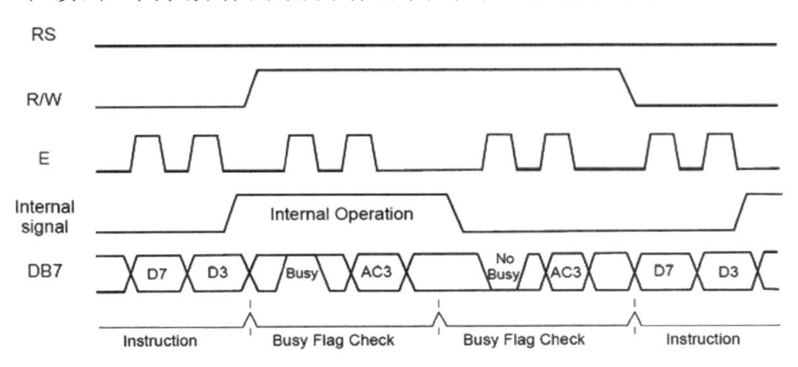

图 3. 1-37 4 位接口时序图

在进行实际程序设计时，要首先进行液晶模块的初始化，包括“模式设置”、“清屏”、“光标复位”、“使能显示”等，然后才能正常地写入 DDRAM 地址和数据，进行显示。

3.1.10 电源电路

为了方便学生使用，电路板采用了 USB 口供电。按照 USB2.0 规范，一般 USB 接口可以分成高功率 USB 接口和低功率 USB 接口，低功率 USB 接口可以提供最大的 100mA 电流输出，而高功率 USB 接口最大可以输出 500mA 电流。一般电脑上都是高功率 USB 接口，低功率 USB 接口比较少见。

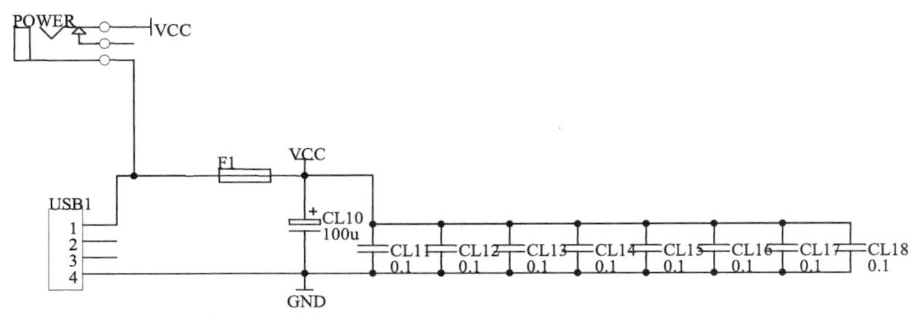

图 3.1-38 USB 电源供电电路图

图 3.1-38 是实验电路板供电系统电路图。USB1 为 USB 接口的 B 类接头，1 脚为 5V 电源引脚。F1 为自恢复保险丝（Poly Switch），额定电流 500mA，当板上发生短路故障，使电流超过 500mA 时，F1 电阻变大，近似为断开电路。在拔下电源线，重新恢复供电后，自恢复保险丝正常导通。为了方便通过其他方式独立供电，板上设计了一个额外的电源插座 POWER 与 USB 供电插座并联使用，但一般情况下两种电源不同时使用。

电路中的 CL10-CL18 为去耦合电容，是一般电源电路必需的。

3.2 用 ISD51 进行调试

ISD51（In System Debugger）是 Keil 公司随同 Keil C51 提供的一个调试工具，它是一个程序库，使用它，只占用 500—700 字节的程序空间，提供单步和断点运行等程序控制功能，以及查看、修改 CPU 寄存器和存储器等功能。使用 ISD51，可以脱离硬件仿真器的限制，在任何 8051 标准内核的 CPU 上进行程序调试。

3.2.1 ISD51 的介绍

ISD51 是一项新技术，它通过串口与 Keil 集成环境连接，提供调试功能，所占资源很少。ISD51 提供以下功能：

（1） 可以设置多个断点和单步执行程序。

（2） 可以查看和修改 CPU 寄存器和存储器。

（3） 可以操作特殊功能寄存器 SFR。

（4） 如果没有设置软件断点，可以全速执行用户程序。其他类型断点不改变程序运行速度。

（5） 在较新版本中，增加了设置 flash 断点的功能，在具有 IAP（In Application Program）功能的单片机上可以应用。

（6） 在具有硬件断点功能的单片机上可以支持设置硬件断点（某些标准 51 的变种具有硬件断点寄存器）。

（7） 可以通过调试界面为用户提供一个串行输入输出功能。

尽管使用 ISD51 只需要很少的资源，但也占用一定的硬件，所需的硬件环境包括：

（1） 与 8051 核心完全兼容的 CPU，主要指具有相同的指令集。

（2） 片上串行通信部件（UART），与 8051 兼容。

（3） 500-700 字节程序存储器，取决于 SFR 的数目。

（4） 6 字节堆栈存储空间。

（5） 1 字节 IDATA 存储空间。

（6） 每设定一个软件断点需要额外的 2 字节 IDATA 空间，硬件断点和 Flash 断点不需要。

ISD51 功能也有一定限制，包括写寄存器时一般只支持 ACC、B、DPH、DPL、P0、P3、PSW 和 SP，其他寄存器需要在 ISD51.A51 中添加特定的写函数才能实现；不支持 8051 指令的扩展，高级的器件如 DS400 等不支持；不支持多个代码段技术，该技术通过 IO 口控制外部程序存储器在多个代码段之间切换，而这些代码段占用共同的地址空间，该技术通常是为了满足程序空间大于 64K 的应用；不能查看 PDATA 变量；在中断服务程序中不能设定软件断点和单步执行，但可以设置硬件断点和 Flash 断点。

与使用硬件仿真器和其他片上调试部件相比，使用 ISD51 同样具有一些优点，比如，不需要对目标系统进行特别的硬件修改；可以使用多种与标准 8051 兼容的芯片；程序代码可以存在于 Flash、片上 ROM、片外 ROM 等各种存储体中；不需要 XDATA、寄存器和位寻址存储器。

3.2.2 ISD51 的实现机理

ISD51 为单片机串口提供了一个中断控制程序，当 ISD51 控制系统时，实际上是处在这个中断服务程序控制下。调试环境发送串口数据，单片机进入串口中断，单片机停止执行，进入调试状态。当调试环境发送“GO”命令给单片机时，串口服务程序收到该命令，返回给用户程序继续执行。

如果没有断点或只有硬件断点和 Flash 断点，用户程序全速执行。这里的 Flash 断点只有对具有在系统可编程（IAP）能力的单片机而言，只需提供给 ISD51 一个 Flash 编程函数，它就可以实现。

如果设置了软件断点或单步执行，实际上是每执行一条指令就进入中断状态，以中断程序判断是否达到了断点地址，并决定是否停下来进行调试。因此，在软件断点或单步执行条件下单片机的执行速度非常慢，需要的时间约为正常速度下的 100 倍。

集成调试环境通过发送字符 0xA5 中断单片机的执行，当然这时需要以单片机程序已经进入执行状态，响应调试环境的通信过程。

程序断点分为三种：硬件断点、Flash 断点和软件断点。硬件断点是通过某些单片机芯片上的特定断点寄存器实现的，不占用其他资源，但是往往只能设置 1-4 个断点。这种特殊的单片机有 TI 公司的 MSC1210 芯片等。Flash 断点是通过把中断指令插入到断点所在地址的 flash 中实现的，当执行到设定断点的地址时，就执行中断指令，进入调试监控程序。因此需要在程序中对单片机 Flash 编程。这需要修改 ISD51.h 头文件中的 CBLK_SZ 宏定义，将其设置为 Flash 块的大小，然后定义 CWRITE 宏，提供 Flash 编程的方法。在例子中可以找到 Infineon C868、Philips LPC900 和 TI MSC1210 的设置方法。ISD51 对于所有 51 单片机都支持软件断点，它通过每执行一条指令就进入中断程序来比较是否进入断点地址实现，因此，使单片机程序的执行速度变得很慢，并且不能在中断程序中使用。

总结起来，硬件断点性能最好，在各种环境下都能起作用，Flash 断点类似。软件断点必须初始化中断系统，使能总中断和串口中断，否则无法进入。在进入关键程序段时，我们也可以通过 ISD51 提供的函数关闭调试功能。

3.2.3 ISD51 在应用程序中的集成和环境设置

在程序中使用 ISD51 并通过 Keil 调试器进行调试，需要以下步骤：

(1) 正确设置和连接硬件。

(2) 修改和设置 ISD51.h 文件，并加入自己的项目。

(3) 编译项目文件，并下载到硬件中。

(4) 设置 Keil 集成环境和调试器，使用 ISD51 进行调试。

必需的硬件连接非常简单，只需一条交叉连接的串口线把单片机的串行口和计算机的 9 针串口连接起来。计算机的串口管脚定义见表 3.1-1，这里只使用 2 脚，3 脚和 5 脚即可。这个表格的信号定义对单片机的 9 针口也是适用的，需要把单片机的收发信号与计算机的发和收相连接，因此通信线的做法为：2 脚、3 脚交换连接，5 脚直接连接。

表 3.2-1　9 针串口连接器信号定义

信号名称	DTE方向	DB9管脚	是否使用	描述
TD	输出	3	是	串行数据输出
RD	输入	2	是	串行数据输入
GND	——	5	是	地
DTR	输出	4	否	数据终端准备好。可以用于复位单片机系统，这里没有使用
RTS	输出	7	否	请求数据发送。可以用于复位单片机系统，这里没有使用。
DSR	输入	6	否	终端设备准备好。ISD51 不使用
CTS	输入	8	否	清除请求发送。ISD51 不使用
DCD	输入	1	否	载波检测。ISD51 不使用
RI	**输入**	**9**	否	振铃。ISD51 不使用

把 ISD51 加入到项目中，需要以下步骤：

(1) 从 C51\ISD51\文件夹下拷贝 ISD51.A51 和 ISD51.H 文件到自己的项目文件夹下。

(2) 加入 ISD51.A51 到自己的项目中，该文件中包含 ISD51 的核心代码。

(3) 在 main 函数所在的文件中包含 ISD51.H 文件。

(4) 检查并修改 ISD51.H 文件，使之符合硬件的要求。缺省的头文件是按照标准 8051 内核，包含 256 字节 RAM，含有 51 标准的 UART 部件。

(5) 加入串口和波特率发生器的初始化代码。可以参考\KEIL\C51\ISD51\EXAMPLES\中的例子。注意，ISD51 使用串口中断，所以要使能全局中断允许位。

(6) 在 C 函数中启动 ISD51，通过使用下列函数之一实现：

①ISDinit：启动 ISD51 并运行用户程序，如果 Keil 集成调试环境发出连接，则程序停止。

③ ISDwait：启动 ISD51 并等待集成调试环境连接。

③ISDcheck：检查集成调试环境是否发出连接，如果发出连接，则停止程序执行，响应连接命令，进入调试过程。如果没有连接，则关闭 ISD51，中断全速运行用户程序。这个函数可以在主循环中多次调用。

为了读写器件的 SFR，ISD51 必须包含读写 SFR 的特殊函数。这些函数命名为?ISD?READSFRxx 和?ISD?WRITESFRxx（这里 xx 只是从 00 开始的序号）。缺省情况下，ISD51 已经包含了所有必需的读函数，自己不应该修改。ISD51 中只包含了很少的写函数，如果希望从集成调试环境中写这些 SFR，则必须包含相应的写函数，ISD51 只在缺省情况下包含了 ACC、B、DPH、DPL、P0、P3、PSW 和 SP 的修改功能。

可以使用表 3.2-2 中的模板编写 SFR 的修改函数。

表 3.2-2　SFR 样例程序

```
;---------------------------------------------------------------------------
; Command: Write SFR04:    SFR:0xA5
;   LOW (?ISD?WRITESFR04), HIGH (?ISD?WRITESFR04), dummy, SFR:0xA5
;
PUBLIC ?ISD?WRITESFR04
?ISD?WRITESFR04:
            MOV        0A5H,A
            AJMP       ?ISD?CMDLOOP
```

ISD51 也可以与用户程序共享串口功能。因为 ISD51 已经提供了串口的初始化，所以用户程序不需要进行串口初始化，只需使用 ISD 提供的输入输出函数。这时，单片机通过串口的输入、输出都是通过集成调试环境的串口通信窗口完成的。

为了使能用户程序串口共享，必须定义包含在 ISD51.H 中的 ISD_PUTCHAR 和 ISD_GETKEY 宏，这时用户程序可以通过 puchar 和_getkey 函数输出和输入，同时也可以使用 printf 和 getchar 等通过串口进行输入输出的函数。除了这些标准函数外，

ISD51 还提供了一个_iskey 函数，用来测试是否有字符等待读取。

从集成开发环境进行程序调试，需要按照以下步骤设置：

(1) 运行单片机系统的程序，然后打开 Keil 集成开发环境，才能使用调试功能。

(2) 在集成开发环境 μVision 中，选择 Project — Options for Target — Debug：Use，并在列表框中选择 Keil ISD51 In-System Debugger，如图 3. 2-1 所示。

图 3. 2-1 Debugger 选择

(3) 在相同的窗口中，选择 Load Application at Startup ，从而使集成开发环境 μVision 的调试器 Debugger 能够在启动程序时正确装入符号信息。

(4) 不要选 Run to main( )。

(5) 点击 Use 旁边的 Setting，打开调试器设置对话框，如图 3. 2-2 所示。

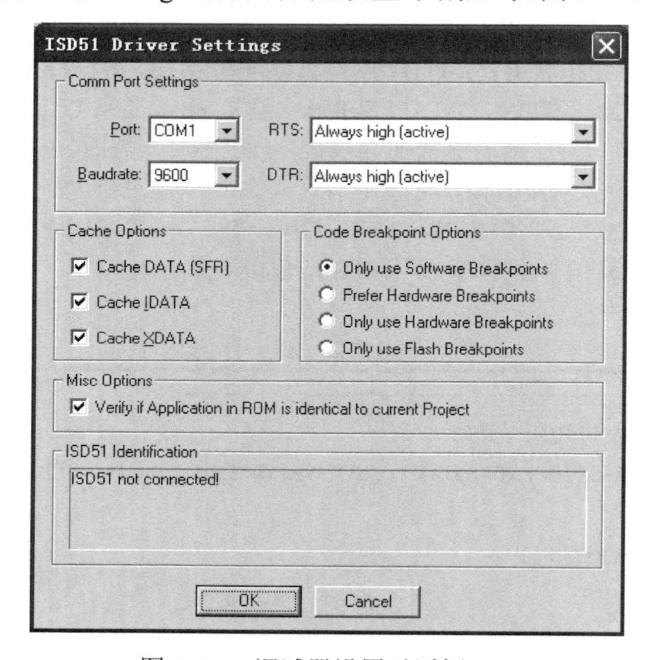

图 3. 2-2 调试器设置对话框

图中的 Port 和 Bandrate 按照实际使用的计算机串口设置进行选择，波特率要和单片机设置一致。RTS 和 DTR 有多种选择：可以选择 Always High (Active)，表明总为高；也可以选择 Always Low (Inactive)，表明总为低；也可以选择 Reset High 500ms (Active)，表明保持高 500 ms 后变低；也可以选择 Reset Low 500ms (Inactive)，表明保持低 500 ms 后变高；也可以选择 Reset Pulse: 500ms High, 10ms Low，表明给出一个 10 ms 的低脉冲；也可以选择 Reset Pulse: 500ms Low, 10ms High，表明给出一个 10 ms 的高脉冲。

所有选择都是按照单片机硬件对于这两个信号的要求做出的，这里没有使用这两个信号，随便选择就可以了。

对于 Cache Options，如果不选择，表明调试时显示的单片机存储器数据是通过通信实时获得的，选择 Cache 会提高效率。

Code Breakpoint Options 选择依次表示只使用软件断点、使用硬件断点优先、只使用硬件断点和只使用 Flash 断点，对于没有硬件断点功能和没有 flash 断点功能的系统，只能选择使用软件断点。

Misc Options 中选择 Verify if Application in ROM is identical to current Project，表明调试器启动时总是校验单片机 ROM 中的程序和当前项目是否一致。

下面的 ISD51 Identification 显示了 ISD51 的连接状态。

硬件和软件设置好之后，就可以启动调试过程。在 Debug 菜单下选择 Start/Stop 启动和停止程序的调试，在调试状态下，可以设置断点、单步执行程序以及查看单片机的各种状态等，满足普通程序调试的要求。

3.2.4 ISD51 提供的函数

ISD51 为应用系统提供了 7 个可用的函数，下面分别说明。

bit _iskey(void);

该函数判断是否有通过串行调试窗口发送的字符输入。为了用户程序使用串行通信，必须开启串行通信共享，使能 putchar 和_getkey 功能，即在 ISD51.H 中定义宏 ISD_PUTCHAR 和 ISD_GETKEY。

void ISDbreak (void);

该函数中断用户程序的执行并进入 ISD51 监控程序。当软件希望在某处总是停下来进入调试状态，则插入此函数，而不用设置断点，从而避免插入断点造成的性能损失。

void ISDcheck (void);

该函数在串行口初始化之后应用，检查是否有软件调试环境连接发生。如果有连接，进入调试状态；如果没有，继续用户程序执行。

void ISDdisable (void);

该函数暂时关闭 ISD51 的调试功能，避免调试功能对关键程序段的打扰。往往在进入关键程序段之前使用。

void ISDenable (void);

该函数重新使能 ISD51 的功能，在结束关键程序段后使用。

void ISDinit (void);

该函数初始化单片机和 Keil 调试器（μVision Debugger）的通信，但不包括对串行通信部件的初始化。初始化完成后，不等待连接的发生而直接进入用户程序的执行。

void ISDwait (void);

该函数初始化单片机和 Keil 调试器（μVision Debugger）的通信后等待调试器和单

片机的连接发生，进入调试状态。

3.3 实时操作系统 RTX51

Keil 公司提供了一个实时操作系统 RTX51，分为完全版（Full）和简易版（Tiny），其中完整版具有丰富的功能和更多的模块支持，而简易版较简单，只提供最基本的管理功能。简易版本不需申请专门的许可，一般情况下也是够用的。

3.3.1 RTX51Tiny 特性

RTX51Tiny 是一个实时多任务操作系统，它非常简易，RTX51 Tiny 可以很容易地运行在没有扩展外部存储器的单片机系统上。使用 RTX51 Tiny 的程序可以访问外部存储器。RTX51 Tiny 允许循环任务切换，并且支持信号传递，还能并行地利用中断功能。

作为一个嵌入式实时操作系统，用户可以方便地应用 RTX51Tiny 写出多任务的程序，用户只需完成任务逻辑，而任务的管理和任务之间的切换由操作系统完成。RTX51Tiny 的一些特性和使用资源情况见表 3.3-1。

表 3.3-1　RTX51Tiny 的特性

参数	限制
定义的最大任务数量	**16**
执行的最大任务数量	**16**
要求的代码空间	**最多 900 字节**
要求的 DATA 数据空间	**7 字节**
要求的 STACK 空间	**3 字节/任务**
要求的 XDATA 空间	**0 字节**
占用系统定时器	**定时器 0**
系统时钟分频系数	**1000~65535**
中断延迟	**20 个时钟或更少**
上下文切换时间	**100~700 时钟周期**

在使用 RTX51Tiny 时不需要任何特别的工具，只需在 Keil 项目中连接 RTX51TNY.LIB 和在源文件中加入头文件 RTX51TNY.H 即可。

3.3.2 实时程序设计模型

一个实时程序是指必须在确定的时间内对时间进行响应的程序，当然所需时间应该尽可能短。实时程序可以有单任务程序和多任务程序，可以采用各种不同的设计模型进行程序设计。

在嵌入式系统中，单任务程序就是一个 main( )函数，它永远不能退出，必须设计成一个无限循环，如表 3.3-2 所示。单任务程序只有一个任务，当然也无所谓任务切换和多任务操作系统，逻辑上只有一个执行线索。在实际应用中，可以通过添加中断服务程序的方法添加对额外硬件事件的响应能力，并在循环中检测和处理中断程序不能完成的任务。这实际上能完成一些类似多任务的工作。

表 3.3-2 单任务程序[1]

```
void main (void)
{
while (1)                          /* repeat forever */
  {
    do_something ();          /* execute the do_something 'task' */
  }
}
```

对于一个多任务程序，也可以采用无限循环的方式实现，如表 3.3-3 所示。在这个程序中，要循环检查各个任务是否执行，然后执行任务函数，接下来处理下一个任务。如果任务众多，实际上是无法保证任何实时性的。比如，图中 process_serial_cmds()函数处理时间较长，则下面的键盘输入可能丢失。相比于出入任务，控制器调整可能需要更高地处理频率，因此也可能无法和其他函数共同存在一个循环中。

表 3.3-3 不采用操作系统的多任务程序

```
void main (void)
{
int counter = 0;

while (1)                              /* repeat forever */
  {
  check_serial_io ();              /* check for serial input */
  process_serial_cmds ();       /* process serial input */

  check_kbd_io ();                  /* check for keyboard input */
  process_kbd_cmds ();          /* process keyboard input */
  adjust_ctrlr_parms ();         /* adjust the controller */
  counter++;                         /* increment counter */
  }
}
```

这里如果希望每个任务只执行一个非常短暂的时间，然后保存中间结果，在下次

[1] 本节程序样例大多采自 Keil 公司技术资料，以下不再一一注明。

循环时继续执行，当然也可能满足要求。但这时任务处理函数逻辑将非常复杂，处理起来很困难。这个工作实际上就是任务调度，也正是多任务操作系统要完成的。

在使用多任务操作系统 RTX51Tiny 时，用户只需设计每个任务各自的逻辑，编写实现每个任务的函数，而调度工作由操作系统完成。

表 3.3-4 多任务操作系统下的程序

```
void check_serial_io_task (void) _task_ 1
{
/* This task checks for serial I/O */
}

void process_serial_cmds_task (void) _task_ 2
{
/* This task processes serial commands */
}

void check_kbd_io_task (void) _task_ 3
                                                    {
/* This task checks for keyboard I/O */
}

void process_kbd_cmds_task (void) _task_ 4
{
/* This task processes keyboard commands */
}

void startup_task (void) _task_ 0
{
os_create_task (1);      /* Create serial_io Task */
os_create_task (2);      /* Create serial_cmds Task */
os_create_task (3);      /* Create kbd_io Task */
os_create_task (4);      /* Create kbd_cmds Task */

os_delete_task (0);      /* Delete the Startup Task */
}
```

表 3.3-4 给出了一个多任务操作系统 RTX51Tiny 环境下的程序实例。在实例中，任务 1、2、3、4 是 4 个独立的任务，完成需要完成的业务逻辑，任务 0 负责创建任务 1、2、3、4，并删除初始化任务 0。RTX51Tiny 操作系统会自动执行任务 0，负责创建其他任务。当其他任务创建后，系统会按照各自的执行条件调度各个任务的执行。

3.3.3 RTX51Tiny 的工作原理

RTX51Tiny 通过给每个任务分配不同的时间片来调度任务的执行。每个时间片一到，都要检查一下哪个任务具有了执行条件，这时会把 CPU 交给级别最高的任务去执行。

RTX51Tiny 使用标准 51 的定时器 0（模式 1）中断来产生周期的定时器中断，这个中断间隔就是操作系统的时间基准，称为时钟节拍（time tick），系统所有函数的时间间隔和定时都是以该时钟节拍为测量单位。

在缺省状态下，每个时钟节拍都是 10000 个机器周期。如果采用 12MHz 晶体，则机器周期为 1μs，一个时钟节拍是 0.01s。如果需要，用户也可以修改时钟节拍包含的周期数。

RTX51Tiny 操作系统最基本的任务就是任务切换。因此，一个完整的程序必须分解成多个独立的任务，每个任务由一个函数组成（需要扩展的特别语法说明）。每个任务在运行时都必须处在 Running、Ready、Waiting、Deleted 或 Time-Out 状态之一，同一时刻必须只有一个任务处在 Running 状态，可以有多个任务处在其他状态。系统中包含一个 Idle 任务，当用户的所有任务都处在阻塞状态时，CPU 交给 Idle 任务。

表 3.3-5　RTX51Tiny 的任务状态

状态名称	描述
Running	**The task that is currently running is in the RUNNING State. Only one task at a time may be in this state. The os_running_task_id returns the task number of the currently executing task**
Ready	**asks which are ready to run are in the READY State. Once the Running task has completed processing, RTX51 Tiny selects and starts the next Ready task. A task may be made ready immediately (even if the task is waiting for a timeout or signal) by setting its ready flag using the os_set_ready or isr_set_ready functions**
Waiting	**Tasks which are waiting for an event are in the WAITING State. Once the event occurs, the task is switched to the READY State. The os_wait function is used to place a task in the WAITING State**
Deleted	**Tasks which have not been started or tasks which have been deleted are in the DELETED State. The os_delete_task routine places a task that has been started (with os_create_task) into the DELETED State**
Time-Out	**Tasks which were interrupted by a Round-Robin Time-Out are in the TIME-OUT State. This state is equivalent to the READY State for Round-Robin programs**

事件是多任务操作系统调度的原因。一个任务可以等待某个特定事件，也可以为其他任务设定事件。一个任务可以用 os_wait 函数等待事件，当等待事件时，任务放弃

CPU 的执行，让其他任务取得执行权，直到等待的事件到来。最常用的事件是 timeout 事件，它只是简单地等待若干个时钟节拍；interval 事件和 timeout 类似，只是事件的发生更能保证周期性；signal 事件是其他任务发送来的，可以发送 signal 和接收其他任务的发送，形成任务间的一种同步机制。每个任务都有一个 ready 标识，其他任务可以设置这个标识而使任务进入就绪状态，准备执行。

RTX51Tiny 把 CPU 的执行权交给不同的任务，并按照一定的规则在不同任务间切换。以下是遵循的规则。

当前任务放弃执行的规则：

(1) 任务调用 os_switch_task，并且其他任务准备就绪。

(2) 任务调用 os_wait 并且等待的事件还没有发生。

(3) 任务的执行时间超过了循环调度定义的时间片的长度。

其他任务执行的规则：

(1) 没有其他任务执行。

(2) 要执行的任务处在 Ready 或 Time_out 状态。

RTX51Tiny 可以配置成使用循环调度方法来调度任务，也可以使用协作任务调度算法。当使用循环调度算法时，操作系统以时间片为单位，轮流使各个任务执行。当一个任务用光自己的时间片时，操作系统就会切换到其他任务，不必主动放弃任务的执行。表 3.3-6 所示程序就是一个例子，任务 0 执行后把任务 1 调入执行，然后任务 0 和任务 1 都进入无限循环计数中。当任务 0 执行时间到一个时间片时，系统会把任务 0 停下，而把任务 1 变成执行状态。两个任务交替执行。作为良好的风格，每个任务都应该尽量使用 os_wait 或 os_switch_task 函数主动切换任务，这样会获得较高的效率。

表 3.3-6　任务循环调度算法实例程序

```
#include <rtx51tny.h>
int counter0;
int counter1;

void job0 (void) _task_ 0 {
  os_create (1);          /* mark task 1 as ready */
  while (1) {     /* loop forever */
    counter0++; /* update the counter */
  }
}

void job1 (void) _task_ 1 {
  while (1) {     /* loop forever */
    counter1++; /* update the counter */
  }
}
```

如果在配置文件里没有使能循环调度算法，因为这时没有强制任务转换，则任务的设计要互相配合，主动放弃 CPU 而让其他任务有机会执行。这时，每个任务都应该在某处执行 os_wait 或 os_switch_task 函数。

系统包含一个 Idle 任务，当没有任务可以执行时，系统总是让该任务执行。Idle 任务往往是一个无限循环程序。如果有的单片机种类有某种可以被中断唤醒的低功耗模式，则在 Idle 任务中可以进入该模式，以减少消耗。Idle 任务可以通过配置文件设置。

RTX51Tiny 在单片机的片内存储空间维持一个堆栈，系统总是让正在运行的任务获得最大可用的堆栈空间。因此，当任务切换时，退出运行的任务堆栈会减小，正要运行的任务堆栈要增加和重新分配。图 3.3-1 是三个任务的系统在不同任务运行时堆栈的情况。

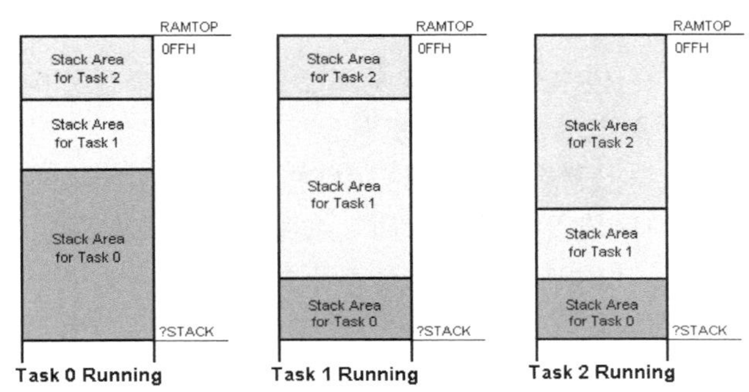

图 3.3-1 不同任务运行时堆栈示意图

3.3.4 RTX51Tiny 的配置

RTX51Tiny 应该为每个应用项目备有不同的配置方案，这是通过修改 CON_TNY.A51 中的内容实现的。在系统安装目录\KEIL\C51\RTXTINY2\中存在一个缺省配置的文件，将其拷贝到自己项目目录下，然后按照自己项目的要求进行修改。在配置文件中，需要修改如下配置：

(1) 给出时钟节拍中断的寄存器组；
(2) 给出时钟节拍的时间间隔；
(3) 给出时钟节拍中断需要调用的用户代码；
(4) 给出环形调度的超时时间；
(5) 使能或禁止环形调度；
(6) 配置用户应用是否包含长时间中断；
(7) 配置是否使用多段代码选择；
(8) 堆栈的栈顶地址；
(9) 给出需要地堆栈空间的最小值；
(10)给出堆栈错误时执行的代码；
(11)定义空闲任务操作。

如果用户项目中不包含 CON_TNY.A51 文件，则在编译时，系统库会自动增加缺省的包含文件，但这时无法更改自己独特的设置。

下面分别给出配置的更改方法。

定时器配置：INT_REGBANK 给出了定时器中断服务程序使用的寄存器组，缺省为 1。INT_CLOCK 给出了定时器重新装载的时间间隔，定时器重新装载时的值由 65536-INT_CLOCK 确定，因此，数字越小，定时中断越快，缺省值为 10000。HW_TIMER_CODE 是一个宏定义，可以加入自己需要在定时中断中调用的代码，缺省定义如下：

```
HW_TIMER_CODE MACRO ; Empty Macro by default
RETI
ENDM
```

只是简单的中断返回。

环形调度配置：TIMESHARING 定义环形调度中每个任务执行的时钟节拍数，如果该值定义为 0，则系统取消环形调度机制。

用户长时间中断：一般情况下，用户中断应该是简短和耗时较小的，不应该在中断服务程序（ISRs）中完成复杂工作，而是在中断程序中处理紧急的事务，然后发送适当的消息给一般任务，由一般任务处理接下来的工作。如果不得不包含长时间的高级别中断（执行时间超过定时器溢出时间），则必须配置 LONG_USR_INTR 为 1，这时系统产生防止定时器中断重入的代码，保证系统的正常秩序。

多代码段选择：如果用户系统使用了多代码段选择功能，则需要配置 CODE_BANKING 为 1。多代码段选择是指系统在某段相同的地址具有不同的代码段，需要用额外的硬件选择是那个代码段被选通。缺省选择为 0，即不使用多代码段选择。

堆栈配置：RAMTOP 给出堆栈栈顶地址，缺省为 0xFF。FREE_STACK 给出了预留的堆栈空间的最小值，当检测的堆栈空间小于该值时，宏 STACK_ERROR 自动调用。0 值表示关闭堆栈空间错误检测，缺省值为 20 字节。STACK_ERROR 是检测的发生堆栈错误时自动调用的宏定义，下面是一个例子：

```
STACK_ERROR MACRO
CLR EA ; disable interrupts
SJMP $ ; endless loop if stack space is exhausted
ENDM
```

这里只是关闭中断后进入了死循环，用户可以根据需要执行其他清理工作。

空闲任务配置：当没有用户任务可以执行时，系统进入空闲任务。CPU_IDLE 宏定义定义了空闲任务的代码，下面是一个空闲任务的例子：

```
CPU_IDLE MACRO
ORL PCON,#1 ; set 8051 CPU to IDLE
ENDM
```

例子中 CPU 进入了空闲模式，等待中断的发生，以节省电源消耗。CPU_IDLE_CODE 给出了进入空闲任务时 CPU_IDLE 宏定义是否被调用，缺省值为 0，表明不调用。

为了提高系统的性能，还有一些原则需要遵守：如果可能，尽量关闭环形调度方法，每一个任务需要主动调用 os_wait 和 os_switch_task 放弃执行进行任务切换。因为环形调度算法需要耗费 16 字节堆栈空间。即使不可避免使用环形调度算法，则应该尽量使用 os_wait 函数主动放弃 CPU 控制权来进行调度，而不是等待系统调度切换，这样可以增加系统的任务响应时间。另外，不要把系统时钟节拍定义得太快，因为如果时钟节拍太快，则任务的切换将变得更加频繁，浪费更多的执行时间和内存。

3.3.5 使用 RTX51Tiny

正确使用 RTX51Tiny，只需：

(1) 包含 RTX51TINY.H 头文件，该头文件包括所有内核库函数的原型；

(2) 定义完成任务所需的各种任务函数，任务函数定义需要用_task_关键字；

(3) 在函数中至少使用一次 RTX51Tiny 的函数，使得内核函数库能够被自动连接，这个要求往往容易满足。

任务的定义需要使用_task_关键字，而任务就是一个普通函数。任务的定义方式为：

void func (void) _task_ task_id

这里，task_id 为任务号。为了进一步节省内存，任务号应该从 0 开始，连续使用，最多不要超过 16 个（即为 0~15）。作为一个任务，函数应该满足：

(1) 所有任务都应该是一个永远不会结束的函数，应该用与 while(1)类似的语法形成无限循环。

(2) 任务函数不应该有返回值，即总是 void 类型。

(3) 不能给任务函数传递参数，即参数也应该为 void 类型。

(4) 每个任务号都应该是唯一的，连续分配。

(5) 任务号从 0 开始。

表 3.3-7 就是一个简单的任务函数，任务号是 0，任务实现了一个变量递增的工作，封装在 while 循环中，永不结束。

表 3.3-7 任务函数举例

```
void job0 (void) _task_ 0 {
  while (1) {
    counter0++; /* increment counter */
  }
}
```

在 RTX51Tiny 中，可以编写硬件中断服务程序，实际上，这些服务程序和实时系统内核并行存在，而任务是内核调用的函数程序。在中断服务程序执行时，可以调用 RTX51Tiny 函数 isr_send_signal 和 isr_set_ready，给其他任务发送消息或把其他任务设为准备好状态。

为了正确地编译和连接 RTX51Tiny 程序，应该在 Target 菜单中设置 Operating 为

RTX51Tiny，如图 3.3-2 所示。

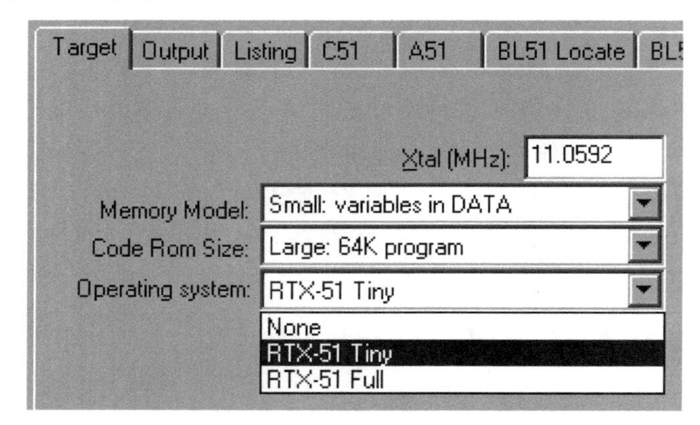

图 3.3-2 设置 Operating system 示意图

如果项目中包含了 RTX51Tiny 多任务实时内核，则在调试时，可以使用菜单 Peripherals->Rtx-Tiny Tasklist 调查任务列表，来获得当前任务执行的情况。

TID	Task Name	State	Wait for Event	Sig	Timer	Stack
0	init	Deleted		0	0xA4	0x7F
1	command	Waiting	Signal	0	0xA4	0x7F
2	clock	Waiting	Timeout	0	0x54	0x81
3	blinking	Deleted		0	0xA4	0x83
4	lights	Waiting	Signal & TimeOut	0	0xB8	0x83
5	keyread	Waiting	Timeout	0	0x02	0x85
6	get_escape	Waiting	Signal	0	0xA4	0xFB

图 3.3-3 任务列表示意图

图 3.3-3 给出了一个任务列表。表中 TID 表示任务号；Task Name 是任务函数的名称；State 是任务的当前状态；Wait for Event 是任务等待的对象；Sig 是任务信号标识的状态，1 表示设置；Timer 表示需要等待的时钟节拍数；Stack 表明任务局部堆栈的起始地址。

3.3.6 RTX51Tiny 函数

在 RTX51Tiny 中，可以调用的函数有两类：一种是要在中断服务程序（Interrupt Service Routine，ISR）中调用的函数，以 ISR 开头；另一种是在任务中调用的函数，用 OS 开头。下面针对这两类函数分别说明。

1. isr_send_signal

该函数必须在 ISR 中调用，原型为：

char isr_send_signal (unsigned char task_id);

该函数用来从 ISR 中给任务发送信号，task_id 为任务号。如果该任务正在等待信号的发生，则中断返回后就可以进入执行状态。

2. isr_set_ready

char isr_set_ready (unsigned char task_id);

设置任务号为 task_id 的任务进入准备就绪状态，在下一个时刻可以开始运行。

3. os_clear_signal

删除一个已经发送的信号，函数原型如下：

char os_clear_signal (unsigned char task_id);

该函数清除任务 task_id 的信号标志。

4. os_create_task

函数原型为：

char os_create_task (unsigned char task_id);

该函数开始任务号为 task_id 的任务执行，该任务马上置为可执行状态，在下一个机会执行。

5. os_delete_task

删除一个任务，把任务从执行队列中删除。函数原型为：

char os_delete_task (unsigned char task_id);

6. os_reset_interval

用来修复 os_wait 函数产生的问题。当调用 os_wait 等待一定时间或信号时，如果 os_wait 因为信号到来而退出，则应该调用 os_reset_interval 函数修复定时器。函数原型如下：

void os_reset_interval (unsigned char ticks);

7. os_running_task_id

返回正在运行的任务的任务号。函数原型如下：

char os_running_task_id (void);

8. os_send_signal

该函数从一个任务中发送信号给另一个任务。函数原型如下：

char os_send_signal(char task_id);

9. os_switch_task

放弃任务的执行，切换到其他任务。当系统中只有一个任务处于可执行状态时，该任务执行 os_switch_task 时放弃执行，又马上重新获得执行。函数原型为：

void os_switch_task（void）;

10. os_wait

等待特定的事件，函数原型如下：

```
char os_wait (
   unsigned char event_sel,          /* events to wait for */
   unsigned char ticks,              /* timer ticks to wait */
   unsigned int dummy);              /* unused argument */
```

函数停止当前任务的执行，等待一个事件。事件用 event_sel 参数表示，如果为 K_IVL，表示等待一定时间；如果为 K_SIG，是一种等待信号；如果为 K_TMO，表示等待定时溢出。事件类型也可以是上面三种类型的组合，用按位或运算“|”表示。ticks 表示时间的节拍数，dummy 在 RTX51Tiny 中没有任何用处。

函数一经调用便放弃任务执行，进入等待状态。当事件发生时，函数返回，函数返回值表示返回的原因。如果返回值为 RDY_EVENT，表示由于其他任务或中断服务函数调用 os_set_ready 或 isr_set_ready 而使之返回；如果返回值为 SIG_EVENT，表示函数因为收到等待的信号而返回；如果返回值为 TMO_EVENT，表示函数因为时间溢出而返回；如果返回值为 NOT_OK，表明函数因为参数错误而调用失败。

3.3.7 RTX51Tiny 应用实例分析

Keil 公司随同 RTX51Tiny 提供了几个实例，其中交通灯控制实例 traffic 是一个典型应用的例子，比较接近实用。其中不仅包含任务的创建、删除、信号发送等，而且还包含中断服务程序以及与任务通信。其中的一些技巧和处理方法，值得借鉴。

交通灯实例的硬件如图 3.4-3 所示，是为了利用 Proteus 硬件仿真用的。P1.0 至 P1.4 是 5 只灯，前三只用来控制车辆，后两只用来控制行人横穿马路。P1.5 是按钮输入，用来给行人过马路时输入。系统还能通过串口接收命令，给出输出提示，因此增加了一个串行终端设备，用来仿真串行通信。

下面就以此为例，分析 RTX51Tiny 下，程序的设计方法。

1. 程序结构

整个程序由五个文件组成，其中 Conf_tny.A51 是配置文件，START900.A51 是和硬件相关的初始化文件，程序功能的实现由 TRAFFIC.C、SERIAL.C、GETLINE.C 三个文件实现。TRAFFIC.C 用来实现整个程序的业务逻辑，SERIAL.C 实现串口部件的驱动，GETLINE.C 实现串口输入，提供类似行编辑器的功能。

2. 串行输入、输出程序

串行口的输入、输出控制在 SERIAL.C 文件中，包括 putbuf( )、putchar( )、_getkey( ) 三个输入输出函数，serial( )串口中断服务函数，以及初始化函数 serial_init( )。

serial_init( )函数设置了串口的波特率，然后打开串口中断。可以通过修改定时器重装载的值来适合你自己选定的晶体频率和波特率。

putbuf(char c)函数把字符变量 c 放入发送缓冲区或直接发送，程序首先判断缓冲区没有满，然后判断发送是否激活，如果没有激活，则表明串口发送部件空闲，把字符变量 c 直接赋值给 SBUF 启动发送过程，并设置发送被激活标识；如果发送已经激活，表明串口发送部件正在使用，所以直接把字符变量 c 送到发送缓冲区。

putchar(char c)函数通过调用 putbuf(char c)函数发送字符。它发送字符之前首先检查发送缓冲区是否满，如果满，则获得当前进程号存入 otask 变量后调用 os_wait()进入休眠。串口发送部件发送完成后，进入中断服务程序，中断程序从输出缓冲区中取得一个字符送入 SBUF，使得输出缓冲区不再满，然后通过 otask 变量获得等待的进程号并发送信号，使调用 putchar 的进程重新获得控制权。这是由于输出缓冲区已经不满了，可以调用 putbuf( )发送字符。如果进入 putchar( )函数时缓冲区不满，则直接调用 putbuf( )即可。putchar( )函数还进行了行尾扩充，即当字符 c 是 CR 字符时，自动在前面加入 LF 字符。

_getkey( )函数从输入缓冲区获得一个字符。首先以 iend 与 istart 是否相等，来判断输入缓冲区是否为空，如为空，则把当前调用进程的进程号赋值给 itask，然后调用 os_wait( )进入休眠。当串口收到数据、进入中断服务程序后，中断服务程序不仅把串口数据送入缓冲区，还发送信号给调用_getkey( )的进程，从而唤醒该进程，之后从输入缓冲区获得输入字符后返回；如果输入缓冲区不为空，则直接获得输入字符返回。

serial( )是串行中断服务函数，函数实现分成两部分：接收处理和发送处理。当接收到字符时，RI 被置位，程序读取接收寄存器，并把字符存入接收缓冲区，根据是否有进程，等待发送信号；当发送字符完成时，TI 被置位，如果这时发送缓冲区不空，则发送下一个字符，并决定是否有进程等待，发送信号给等待进程；如缓冲区空，设置清零发送活跃标识。

3. 任务分配与功能实现

所有任务的实现都包含在 traffic.c 文件中，共有 7 个任务，分别是 INIT、COMMAND、CLOCK、BLANKING、LIGHTS、KEYREAD、GET_ESC，即任务 0-6。

INIT 是初始化任务，它调用串口初始化函数，并创建其他任务。

CLOCK 任务维持一个秒、分钟、小时的计数，然后发送信号给 COMMAND 任务，通知该任务时间变了，然后休眠 1000 个时钟节拍，恰好是 1 s。

任务 GET-ESC 用来检测输入是否有 esc 字符，它与 COMMAND 配合。COMMAND 任务用来通过串口与用户交互。当输入 D 命令时，启动 GET-ESC 任务，然后调用 os_wait( )函数进入等待状态。当接收到 CLOCK 任务发送的时间更新或者 GET-ESC 任务发送的 esc 字符时，更新显示时间或推出显示时间状态；当输入 T 命令时，从串口终端读取时间并设为当前时间；当输入命令是 S 时，设置开始时间；当输入 E 命令时，设置结束时间；如果接收的字符不在以上的范围，则显示菜单以供输入参考。

BLANK 任务是当时间不在设定的范围时负责黄灯闪烁；而 LIGHTS 任务是在当前时间或在设定的时间段内交替亮红、黄、绿灯以控制交通。

KEY_READ 任务读取行人的按键，并发送信号给 LIGHTS 任务。

以上任务配合起来，恰好实现了交通控制任务，程序逻辑由于采用了多任务操作系统而变得非常清晰。

3.4 在 Proteus 中进行仿真开发

Proteus 是英国 Lab Center Electronics 公司开发的 EDA 工具软件，它集电路图绘制、电路的混合信号仿真和 PCB 设计为一体，具有很高的应用价值。尤其是它的原理图绘制和仿真工具，支持微处理器与外设一起仿真，对于微处理器应用来说，仿真过程是图形化的，可以形象地观察电路的反应，如 LED 的亮暗、电平的高低、液晶屏的显示等。在不需要硬件投入的情况下，可以非常逼真地获得仿真开发环境，有助于单片机学习和开发。虽然该软件的仿真功能支持 6000 多种器件，足以仿真各种电子系统，但是，我们主要利用其单片机系统仿真的能力，来学习单片机系统的开发。

尽管 Proteus 中包含高性能的 PCB 布线器软件，足以完成常见印制电路板的设计工作，但由于其在中国大陆并不流行，这里暂不介绍它的使用方法。

3.4.1 应用 ISIS 进行原理图设计

ISIS 是 Proteus 的原理图输入和仿真平台，当安装好 Proteus 软件后，就可以从“开始”菜单中打开 ISIS 工具软件。当打开软件时，界面如图 3.4-1 所示。

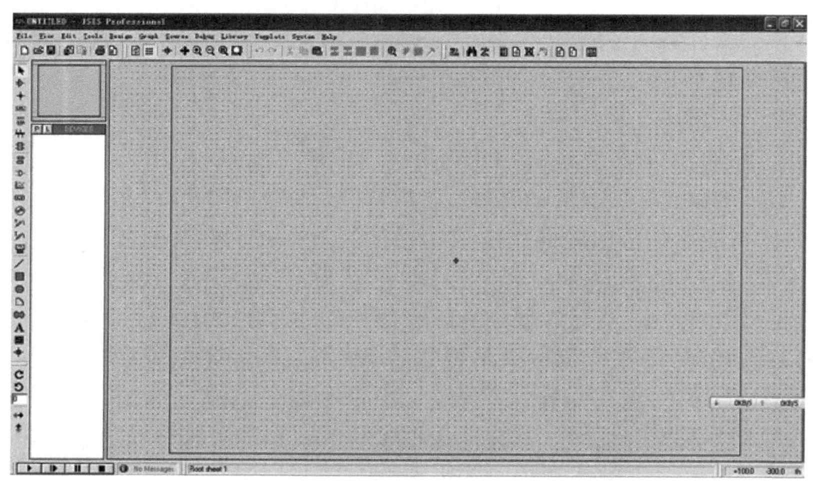

图 3. 4-1 ISIS 的主界面

顶端为菜单栏，对初学者来说比较重要的菜单有：File 菜单，进行文件操作；View 菜单，控制图形的缩放、移动等；Debug 菜单，进行仿真等。这些菜单的功能大都和普通 Windows 软件相仿，可以通过实践自己掌握。

菜单栏下面是主工具栏，大部分与普通绘图软件相同，可以参看相关资料或查阅软件帮助。

窗口左边是辅助工具栏，都是电路图绘制工具按钮，下面予以详细介绍：

命令模式：该模式下，可以左键点击选择元件、导线、仪表等对象。

器件模式：该模式下，旁边的对象选取窗口中显示选取的元器件列表，点击其中的某个元器件，该元器件即被选中，在预览窗口中显示元器件的图形。这时，在绘图区域点击鼠标右键就会放置该元件到电路图。

电路节点模式：在该模式下，可以防止电路节点，用来连接交叉的导线。

导线标签模式：该模式下，可以放置导线的网络标签。

文本模式：该模式下，可以在电路图中放置一段文本。

总线模式：该模式下，可以绘制总线。

子电路图模式：用来绘制子电路图。

端点模式：可以用来绘制电路端点，表示电源、地等特殊的电气连接。点击该按钮，对象选取窗口中就会列出所有可用端点列表，点击之后上面的预览窗口就会显示其图像。我们主要用来放置电源和地。

管脚模式：在绘制元器件时，用来放置元器件的管脚。

图表模式：用来放置图表。

磁带记录模式：用来放置磁带设备。磁带设备可以记录与之相连的信号波形，并可以回放分析。

信号发生器模式：用来放置信号发生器，点击后对象选取窗口就会显示所有种类信号发生器以供选择。

分别用来放置电压探针和电流探针。

设备模式：用来防止示波器、逻辑分析仪、通信终端等设备。点击后对象选择窗口中会给出所有设备列表。

接下来的一组按钮是平面绘图用的，包括：

分别用来绘制直线、矩形、圆、弧、任意封闭曲线。

在平面绘图中放置文本。

放置符号。

放置各种标记，点击后在对象选择窗口会给出标记列表。

接下来的按钮用来改变选取的对象的位置，包括：

顺时针旋转 90。

逆时针旋转 90。

直接输入旋转的角度，但必须是直角的整数倍。

水平翻转对象。

垂直翻转对象。

窗口的中间部分是绘图区，在绘图区右击鼠标会弹出菜单。如果右击图形对象，则弹出该图形对象的相关操作的菜单；如果右击空白处，则弹出可能的全局操作菜单。鼠标的滚轮用来对电路图进行缩放，并以鼠标为中心移动图纸，预览窗口中显示当前绘制窗口在整幅图纸中的位置。

一个简单的项目设计过程如下：首先建立一个项目文件，然后在器件模式下选择可能用到的元器件，接下来绘制电路图，当包含微处理器元件时要给出程序文件的位置。最后进行仿真验证。下面以一个简单的例子说明设计过程。

3.4.2 一个简单的单片机系统实例

在 Keil C 中（这里以 μVision2 为例），包含一个交通灯的示例，应用 RTOS Tiny 作为操作系统，控制主路上的红、绿、黄三个信号灯，同时控制红、绿两个横穿主路用的信号灯；一个输入按钮，用来供行人在横过主路时按下。内部时间的设定，通过串口实现。

下面设计这个系统实现的硬件。

打开 ISIS，通过 File->New Design 新建一个项目。点击元件模式按钮，然后双击对象选择窗口，弹出一个选择器件的对话框，如图 3.4-2 所示。

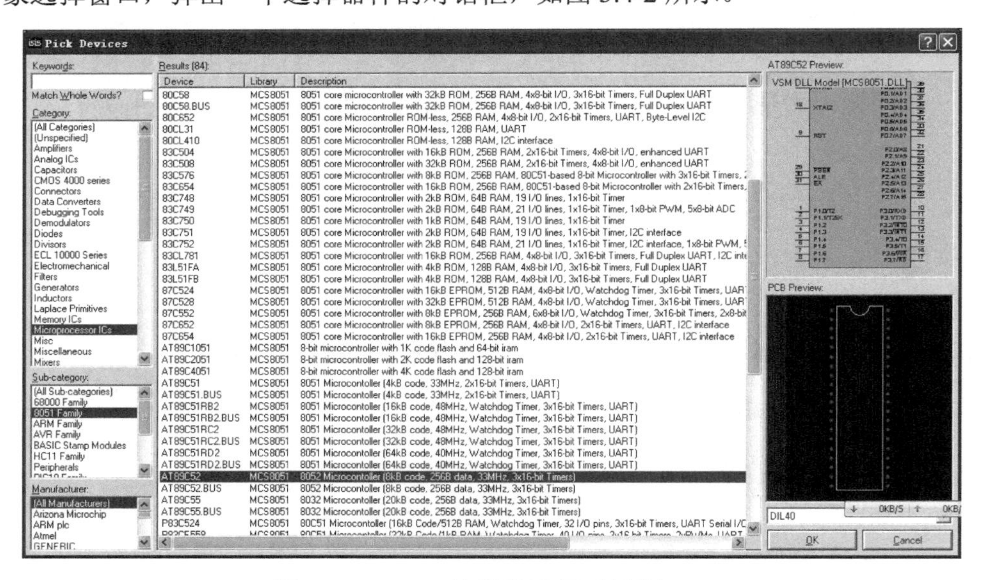

图 3.4-2 ISIS 的器件选择对话框

可以通过左边的目录检索、选择需要用到的元件。比如，需要用到单片机，我们在 Category 中选择 Microprocessor ICs，在下面的 Sub-category 中选择 8051 Famely，在右面的 Results 中列出了所有 51 系列单片机型号。选择 AT89C52 器件，双击即可选取。按照同样的方法，在 Miscellaneous 中选择晶体 CRYSTAL，在 Capacitors 中选择电容器 CAP，在 Resistors 中选择 RES。这里选择的电容器和电阻元件都是通用元件，模型简单。在 Optoelectronics 中选择 Sub-category 为 LEDs，选择 LED-RED、LED-GREEN、LED-YELLO 三种颜色的 LED 器件。在 Switchs & Relays 中选择 Switchs 中的 button。在选择元件的时候，注意到右面的两个窗口分别给出了原理图符号和 PCB 封装的预览。

打开 Keil μVision2，通过 Project->Open project 菜单打开项目，traffic 项目存在于\Keil\C51\RtxTiny2\Examples\Traffic\目录下，打开即可。在 traffic.c 文件中，包含以下一段定义：

```
sbit  red    = P1^2;      /* I/O Pin:  red     lamp output        */
sbit  yellow = P1^1;      /* I/O Pin:  yellow  lamp output        */
sbit  green  = P1^0;      /* I/O Pin:  green   lamp output        */
sbit  stop   = P1^3;      /* I/O Pin:  stop    lamp output        */
sbit  walk   = P1^4;      /* I/O Pin:  walk    lamp output        */
sbit  key    = P1^5;      /* I/O Pin:  self-service key input     */
```

按照上述定义，P1.0-P1.4 应该连接相应的 LED，P1.5 连接按钮。

单击左键安放元器件，并且通过鼠标拖曳调整元器件的位置，右键单击元器件选择旋转、翻转等，调整元器件的方向。元器件放好后，可以进行连线。

连线时只要用鼠标点击需要连线的引脚，就会进入连线状态。在需要拐弯的地方按下鼠标，直到连接到另一个引脚或其他导线，连线结束。如果两个导线交叉连接，就会自动放置一个节点。

连线完成后，一个电路图就设计好了，如图 3.4-3 所示。

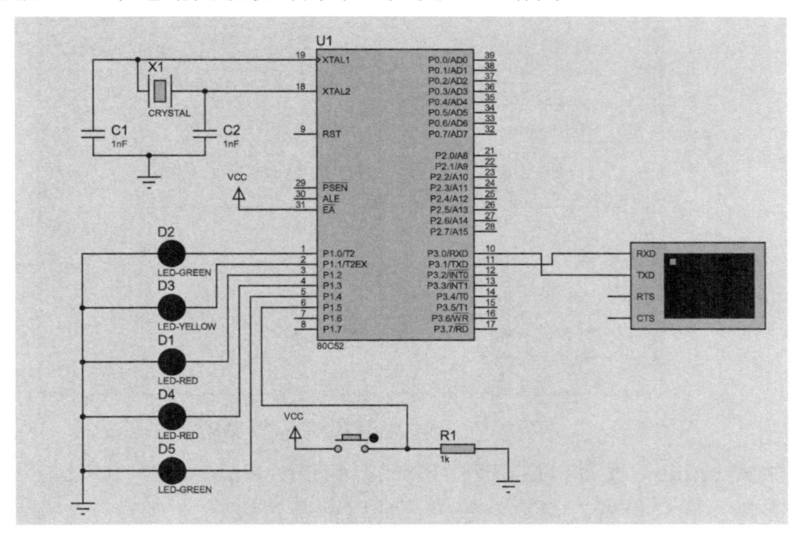

图 3.4-3 交通灯项目设计原理图

图中右侧和单片机串口连接的是 VIRTUAL TERMINAL 虚拟通信终端设备。由于单片机的串口设置为 2400 波特率，因此双击该设备，弹出元件编辑窗口设置，通信终端的通信参数，如图 3.4-4 所示。

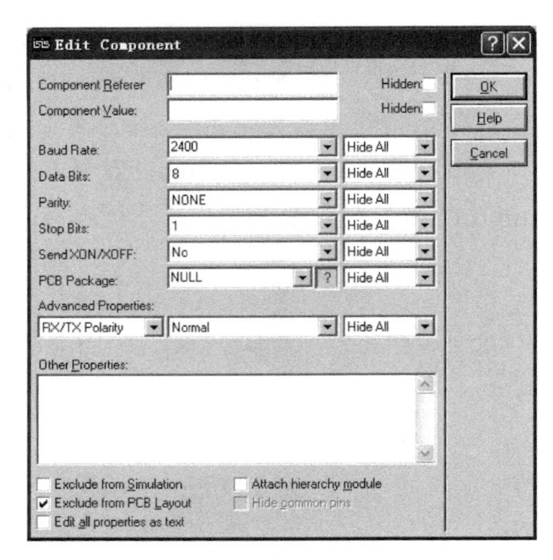

图 3.4-4 串行通信终端参数设置

双击单片机元件，弹出元件编辑窗口，如图 3.4-5 所示。Program file 选择 Traffic 项目的输出文件 traffic.hex，设置 Clock Frequency 为 12MHz，与程序中设定的时钟频率一致。

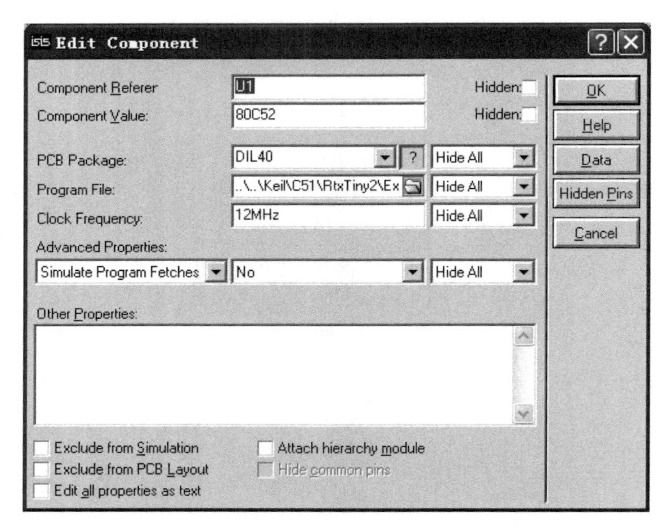

图 3.4-5 8052 单片机参数设置

为了生成 traffic.c 文件，在此步骤之前应该在 Keil μVision2 中右键点击项目导航栏中的项目名称，选择设置项目目标器件，把器件设置成 AT89C52；选择设置项目选项，在 output 选项卡中，在 create HEX file 的前面打钩，然后编译项目，生成 traffic.hex 文件。

如果上面的一切都是正常的，在 ISIS 菜单中选择 Debug->execute，就会看到系统运行的结果。仿真结果非常逼真，三种信号灯按顺序点亮，可以通过通信终端交互，点击按钮就可以仿真按钮按下的效果。

3.4.3 Keil 和 Proteus 的联调

Keil 和 Proteus 分别安装完成后，按照以下步骤可以联调：

1. 下载并安装 vdmagdi.exe，安装过程中按照缺省设置即可。
2. 打开 ISIS，设计或打开需要调试的硬件工程。
3. 双击 MCU，设置程序文件为 Keil 项目的编译结果。
4. 选择 Debug：Use Remote Debug Monitor，等待连接。
5. 打开对应的 Keil 项目。
6. 在 Keil 的项目导航栏目，右键单击名称，选择 Options for Target `xxxx'，其中 xxxx 为项目名称。
7. 在对话框中选择 Debug 页面，选择 Use Proteus VSM Simulator。如果 vdmagdi.exe 安装正确，则会出现该选项。

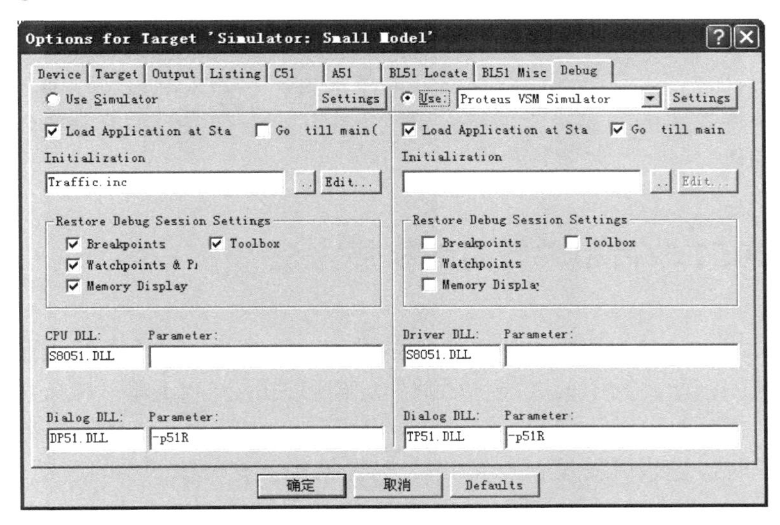

图 3.4-6 Keil 项目中 Debug 属性设置

8. 其他设置一如之前，这时就可以在 Keil 中进行程序调试了。

在调试过程中，可以设置断点、单步执行、查看状态等，与在硬件上用仿真器进行调试一样，任何硬件的变化在 ISIS 中都会有所反映，像真正的硬件一样。

第四章 单片机外围接口设计

4.1 单片机系统的接口设计原则和接口扩展

单片机系统总线分为并行总线和串行总线，并行总线信号可以分成数据总线和控制总线两类，所需信号线较多，但一般速度较快，时序简单；串行总线所需信号线少，但由于时钟频率有限，速度较慢，时序复杂。

并行总线所需信号线多，占用管脚多，串行总线则反之，从系统电路板布线和电气性能上说，如果串行总线满足要求，则尽量选用串行总线进行系统扩展。

现代很多 8051 核的单片机芯片，没有引出并行总线信号，这时，系统扩展则只能通过串行总线。如果单片机集成有 I^2C、SPI 等串行总线控制器硬件，则使用这些硬件进行通信，往往可以获得较快的速度和简单的程序。如果没有专用的硬件控制器，则可以采用软件模拟的方式，所需硬件资源很少，但是需要较为复杂的软件，速度一般也不能特别快。

4.1.1 8051 单片机并行总线扩展方法

并行总线总是分为数据总线、地址总线和控制总线，对于单片机而言，引脚资源是一个稀缺的东西，为了最大限度地减少引脚的占用，8051 单片机采用了数据和地址总线的低 8 位分时占用引脚的方法，这些引脚和 P0 口共用，当没有针对外部数据和地址总线操作时，这些口就是一个 IO 口，只是结构上有一些微小的区别。

当 P0 口引脚作为总线使用时，总是在 ALE 引脚的下降沿之前给出地址的低 8 位，

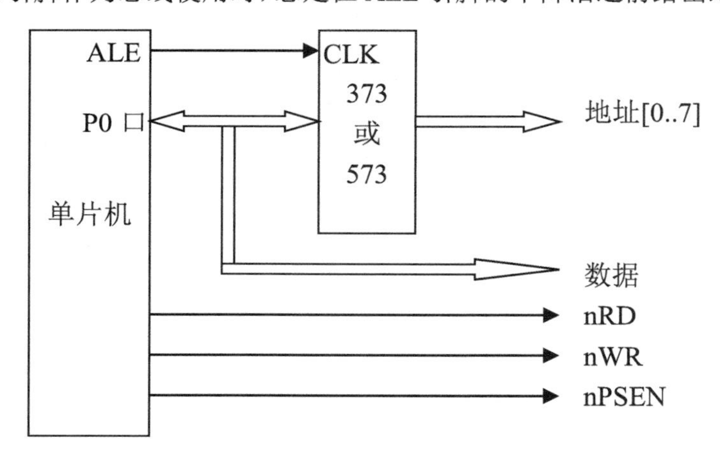

图 4.1-1 单片机并行扩展电路

而在 ALE 下降沿之后一个时钟周期左右地址低 8 位从 P0 口消失。因此，P0 口需要接一个锁存器 74LS373 或 74LS573，锁存时钟是 ALE，锁存器的输出是地址的低 8 位。

地址锁存后，根据读写不同存储器的需求，出现不同的信号：如果读取程序存储器，则 nPSEN 变低，P0 口呈输入状态，从而接收程序存储器的输出；如果读取数据存储器，则 nRD 信号变低，其控制的数据存储器输出，从 P0 口输入单片机；如果写数据存储器，则 nWR 信号变成低电平，P0 口给出有效的输出信号，写入到数据存储器中。

单片机没有专门的 IO 指令，设备寻址是通过存储器映射实现的，因此，扩展外设的读写和上面的数据存储器读写完全相同。在读写过程中，如果需要 16 位地址，则地址高 8 位由 P2 口给出，这时，P2 口不能作为 IO 口使用。如果只是 8 位地址，P2 口不受影响。

8 位地址是通过对外部存储器由 Ri（i=0，1）进行间接寻址产生，通过诸如 MOVX A,@Ri 指令实现的。16 位地址则是通过数据指针寄存器 DPTR 进行的间接寻址产生，通过类似 MOVX A,@DPTR 指令实现。

单片机作为微控制器，往往不需要大的数据操作，因此无须扩展专门的数据存储器，而扩展并行外设，8 位地址一般也足够了，故而在扩展外设时往往采用 8 位地址的形式。

4.1.2 I^2C 总线

I^2C 总线（Inter Interconnection Bus）是飞利浦公司为了产品内部模块之间互联发明的总线系统，最初用于其电视和音响内部的各个数字部件之间。I^2C 总线是真正的多主机串行互联系统，地址和数据都在总线上传输，不再需要额外的控制线，非常简洁，得到了很好的发展，应用广泛。现在，很多微控制器上都集成了 I^2C 总线部件，成为方便的互联方法。

作为一个实例，前面介绍的 AT24Cxx 器件就是很好的例子，可参见 3.1.7 节。

1. I^2C 总线硬件结构

I^2C 总线只有两根信号线：一个作为时钟的 SCL，另一个是数据 SDA。所有连接到 I^2C 串行总线上的设备数据线都连接到 SDA，时钟线都连接到 SCL，如图 4. 1-2 所示。

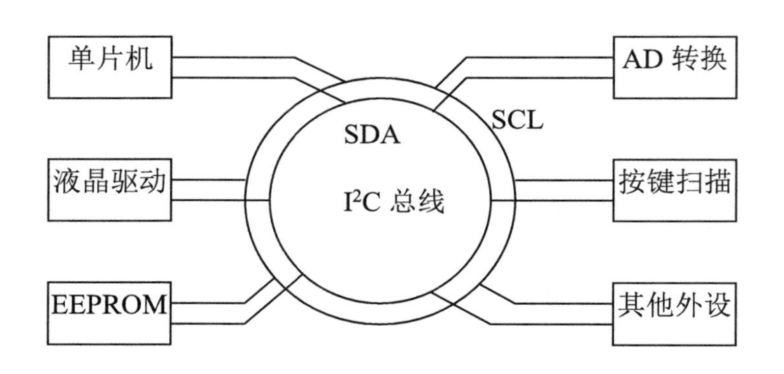

图 4.1-2 I^2C 总线硬件结构

接到 SCL 或 SDA 上的信号都是双向的，输出用来把数据或时钟输出到其他器件，输入用来读取其他器件的输出。为了避免冲突，所有输出都必须是集电极开路输出或漏极开路输出，而总线上有公共的上拉电阻。输出到总线上的信号，只要有一个输出 0，总线上就会是 0，只有所有输出到总线的器件都放弃输出时，总线才会是 1，也就是各个信号是“与”关系。

2. I^2C 总线的数据传输

I^2C 总线上的器件分为主器件和从器件，数据传输发生在主器件和从器件之间，是由主器件发起。在数据传输过程中，时钟信号始终由主器件给出，即使在从器件发送数据期间，也是从器件按照主器件给出的时钟发送数据。

I^2C 总线规定，在数据传输过程中，时钟 SCL 高电平期间，SDA 上的数据应该保持不变，数据的变化可以在时钟 SCL 低电平期间进行。在 SCL 高电平期间，SDA 的下降沿总是认为是一个起始信号，所有接收的从器件不论处在何种状态都应该重新开始接收过程。而 SCL 高电平期间 SDA 的上升沿，总是认为是传输过程的结束，这时从器件停止接收过程。

每传输一个字节数据，接收方都要给出一个应答（ACK）。在 8 个数据位之后的一个时钟出现之前，发送的器件放弃 SDA 总线，这时如果接收的器件给出应答，即把 SDA 总线拉低一个周期，也可以不给出应答，接收方不把 SDA 拉低，在数据之后的这个时钟周期内 SDA 保持高。在连续多字节的数据传输中，接收方需要给出应答表示正确接收，下面的传输才会继续，如果不给出应答，则连续传输终止，主器件给出结束信号。

在完整的一帧数据传送过程中，总是主器件首先给出从器件的地址和读写位，其中前 7 位是 MSB 在前的地址，第 8 位是读写位，表示传送方向，“0”表示“写”数据，数据从主器件到从器件传输；“1”表示“读”数据，数据由从器件到主器件传送。

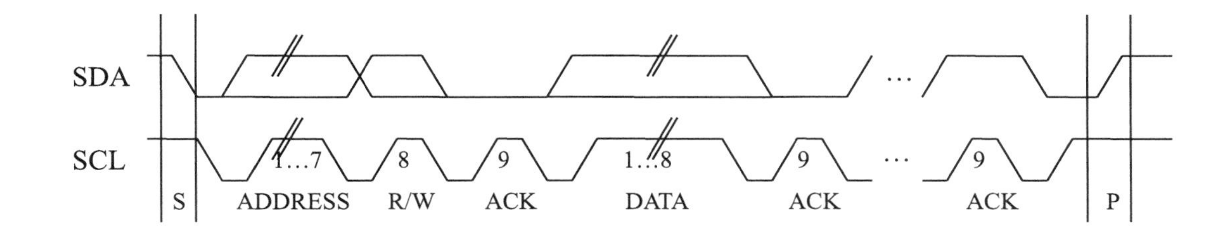

图 4.1-3 I²C 总线传输一帧数据的结构

从器件的 7 位地址可以分为高 4 位器件类型码和低三位器件地址，器件类型码表示器件的类型，是固定的，而器件地址则是硬件可编程的。地址全 0 表示广播地址，接到总线上的所有器件都要应答，并等待接收下一个字节的数据，这个字节的数据给出了广播的用意；如果为 06H，则所有从器件复位，重写硬件可编程的地址；如为 04H，则从器件不复位，但重写硬件可编程地址。

3. 多主机仲裁和时钟同步

在多主机系统中，当主机检测到其他主机正在通信，则不会发出起始信号，而是等待总线空闲时再开始通信。如果恰巧两个或多个主器件开始通信，同时送出时钟信号，则由于时钟信号 SCL 是“线与”关系，则只有所有主器件都给出“高电平”时 SCL 上才会是“高电平”，而只有检测到 SCL 为“高”才会开始高电平的计数，给出接下来的“低”，完成一个时钟周期，因此，SCL 通过这种机制自动完成同步。同步后的 SCL 高电平变窄，低电平变宽，如图 4.1-4 所示。

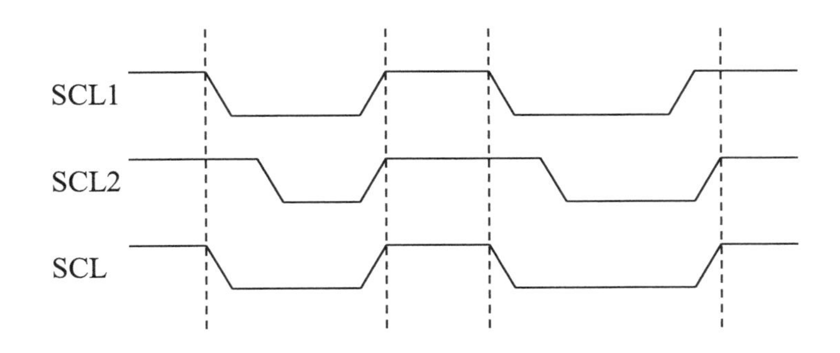

图 4.1-4 I²C 总线时钟的自动同步

多个主器件时钟虽然同步，但必须有仲裁机制使某些主器件放弃 I²C 总线，最后剩下一个主器件，才能正常通信。仲裁过程是按位进行的：主器件发送数据时，如果发送“1”，则检测 SDA 上的实际电平，如果检测到“0”，表明有别的主器件发送了“0”数据，该器件主动放弃 I²C 总线，终止通信，而让发送“0”的主器件接着通信。经过不断的仲裁，一般最后会剩下一个主器件。如果两个主器件整个过程中发送的数据都相同，则两个器件不互相影响，都会通信成功。

利用主器件 SCL 的同步机制，从器件也可以用来进行通信速率控制。如果从器件接收到某数据后不能很快给出响应，则可以拉低 SCL，主器件检测到 SCL 没有编程高电平，则会等待其变高，直到从器件能够响应时，先给出正确的 SDA，然后释放 SCL，主器件检测到 SCL 变高，读取 SDA 的状态，从而继续通信过程。

4. I^2C 总线的电气规范

I^2C 设计为不同工艺和不同电压器件之间通信。对于电源电压 5V±10%的器件，规定输入电平如下：

V_{ILMax}=1.5 V（最大输入低电压）

V_{IHMin}=3.0 V（最小输入高电压）

对于宽电源电压的设备，电平定义为：

V_{ILMax}=0.3 V_{DD}（最大输入低电压）

V_{IHMin}=0.7 V_{DD}（最小输入高电压）

器件最大输出低电平规定为：

V_{OLMax}=0.4 V（最大输出低电压，当灌入电流 3mA 时）

当 I^2C 总线上的器件输出 V_{OLMax} 时，最大低电平输入电流为 3mA；而作为输入状态，最大输入电流为 10μA 微安。

I^2C 总线上 SDA 和 SCL 脚最大允许电容为 10pF。

由上述规范可知，上拉电阻的最小值可以由电源电压 V_{DD} 和输入灌电流最大值 3mA 决定，如 V_{DD}=3.3V 是上拉电阻最小值 1000 欧姆左右。总线上所接的器件的数量，受限于总电容量小于 10pF 这个限制。

4.1.3 SPI 总线

SPI 总线是 Motorola 公司支持的一种总线互联规范，其英文全称为 Serial Peripheral Interface，意为“串行外围设备接口”，主要用来支持微处理器或微控制器和外围芯片之间进行接口。SPI 是一种高速、同步、双向（全双工）的接口，时序简单，逐渐得到许多芯片的支持。

1. SPI 总线的硬件结构

SPI 总线的核心是串行移位寄存器，其信号线有三个：串行时钟 SCL、主出从入 MOSI 和主入从出 MISO。另外，SPI 总线没有地址选择机制，主器件需要专门的从器件选择信号 nSS，以便在多从器件的场合选择合适的从器件。因此，当从器件较多时，nSS 信号线较多，SPI 总线失去了简单的优势，故而 SPI 总线大多应用于主从器件的一对一通信。

MOSI 对于主器件来说是输出，对于从器件则是输入；MISO 对于主器件是输入，对于从器件则是输出。时钟总是由主器件给出。主器件和从器件的发送接收器各是一个移位寄存器，主器件的发送移位寄存器和从器件的接收移位寄存器通过 MOSI 相接，主器件的接收移位寄存器和从器件的发送移位寄存器相接，在时钟信号的作用下，需要 8 个时钟节拍完成一个字节的发送或接收。

2. SPI 总线的时序

SPI 总线的时钟 SCL 有正极性和负极性之分。正极性时钟，在空闲时是低电平，前沿为上升沿，后沿为下降沿；负极性时钟空闲时是高电平，前沿为下降沿，后沿为上升沿。SPI 总线并没有对时钟极性给出定义，具体器件可以选择正极性时钟，也可以选择负极性时钟，或两种都支持，由用户配置。

SPI 也没有规定数据传输的相位，不管是主器件还是从器件，如果规定时钟前沿发送数据，则后沿接收数据；如果规定前沿接收数据，则一定后沿发送数据。当前沿接收数据时，主器件在第一个时钟前沿之前半个时钟周期给出第一位数据，而从器件则在 nSS 有效之后给出第一位数据，这样，无论主器件和从器件，第一个时钟前沿都能够接收到正确的数据。图 4.1-5 给出了 SPI 总线的时序图，实际器件从正负极性 SCL 中选择一种，从前沿输入后沿输出和前沿输出后沿输入中选择一种。

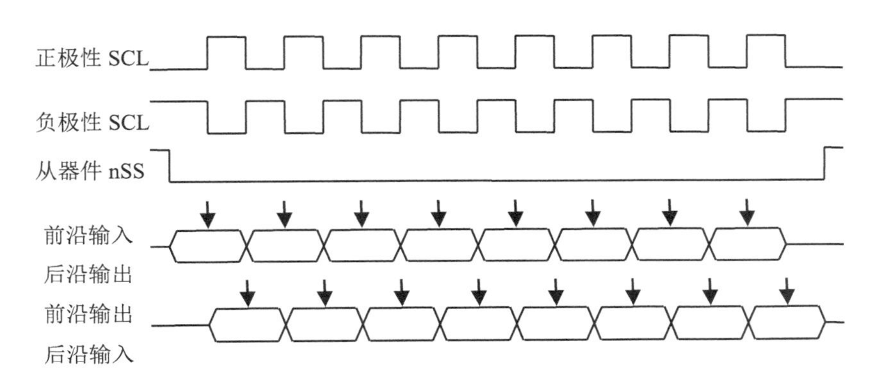

图 4.1-5 SPI 总线时序图
（箭头为输入采用时刻）

实际应用中，往往从器件需要特定的时钟极性和数据传输相序，而主器件具有可编程的 SPI 硬件传输逻辑或软件模拟的 SPI 总线逻辑，则主器件要按照从器件的要求选择时钟极性和传送相序。

4.2 USB 总线接口

通用串行总线（Universerial Serial Bus，USB）是计算机和外围设备之间的接口协议。常用的外设如鼠标、键盘、打印机、外置式网络接口设备等都可以使用 USB 接口，当前已广泛使用。

4.2.1 USB 总线概述

USB 的思想来自于 RS485 总线，采用差分信号传输提高总线上的数据传输速率，总线采用主从式结构，任何传输都是主设备发起，主设备以一定速率轮询总线上的设备。

USB 接口上带有电源，可以供给从设备一定的功率（5V 电压，最大 500mA 电流）。USB 接口甚至于可以作为小功率的 5V 电源使用，供其他设备如手机等工作。更大功率的设备则须自备电源工作。

一个新设备插入 USB 接口时，主设备通过电源的波动检测到新设备的插入。随后，主设备发起一个设备枚举过程。主设备通过枚举过程，获得从设备的描述符，它描述了从设备的基本情况。

USB 只支持主设备和从设备之间的通信，而每个通信过程都是主设备发起的。即使从设备需要发送数据给主设备，也需要先准备好发送的数据帧，等待主设备的查询命令，当接收到主设备的查询命令时，从设备发送数据给主设备。

从设备从逻辑上又分为不同的端点（End Point），这点和 TCP/IP 网络中的端口类似。主设备上的驱动程序理解从设备使用的端点编号和方式，从而从不同的从设备的端点获取不同的数据，从而完成对从设备的驱动。

USB 接口的开发一般采用两种方式：一种是采用具有 USB 接口硬件的微控制器，而通过开发特定的复合具体应用协议的微控制器固件，完成一个应用的开发。典型的器件比如现在流行的 Cortex M0/M3 器件，是价廉物美的选择。另一种方式是采用 USB 总线转换器件，而由于不需要处理总线上的事件，微控制器可以选择相对处理能力不强的单片机，如 8051 系列。由于这里主要介绍较低当单片机的应用，本章介绍总线转换器件的方案。

4.2.2 USB 总线接口转换器件 CH340/CH341 及应用

CH340 和 CH341 是南京沁恒公司的芯片，能够实现 USB 总线接口到标准串口、并行口、红外（IrDA）、同步串口等的转换，不用编程，计算机短的软件驱动程序由厂家提供，可以方便地用来把单片机等连接到 USB 总线上，是一款价格低廉、方便使用的芯片。

1. CH340 的功能及电路

CH340 是一个 USB 总线的转接芯片，实现 USB 转串口、USB 转 IrDA 红外或者 USB 转打印口。在串口方式下，CH340 提供常用的 MODEM 联络信号，用于为计算机扩展异步串口，或者将普通的串口设备直接升级到 USB 总线。在红外方式下，CH340 外加红外收发器即可构成 USB 红外线适配器，实现 SIR 红外线通讯。

用 CH340 实现的 USB 到串口的转换电路非常容易实现，图 4. 2-1 给出了典型的电路图。由图中看出，CH340 芯片除了去耦电容外，只需晶振电路提供基本时钟即可，非常简洁。MAX232 芯片提供 TTL 电平到 RS232 电平的转换，如果直接连接单片机、DSP 等，则不需 U5，RXD、TXD 直接连接 TTL 电平即可。CH340 做串口时支持常用的波特率，发送时误差可以小于 0.3%，接收时可以允许误差为 2%。

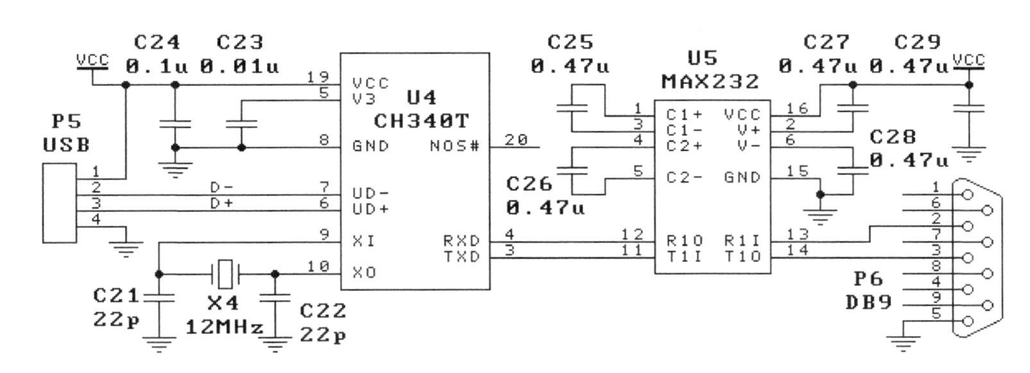

图 4.2-1　CH340 实现的 USB 转两线串口电路

图 4.2-2 是由 USB 转 IrDA 红外芯片 CH340R 和红外线收发器 U14（ZHX1810/HSDL3000 等类似型号）构成的 USB 红外线适配器。电阻 R13 用于减弱红外线发送过程中的大电流对其他电路的影响，要求不高时可以去掉。限流电阻 R14 应该根据实际选用的红外线收发器 U14 的厂家的推荐值进行调整。注意电路中 CH340 引脚 IR 接地，用来选择红外功能。

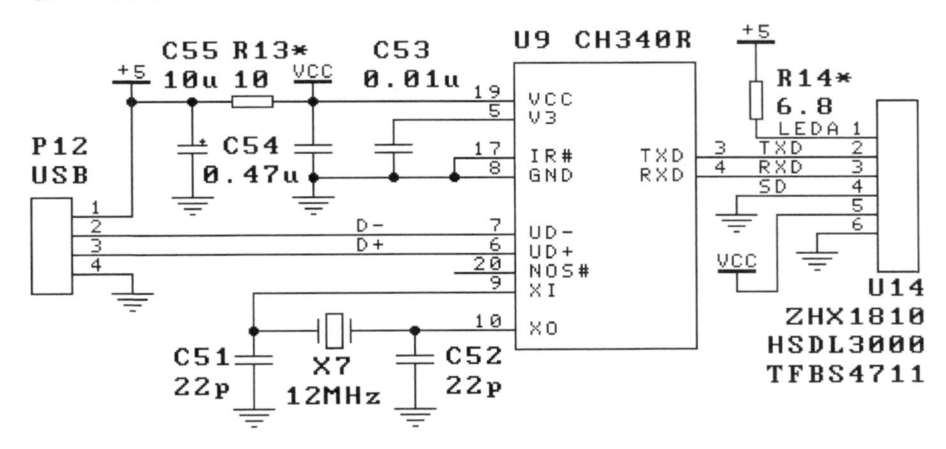

图 4.2-2 CH340 实现的 USB 转红外收发电路

CH340 还可组成 USB 转并口和打印口电路，这里不再赘述，参看厂家提供的芯片手册。

2. CH341 的功能及电路

CH341 要比 CH340 功能强大一些，应用也更加灵活。它允许通过普通的 EEPROM 器件 AT24C01 等对 USB 功能、参数等进行配置，从而更加符合用户特定的要求。

CH341 芯片通过 SCL 和 SDA 引脚配置芯片的功能，有两种方式：直接组合配置和外部芯片配置。直接组合配置是将 SCL 引脚和 SDA 引脚进行连接组合，配置 CH341 的功能。其特点是：无须增加额外成本，但是只能使用默认的厂商 ID 和产品 ID 等信息。在直接组合配置方式下，除了产品 ID 之外，其他信息与外部芯片配置的默认值相同。CH341H 芯片在内部已经将 SDA 接低电平。

表 4.2-1 直接组合配置功能表

SCL 和 SDA 的引脚状态	芯片功能	默认的产品 ID
SDA 悬空，SCL 悬空	USB 转异步串口，仿真计算机串口	5523H
SDA 接低电平，SCL 悬空	USB 转 EPP/MEM 并口及同步串口	5512H
SDA 与 SCL 直接相连	转换并口打印机到标准 USB 打印机	5584H

外部芯片配置是由 SCL 引脚和 SDA 引脚组成两线同步串口，连接外部的串行 EEPROM 配置芯片，通过 EEPROM 芯片定义芯片功能、厂商 ID、产品 ID 等。配置芯片应该选用 7 位地址的 24CXX 系列芯片，例如：24C01A、24C02、24C04、24C16 等。其特点是：可以灵活地定义芯片功能和 USB 产品的各种常用识别信息。通过 Windows 下的工具软件 CH341CFG.EXE，可以随时在线修改串行 EEPROM 中的数据，重新定义 CH341 的芯片功能和各种识别信息。图 4.2-3 给出了 CH341 的基本连接电路。

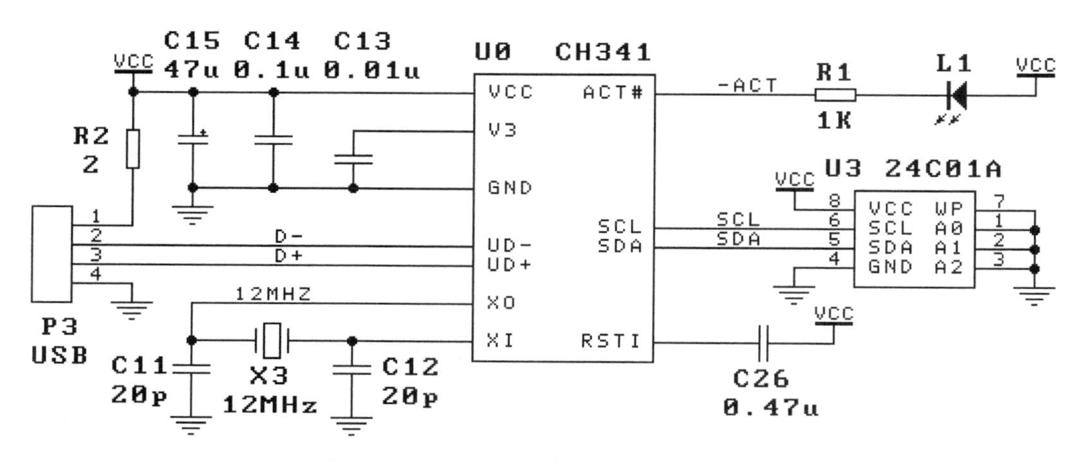

图 4.2-3 CH341 基本应用电路

一般情况下，复位后 CH341 首先通过 SCL 和 SDA 引脚查看外部配置芯片中的内容，如果内容无效，那么根据 SCL 和 SDA 的状态使用直接组合配置。为了避免上述配置过程使用 SCL 和 SDA 影响 2 线同步串口，可以在配置期间将 CH341 的 ACT# 引脚通过 2kΩ 的电阻置为低电平，那么 CH341 将被强行配置为 EPP/MEM 并口及同步串口，而不会主动查看外部配置芯片。配置芯片中内容含义见表 4.2-2。

表 4.2-2 配置芯片内容表

字节地址	简称	说明	默认值
00H	SIG	外部配置芯片有效标志，首字节必须是 53H，其他值则配置数据无效，使用直接组合配置	**53H**
01H	MODE	选择通信接口：23H=串口，12H=打印口或并口，其他值则配置数据无效，使用直接组合配置	**23H 或 12H**
02H	CFG	芯片的具体配置，参考下表按位说明	**FEH**
03H		保留单元，必须为 00H 或者 0FFH	**00H**

05H～04H	VID	Vendor ID，厂商识别码，高字节在后，任意值	**1A86H**
07H～06H	PID	Product ID，产品识别码，高字节在后，任意值	**55xxH**
09H～08H	RID	Release ID，产品版本号，高字节在后，任意值	**0100H**
17H～10H	SN	Serial Number，产品序列号字符串，长度为 8	**12345678**
7FH～20H	DID	打印口：按照 IEEE-1284 定义的打印机的设备 ID 字符串	**00H，00H**
	PIDS	串口或者并口：非打印机的产品说明字符串	
其他地址		**保留单元**	**00H 或 FFH**

其中配置字节 CFG 每个位都有不同的含义，详见表 4.2-3。

表 4.2-3 配置字各位含义表

位	简称	说明	**默认值**
7	PRT	选择通信接口：对于串口，该值必须为 1。 对于非串口选择：0=标准 USB 打印口；1=并口	**1**
6	PWR	USB 设备供电方式：0=外部及 USB；1=仅 USB 总线	**1**
5	SN-S	产品序列号字符串：0=有效；1=无效	**1**
4		DID-S 打印机的设备 ID 字符串：0=有效；1=无效	**1**
		PID-S 非打印机的产品说明字符串：0=有效；1=无效	**1**
3	SPD	打印口的数据传输速度：0=高速；1=低速/标准	**1**
2	SUSP	USB 空闲时自动挂起及低功耗：0=禁止；1=允许	**1**
1 **0**	**PROT**	**定义 USB 设备的配置描述符中的接口协议：** **对于串口或者并口，有效值是 0 到 3，建议为 0，** **对于标准 USB 打印口，有效值是 1 和 2，建议为 2**	**1** **0**

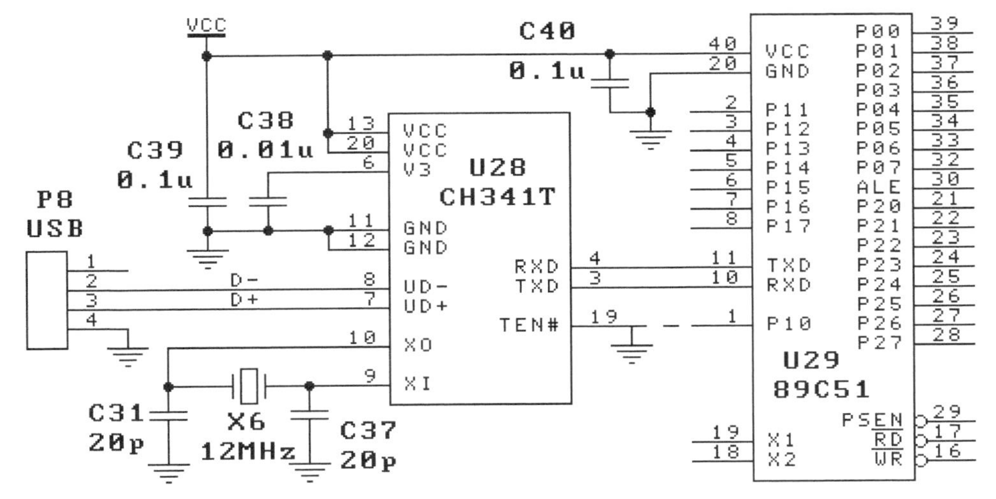

图 4.2-4 CH341 连接单片机的应用电路

CH341 和单片机通过串口相连，实现单片机和计算机通过 USB 通信，应用电路见图 4.2-4。图中 CH341 可以通过 SCL、SDA 组合配置，也可以通过外部存储器配置。

如果串口通信波特率较高或者单片机来不及接收，那么可以用单片机的任意一个输出引脚控制 CH341 的 TEN#引脚，当单片机空闲而可以接收串口数据时置 TEN#为低电平，当单片机较忙或者不便于接收串口数据时，置 TEN#为高电平，使 CH341 暂停发送下一个字节，实现速率控制。

CH340 和 CH341 具有相同的计算机端软件,可以使用相同的驱动程序。在 Windows 操作系统下，厂家提供驱动程序，并提供应用层 API，提供 CH341.DLL 动态链接库，和相应的 CH341DLL.H 文件，满足软件开发的需求。

4.2.3 USB 总线接口器件 CH372 及应用

CH372 是 USB 从设备器件，它和计算机 USB 口连接完成 USB 从设备的功能。另一方面，它和单片机等通过并行接口连接，单片机等可以方便地给 CH372 发送命令和数据，从而通过和给计算机通信。

1. CH372 的应用电路

CH372 和计算机的连接电路如图 4.2-5，它和计算机通过 USB 口直接连接，可以从 USB 口取电，也可以使用外接电源。使用 USB 口供电时，可以通过小电阻 R1 连接，如果接入过流保险丝等保护元件，注意其等效电阻不应超过 5 欧姆。电阻 R2 作为电荷泄放电阻，使得拔出 USB 设备后，电源滤波电容 C5、C4 上的电荷可以迅速放掉，保证再次插入时芯片可以可靠复位。V3 管脚是 3.3V 供电时的输入管脚，5V 供电时接 C3 作为滤波电容。

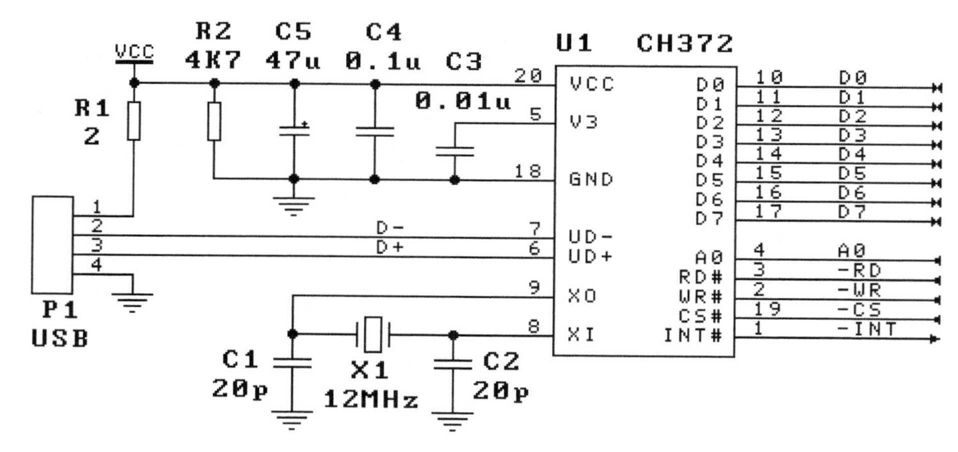

图 4.2-5 CH372 连接计算机的应用电路

CH372 和单片机的连接通过 8 为数据总线 D0—D7，一位地址总线 A0 和控制总线 RD#、WR#、CS#。典型应用电路如图 4.2-6 所示，CH372 和 51 单片机的总线时序完全兼容，直接连接到了单片机总线上。

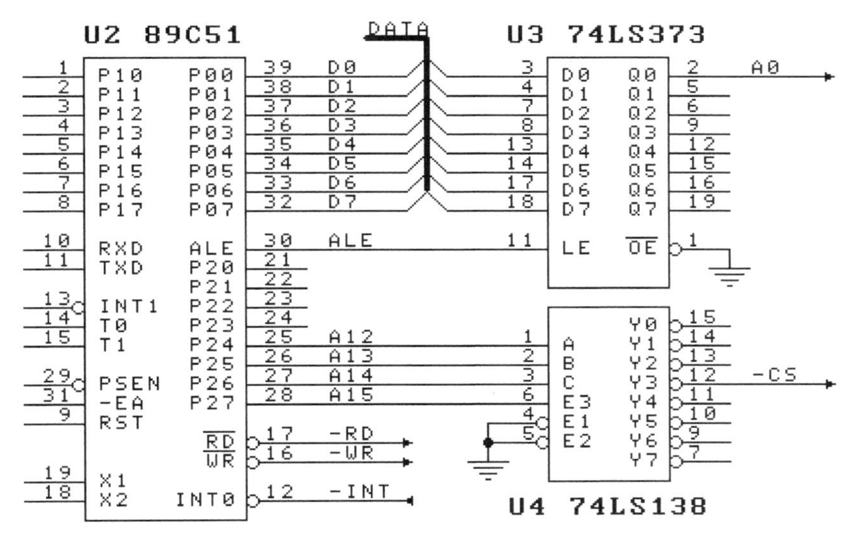

图 4.2-6 CH372 挂接单片机总线电路

对于没有外部扩展总线的单片机系统中，单片机也可以用普通的 I/O 引脚模拟出 8 位并口时序操作 CH372 芯片，如图 4.2-7。在普通的 MCS-51 系列简化单片机的典型应用电路中，CH372 的 CS#固定为低电平，一直处于片选状态，U5 的 P1 端口作为 8 位双向数据总线，在单片机程序中，可以控制各个 I/O 引脚模拟并口时序与 CH372 进行数据交换。

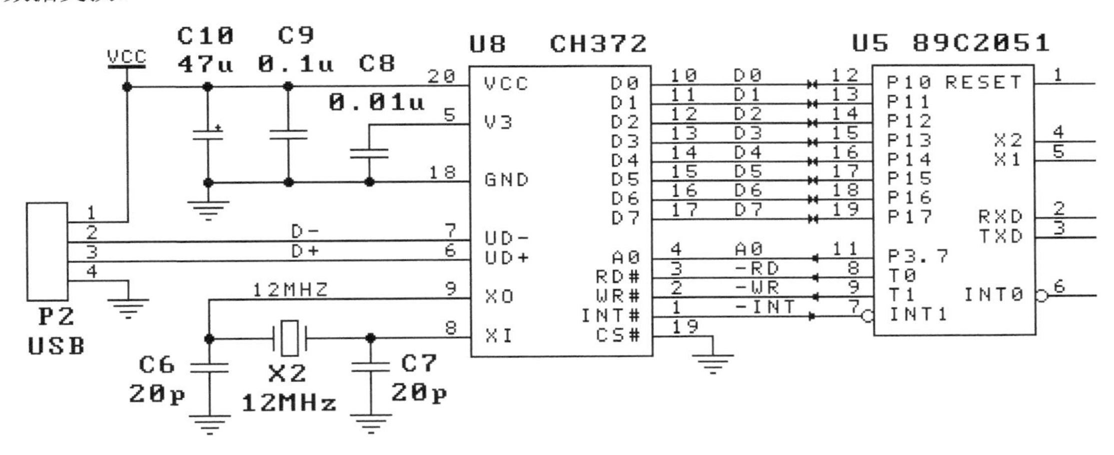

图 4.2-7 CH372 和单片机通过 I'O 口连接

CH372 芯片占用两个地址位，当 A0 引脚为高电平时选择命令端口，可以写入新的命令，或者读出中断标志；当 A0 引脚为低电平时选择数据端口，可以读写数据。

2. 命令和工作模式

CH372 芯片有三种工作模式：空闲模式、外部固件模式、内部固件模式。空闲模式就是 CH372 从 USB 总线断开，模拟设备拔掉的状态。外部固件模式是由单片机程序处理 USB 总线应答等时序，灵活性好但非常复杂。内部固件模式是有 CH372 内部固件处理完成大部分 USB 时序工作，单片机只是控制发送命令和数据就可以实现和计算机的通信，非常简单、方便。这里只介绍内部固件模式下的通信过程和程序设计方法。

单片机通过命令控制 CH372，命令可以有参数，也可以没有，见表 4.2-4。如果需要传送单片机数据，则在命令后有单片机读取。

表 4.2-4 CH372 命令含义表

代码	命令名称	输入数据	输出数据	命令用途
01H	GET_IC_VER		版本号 1 字节，其中 bit 7 为 1，bit 6 为 0，剩余为版本号	获取芯片及固件版本
03H	ENTER_SLEEP			进入低功耗睡眠挂起状态
05H	RESET_ALL		（等 40ms）	执行硬件复位
06H	CHECK_EXIST	任意数据	按位取反	测试工作状态
0BH	CHK_SUSPEND	数据 10H		设置检查 USB 总线挂起状态的方式
		检查方式，00H 表示不检查，04H 表示以 50ms 时间间隔检查是否挂起		
12H	SET_USB_ID	VID 低字节		设置 USB 的厂商识别码 VID 和产品识别码 PID
		VID 高字节		
		PID 低字节		
		PID 高字节		
15H	SET_USB_MODE	模式代码，00H 表示进入未启用方式 01H 表示进入外部固件模式，02H 表示进入内部固件模式	（等 20μs）操作状态	设置 USB 工作模式
22H	GET_STATUS		中断状态	获取中断状态并取消请求
23H	UNLOCK_USB			释放当前 USB 缓冲区
27H	RD_USB_DATA0		数据长度	从当前 USB 中断的端点缓冲区读取数据块数据长度
			数据流	
28H	RD_USB_DATA		数据长度	从当前 USB 中断的端点缓冲区读取数据块并释放当前缓冲区
			数据流	

2AH	WR_USB_DATA5	数据长度		向 USB 端点 1 的上传缓冲区写入数据块
		数据流		
2BH	WR_USB_DATA7	数据长度		向 USB 端点 2 的上传缓冲区写入数据块
		数据流		

其中几个命令需要单独说明：

- 命令 CHK_SUSPEND

该命令设置检查 USB 总线挂起状态的方式。该命令需要输入两个数据，分别是数据 10H 和检查方式。检查方式有 2 种：00H 说明不检查 USB 挂起（上电或复位后的默认值）；04H 说明以 50ms 为间隔检查 USB 挂起。

USB 总线挂起状态包括两种情况：一是 USB 信号线物理断开，完全没有 USB 信号；二是 USB 主机端停止发送 SOF 信号，也就是 USB 主机端要求 USB 设备进入挂起状态。当检查到 USB 总线挂起状态后，CH372 将产生 USB_INT_USB_SUSPEND 事件中断。

- 命令 SET_USB_MODE

该命令设置 USB 工作模式。该命令需要输入 1 个数据，该数据是模式代码：

模式代码为 00H 时切换到未启用的 USB 设备方式（上电或复位后的默认方式）；

模式代码为 01H 时切换到已启用的 USB 设备方式，外部固件模式；

模式代码为 02H 时切换到已启用的 USB 设备方式，内置固件模式。

在 USB 设备方式下，未启用是指 USB 总线 D+的上拉电阻被禁止，相当于断开 USB 设备；启用是指 USB 总线 D+的上拉电阻有效，相当于连接 USB 设备，从而使 USB 主机能够检测到 USB 设备的存在。通过设置是否启用，可以模拟 USB 设备的插拔事件。通常情况下，设置 USB 工作模式在 20us 时间之内完成，完成后输出操作状态。

表 4.2-5 CH372 中断状态表

中断状态值	状态名称	中断原因分析说明
03H、07H、0BH、0FH	USB_INT_BUS_RESET1～USB_INT_BUS_RESET4	**检测到 USB 总线复位（中断状态值的位 1 和位 0 为 11）**
0CH	USB_INT_EP0_SETUP	**端点 0 的接收器接收到数据，SETUP 成功**
00H	USB_INT_EP0_OUT	**端点 0 的接收器接收到数据，OUT 成功**
08H	USB_INT_EP0_IN	**端点 0 的发送器发送完数据，IN 成功**
01H	USB_INT_EP1_OUT	**辅助端点/端点 1 接收到数据，OUT 成功**
09H	USB_INT_EP1_IN	**中断端点/端点 1 发送完数据，IN 成功**
02H	USB_INT_EP2_OUT	**批量端点/端点 2 接收到数据，OUT 成功**
0AH	USB_INT_EP2_IN	**批量端点/端点 2 发送完数据，IN 成功**
05H	USB_INT_USB_SUSPEND	**USB 总线挂起事件（如果已 CHK_SUSPEND）**
06H	**USB_INT_WAKE_UP**	从睡眠中被唤醒事件（如果已 **ENTER_SLEEP**）

● 命令 GET_STATUS

该命令获取 CH372 的中断状态并通知 CH372 取消中断请求。当 CH372 向单片机请求中断后，单片机通过该命令获取中断状态，分析中断原因并处理。

表 4.2-5 是中断状态的分析说明。在内置固件模式的 USB 设备方式下，单片机只需要处理表中标注为灰色的中断状态，CH372 内部自动处理了其他中断状态。

● 命令 UNLOCK_USB

该命令释放当前 USB 缓冲区。为了防止缓冲区覆盖，CH372 向单片机请求中断前首先锁定当前缓冲区，暂停所有的 USB 通信，直到单片机通过 UNLOCK_USB 命令释放当前缓冲区，或者通过 RD_USB_DATA 命令读取数据后才会释放当前缓冲区。该命令不能多执行，也不能少执行。

● 命令 RD_USB_DATA0

该命令从当前 USB 中断的端点缓冲区中读取数据块。首先读取的输出数据是数据块长度，也就是后续数据流的字节数。数据块长度的有效值是 0～64，如果长度不为 0，则单片机必须将后续数据从 CH372 逐个读取完。该命令与 RD_USB_DATA 命令的唯一区别是后者在读取完成后还会自动释放当前 USB 缓冲区（相当于再加上 UNLOCK_USB 命令）。

● 命令 RD_USB_DATA

该命令从当前 USB 中断的端点缓冲区中读取数据块并释放当前缓冲区。首先读取的输出数据是数据块长度，也就是后续数据流的字节数。数据块长度的有效值是 0 ～ 64，如果长度不为 0，则单片机必须将后续数据从 CH372 逐个读取完；读取数据后，CH372 自动释放 USB 当前缓冲区，从而可以继续接收 USB 主机发来的数据。

● 命令 WR_USB_DATA5

该命令向 USB 端点 1 的上传缓冲区写入数据块，在内置固件模式下，USB 端点 1 就是中断端点。首先写入的输入数据是数据块长度，也就是后续数据流的字节数。数据块长度的有效值是 0 至 8，如果长度不为 0，则单片机必须将后续数据逐个写入 CH372。

● 命令 WR_USB_DATA7

该命令向 USB 端点 2 的上传缓冲区写入数据块，在内置固件模式下，USB 端点 2 就是批量端点。首先写入的输入数据是数据块长度，也就是后续数据流的字节数。数据块长度的有效值是 0 至 64，如果长度不为 0，则单片机必须将后续数据逐个写入 CH372。

CH372 芯片内部具有 5 个物理端点：

端点 0 是默认端点，支持上传和下传，上传和下传缓冲区各是 8 个字节；

端点 1 包括上传端点和下传端点，上传和下传缓冲区各是 8 个字节，上传端点的端点号是 81H，下传端点的端点号是 01H；

端点 2 包括上传端点和下传端点，上传和下传缓冲区各是 64 个字节，上传端点的端点号是 82H，下传端点的端点号是 02H。

在内置固件模式下，端点 2 的上传端点作为批量数据发送端点，端点 2 的下传端点作为批量数据接收端点，端点 1 的上传端点作为中断端点，端点 1 的下传端点作为辅助端点。

3. 单片机端的软件

CH372 专门用来和计算机的 USB 总线打交道，单片机则通过并行总线和 CH372 进行通信。单片机对 CH372 的命令过程如下：

① 在 A0=1 时向命令端口写入命令代码；

② 如果该命令具有输入数据，则在 A0=0 时依次写入输入数据，每次一个字节；

③ 如果该命令具有输出数据，则在 A0=0 时依次读取输出数据，每次一个字节；

④ 命令完成，可以暂停或者转到①继续执行下一个命令。

具体来说，CH372 收到数据时，通过中断通知单片机，单片机查询中断代码，通过 CH372 接收数据。整个过程如下：

① 当 CH372 接收到 USB 主机发来的数据后，首先锁定当前 USB 缓冲区，防止被后续数据覆盖，然后将 INT#引脚设置为低电平，向单片机请求中断；

② 单片机进入中断服务程序，首先执行 GET_STATUS 命令获取中断状态；

③ CH372 在 GET_STATUS 命令完成后将 INT#引脚恢复为高电平，取消中断请求；

④ 由于通过上述 GET_STATUS 命令获取的中断状态是“下传成功”，所以单片机执行 RD_USB_DATA 命令从 CH372 读取接收到的数据；

⑤ CH372 在 RD_USB_DATA 命令完成后释放当前缓冲区，从而可以继续 USB 通信；

⑥ 单片机退出中断服务程序。

在内部固件模式下，单片机通过 CH372 发送数据的过程如下：

① 单片机执行 WR_USB_DATA 命令向 CH372 写入要发送的数据；

② CH372 被动地等待 USB 主机在需要时取走数据；

③ 当 USB 主机取走数据后，CH372 首先锁定当前 USB 缓冲区，防止重复发送数据，然后将 INT#引脚设置为低电平，向单片机请求中断；

④ 单片机进入中断服务程序，首先执行 GET_STATUS 命令获取中断状态；

⑤ CH372 在 GET_STATUS 命令完成后将 INT#引脚恢复为高电平，取消中断请求；

⑥ 由于通过上述 GET_STATUS 命令获取的中断状态是“上传成功”，所以单片机执行 WR_USB_DATA 命令向 CH372 写入另一组要发送的数据，如果没有后续数据需要发送，那么单片机不必执行 WR_USB_DATA 命令；

⑦ 单片机执行 UNLOCK_USB 命令；

⑧ CH372 在 UNLOCK_USB 命令完成后释放当前缓冲区，从而可以继续 USB 通信；

⑨ 单片机退出中断服务程序；

⑩ 如果单片机已经写入了另一组要发送的数据，那么转到②，否则结束。

4. 计算机软件设计

厂家提供 CH372 通信用的计算机端驱动程序和应用层的支持。由于 CH372 和 CH375 从设备模式兼容，所以可以使用 CH375 的设备驱动程序可开发环境，下面提到的 CH375 都是指这种情况而言。

厂家文件里包括 CH375.DLL 动态链接库作为应用支持，同时提供 CH375.LIB 链接库和函数头文件 CH375DLL.H，里面包含了用户使用的函数的原型。

设备管理 API：

打开设备：CH375OpenDevice

关闭设备：CH375CloseDevice

获取 USB 设备描述符：CH375GetDeviceDescr

获取 USB 配置描述符：CH375GetConfigDescr

复位 USB 设备：CH375ResetDevice

设置 USB 数据读写的超时：CH375SetTimeout

设置独占使用当前 CH375 设备：CH375SetExclusive

设定内部缓冲上传模式：CH375SetBufUpload

查询内部上传缓冲区中的已有数据包个数：CH375QueryBufUpload

设定 USB 设备插入和拔出时的事件通知程序：CH375SetDeviceNotify

数据传输 API：

读取数据块（数据上传）：CH375ReadData

写出数据块（数据下传）：CH375WriteData

放弃数据块读操作：CH375AbortRead

放弃数据块写操作：CH375AbortWrite

写出辅助数据（辅助数据下传）：CH375WriteAuxData

中断处理 API：

读取中断数据：CH375ReadInter

放弃中断数据读操作：CH375AbortInter

设定中断服务程序：CH375SetIntRoutine

可以采用查询、应答方式编写程序，计算机发送命令给单片机，单片机接收到后发送应答数据给计算机，计算机接收结果。下面是具体的步骤：

① 计算机应用层按事先约定的格式将数据请求发送给 CH372 芯片；

② CH372 芯片以中断方式通知单片机；

③ 单片机进入中断服务程序，获取 CH372 的中断状态并分析；

④ 如果是上传，则释放当前 USB 缓冲区，然后退出中断程序；

⑤ 如果是下传，则从数据下传缓冲区中读取数据块；

⑥ 分析接收到的数据块，准备应答数据，也可以先退出中断程序再处理；

⑦ 单片机将应答数据写入批量端点的上传缓冲区中，然后退出中断程序；

⑧ CH372 芯片将应答数据返回给计算机；

⑨ 计算机应用层接收到应答数据。

4.2.4 CH372 温湿度测量实例

为了应用 CH372 进行实验，我们特地设计了一个应用电路。该电路包括温湿度测量电路，并且把单片机的 I¹O 口引出，方便做其他应用。下面给予介绍。

1. 硬件电路设计

CH372 及其外围电路如图 4.2-8 所示，和单片机的连接采用了 I¹O 口直接连接，数据通过 P1.0 至 P1.7 连接到单片机，CS#选择一直有效，INT#、WR#和 RD#直接连接单片机 P3 口。

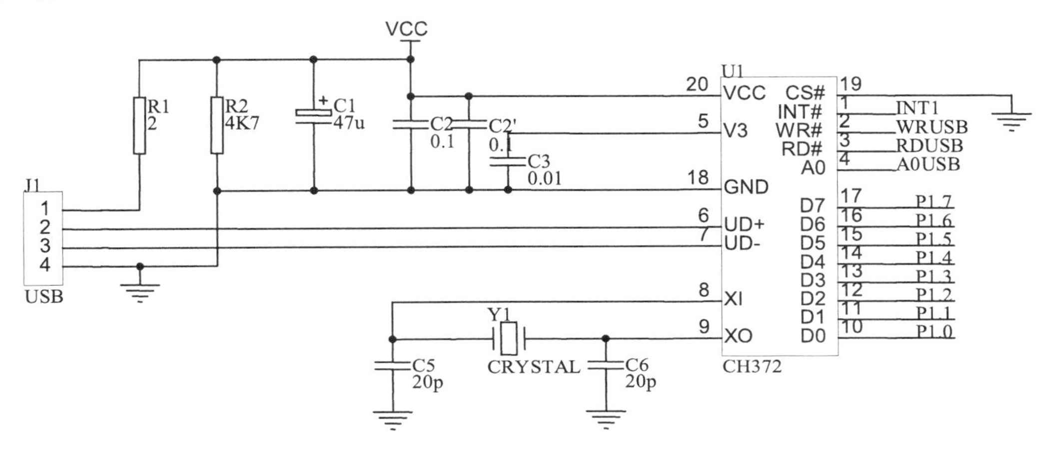

图 4.2-8 温度测量电路中 CH372 及其外围电路

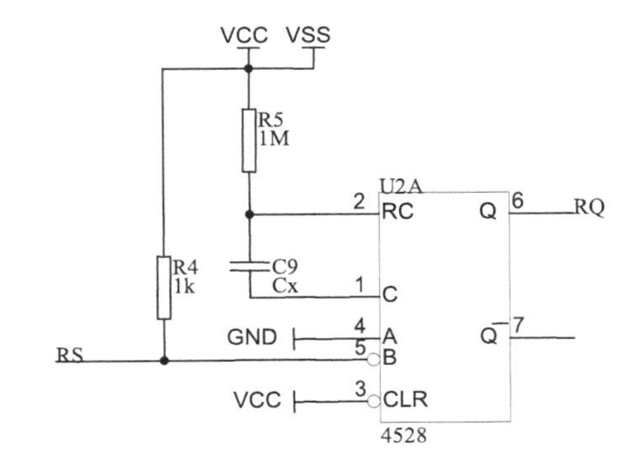

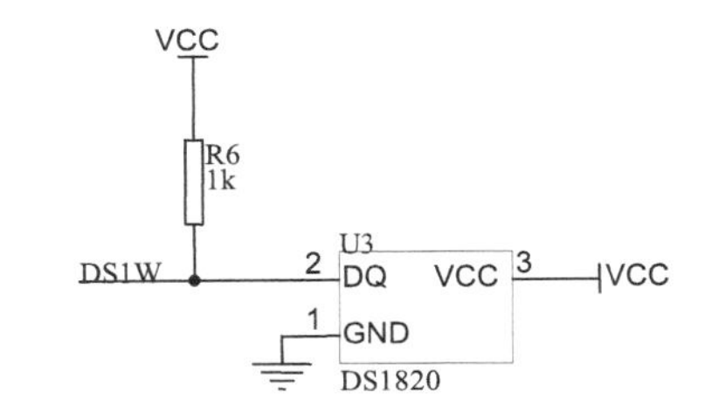

图 4.2-9 湿度测量电路

（上图为湿度，下图为温度）

温湿度测量电路如图 4.2-9 所示，湿度测量采用湿敏电容作为传感器，在 CD4528 组成的单稳态触发器电路中，湿敏电容 Cx 和 R5 决定单稳态脉冲的宽度，单片机通过 RS 信号出发后测量 RQ 输出的脉冲宽度就可以测量出脉冲宽度，从而得到电容的值，换算成相对湿度。温度测量采用 DS1820 作为传感器，其编程方法见前面的说明。

2. 单片机程序设计

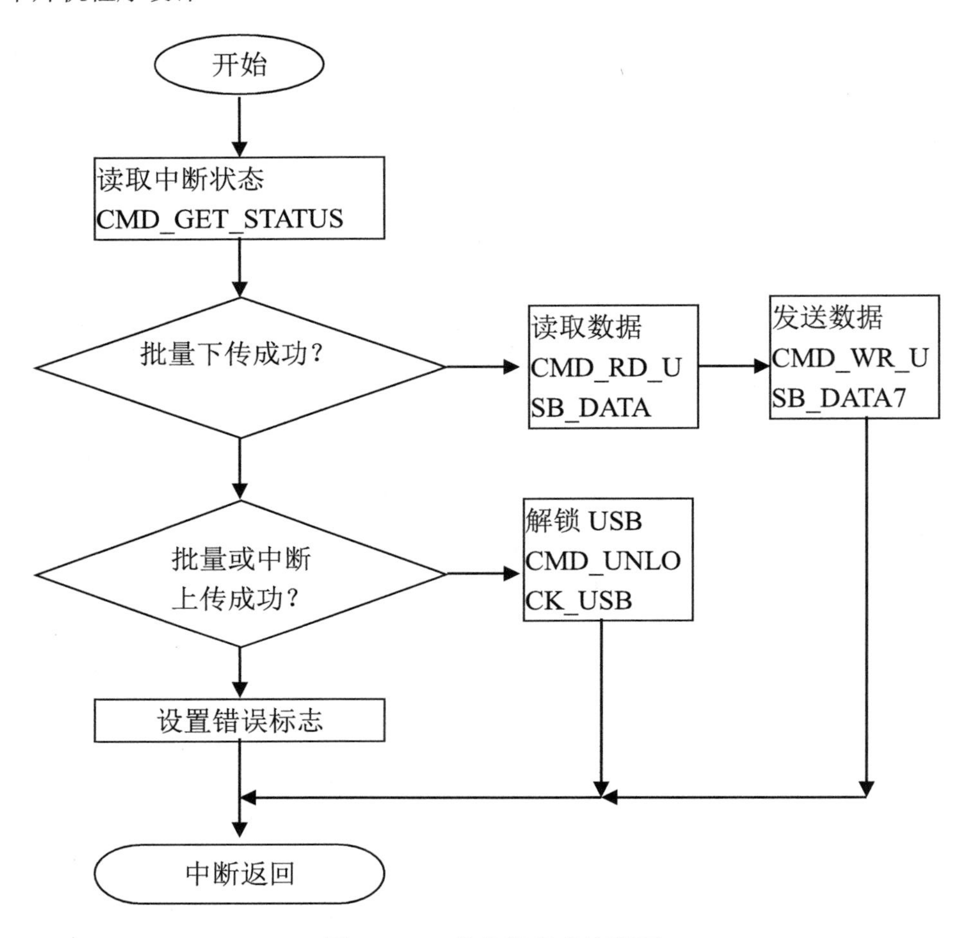

图 4.2-10 单片机程序流程图

单片机程序完成温湿度的测量和 CH372 状态处理与数据传输。温湿度测量在主程序中完成，主程序循环检测温湿度，并赋值给公用变量。湿度的测量不能太频繁，否则影响测量的精度。

CH372 中断信号连接的单片机外部中断 0，因此，需要在外部中断 0 服务程序中处理 CH372 的中断状态。中断开始，首先获取中断状态，并消除中断请求，用 CMD_GET_STATUS 命令。在内置固件模式下，会出现三种中断请求：批量端点上传成功（USB_INT_EP2_IN）、批量端点下传成功（USB_INT_EP2_OUT）、中断端点发送成功（USB_INT_EP1_IN）。

如果是批量端点上传成功或中断端点发送成功，则解锁 CH372

（CMD_UNLOCK_USB），准备再次发送数据。如果是批量端点下传成功，则读取下传数据。如果数据是“T”，则把温度值发送出去。如果数据是“H”，则把湿度测量值发送出去。单片机程序的流程图见图 4.2-11 所示。

3. 计算机程序设计

计算机端程序首先打开 CH375 设备，然后设置一些属性后，发送数据，如果发送字符“T”，表示希望获得温度。如果发送字符“H”，表明希望获得湿度。发送数据后，读取数据，显示结果。程序流程图见图 4.2-11。

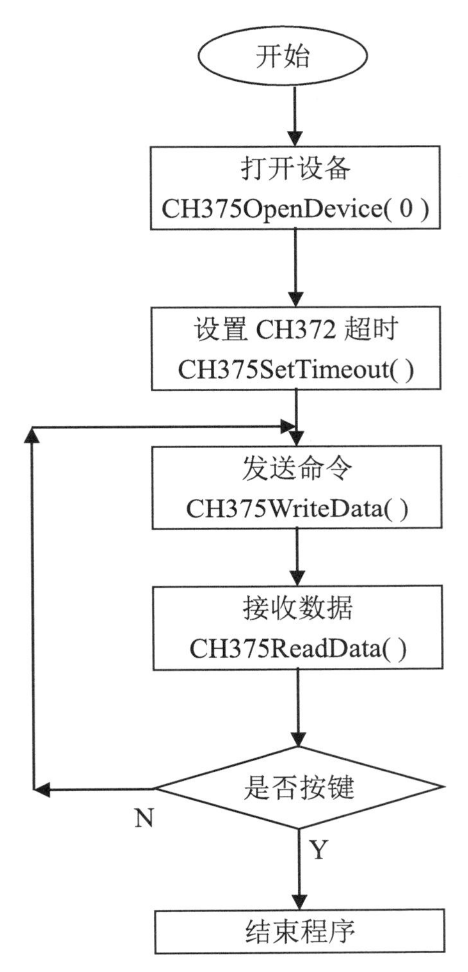

图 4.2-11 计算机程序流程图

程序代码可以使用 VC、C++ Builder 等设计，这里不再赘述。

4.3 无线通信接口

无线通信就是用无线电波传输信息，由于长距离、较大功率的无线电发射需要特别的批准，因此，这里介绍短距离、小功率，不需要专门许可的无线通信装置。许多国家规定，在短距离、小功率通信中，可以采用特定的频段，而不需要许可。以 nFR2401 射频通信芯片应用为例。

1. 概述

nRF2401 是英国 Nordic 公司的产品，新的型号是 nRF24L01。它是单芯片无线收发器，工作于 2.4-2.5GHz 全球通用的 ISM 频段。芯片内部集成了频率合成器、功率放大器、晶体振荡器、调制器等。输出功率、频道等可以方便地通过 3 线串口编程，电流消耗很低，发射功率在-5dBm 时为 10.5mA，接收模式时 18mA。可以在工作模式和空闲模式、掉电模式之间快速切换，适应低功耗的应用。

nRF2401 只需要很少的外围元件就可以组成射频收发系统，射频电路不需要专门的设计，3 线串口适合任何微处理器系统接口。它是 24 脚的 QFN 封装，5mm×5mm 大小，适合微型系统的实现。用 nRF2401 设计的射频模块原理如图 4.3-1 所示。其中 JP1 实现和微处理器系统的接口。

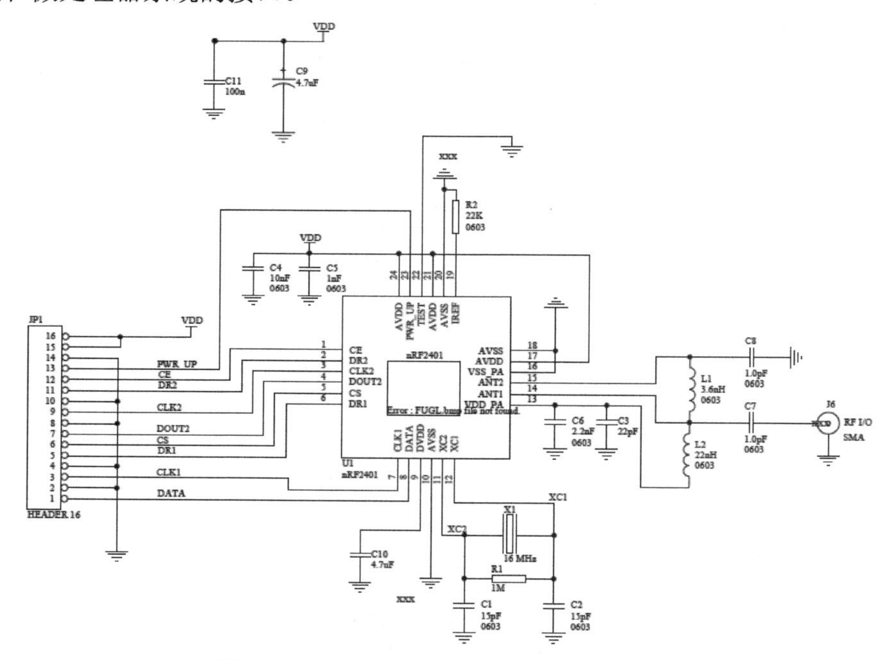

图 4.3-1 nRF2401 射频模块电路图

用于和 nRF2401 射频模块接口的单片机开发板如图 4.3-2。单片机选用 3.3V 工作的 8051 系列单片机，比如 AT89LV51、STC89LV52 等。RS232 电平转换电路用 MAX3232 实现，电源芯片采用 1117 低压差稳压器。同时，也设计了一个能够和 nRF905 射频模块兼容的接口。该实验板也可以用来做其他 3.3V 模块的实验。

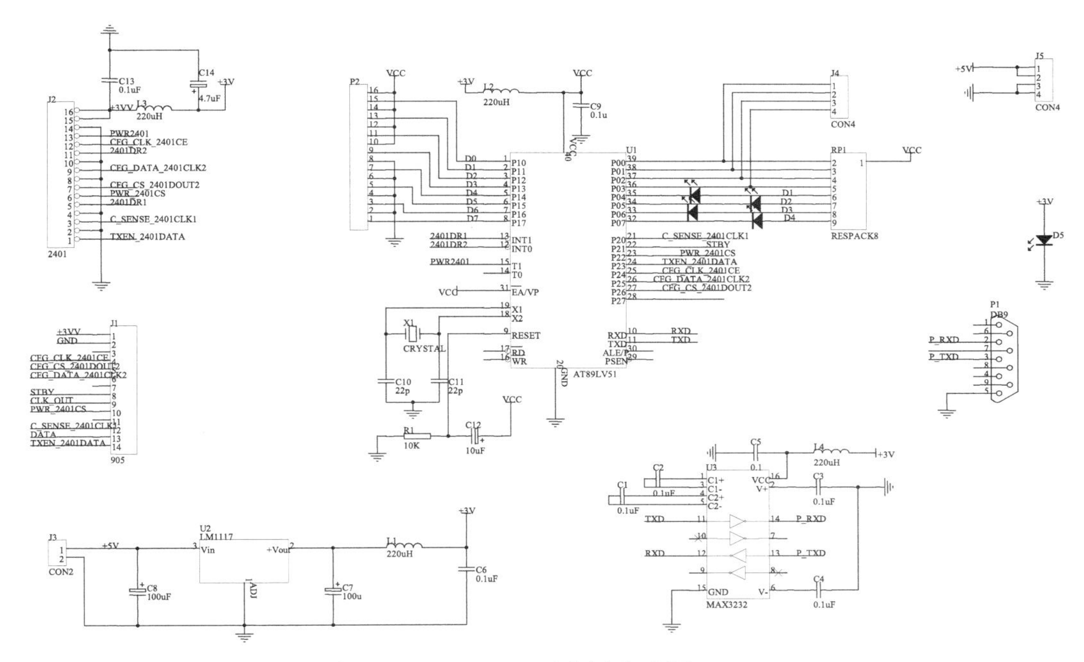

图 4.3-2 nRF2401 开发板电路图

2. nRF2401 的工作模式

nRF2401 共有 4 种模式，由三个管脚控制，如表 4.3-1。其中引脚 PWR_UP 是上电控制引脚，如其为 0，则芯片停止工作，处于点掉模式。CE 引脚为 1，芯片处于活跃模式，可以进行数据的收发。引脚 CS 为 1，芯片处于配置模式，可以用来输入配置数据。

表 4.3-1 nRF2401 工作模式表

模式	PWR_UP	CE	**CS**
活跃模式	1	1	**0**
配置模式	1	0	**1**
空闲模式	1	0	**0**
掉电模式	**0**	**X**	**X**

有两种活跃模式：猝发模式（ShockBurst）和直接模式，芯片处于何种模式，则由配置字控制。直接模式下的 nRF2401 就是一个简单射频数据收发器，必须提供精确的控制，需要昂贵的高性能 CPU 才能实现。猝发模式不需要 CPU 以高速度控制，适合单片机系统应用，这里给予详细介绍。

猝发模式使用芯片内部的 FIFO 存储器，CPU 可以较慢的速度写入发送的数据，这时数据不发送。当写入完毕后，CE 有效，启动芯片的高速发送过程，速度可以达到 1Mbps。这种设计可以带来三个好处：

(1) 大大降低电流消耗。发送时间短，平均电流降低。

(2) 降低系统造价。因为不需要高档次的 CPU，低端微处理器就可以工作得很好。

(3) 降低发送时冲突的风险，因为发送时间变得更短了。

nRF2401 和单片机接口是 3 线串口，时钟由 CPU 提供，速度可以较慢，比如 10kHz。当发送时，由 nRF2401 内部的高速信号处理系统处理，使发送速度达到 1Mbps。发送过程的数据处理流程如图 4.3-3 所示。

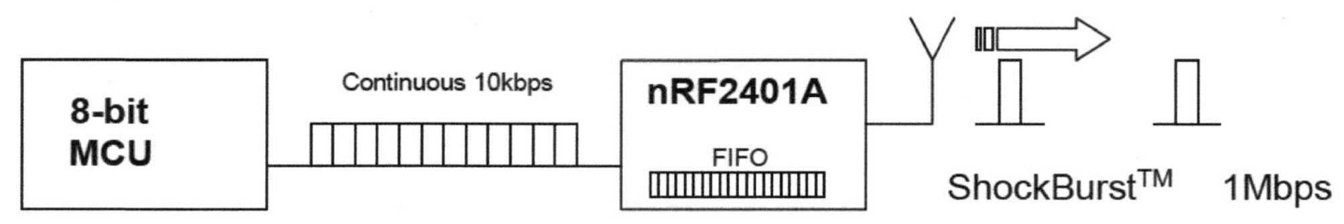

图 4.3-3 nRF2401 猝发模式示意图

nRF2401 的发送过程使用 CE、CLK1、DATA 引脚，过程如下：

(1) MCU 要发送数据时，设置 CE 为高电平，激活 nRF2401 数字处理过程。
(2) 给出地址和数据，在时钟的作用下需要发送的地址和数据串行进入 nRF2401 内部，速度在 CPU 的控制下可以较慢，一般小于 1Mbps（如 10kbps）。
(3) MCU 拉低 CE，激活 nRF2401 内部的猝发传输。
(4) 猝发传输过程：
    - RF 前端上电。
    - RF 打包完成（加入前导码，计算 CRC 等）。
    - 数据高速传输（150kbps 或 1Mbps，由配置字决定）。
    - 传输完成，nRF2401 进入空闲模式。

nRF2401 接收过程使用 CE、DR1、CLK1 和 DATA 引脚，单通道接收过程如下：

(1) 设置正确的接收地址、数据长度等，设置猝发工作模式。
(2) 置 CE 为 1，激活猝发接收过程。
(3) 200 微秒后，系统开始监视空中信号。
(4) 当收到有效数据包（正确的地址和数据包），nRF2401 移去前导码、地址、CRC 校验等。
(5) nRF2401 设置 DR1 为高，MCU 产生中断。
(6) MCU 可以拉低 CE，关闭射频前端（也可以不关闭，而是继续监视空中信号）。
(7) MCU 以适当的速度移位，nRF2401 输出接收的数据（移除了前导码、地址等）。
(8) 数据移位输出完毕，DR1 变低，开始新的过程。

nRF2401 也可以进入双频道同时接收模式，在这种模式下，nRF2401 能够容易地以最大速率同时接收两个独立的频道，这意味着：

- nRF2401 可以通过一个天线，从两个 1Mbps 发送器同时接收数据，两个发送器间隔 8MHz。
- 两路数据可以通过各自独立的 CPU 接口输出：
    - 数据通道 1：CLK1、DATA、DR1
    - 数据通道 2：CLK2、DOUT2、DR2
    - DR1、DR2 只能用于猝发模式。

通过这种方式，一个 nRF2401 可以同时接收两个 nRF2401 的数据，如图 4.3-4 所示，可以代替两个独立的接收器，从而降低成本。

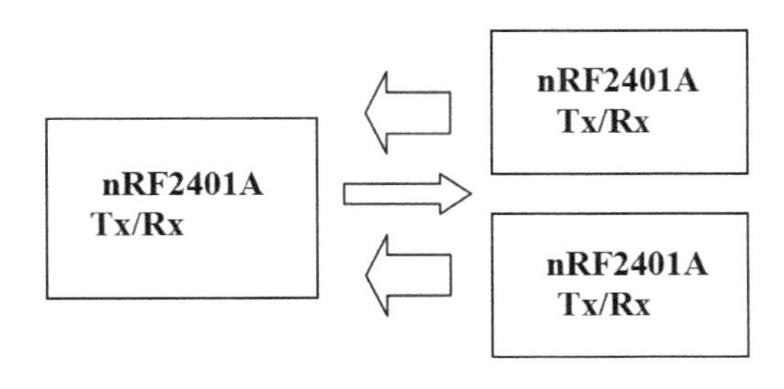

图 4.3-4 nRF2401 双频道接收模式示意图

对于双频道接收，要求频道 2 的频率一定是频道 1 频率加 8MHz。两个频道的数据同时得到处理，但是由于猝发模式采用内部 FIFO 缓冲，因此，允许 MCU 接收完一个频道的数据后才开始处理另一个频道的数据，而不会由于处理不及时而丢失数据。这样可以降低对 MCU 处理能力的要求。处理过程的示意图如图 4.3-5 所示。

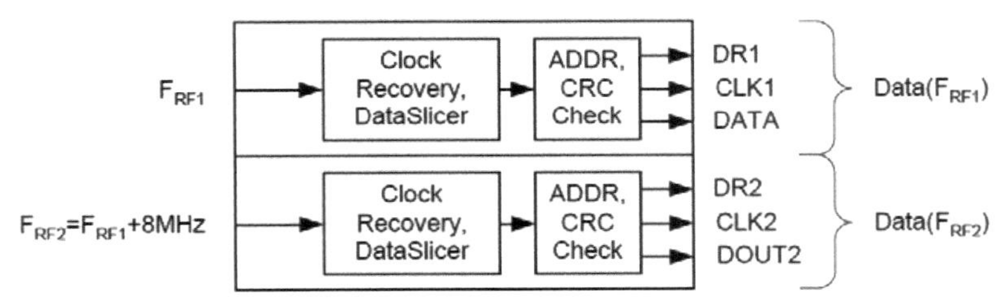

图 4.3-5 双频道接收模式下 MCU 数据处理示意图

配置模式用来给 nRF2401 提供配置字，配置字在猝发传输下有 15 字节，用来控制 nRF2401 发送和接收的各个方面。配置过程需要三个引脚：CS、CLK1 和 DATA。关于配置字的细节和配置过程的时序要求，后面会有详细的介绍。

空闲模式用来降低芯片在短暂空闲期的功耗，该模式下晶体振荡器保持工作状态，因此，功耗和选择的振荡频率有关，典型值是：16μA@8MHz，32μA@16MHz。由于振荡器保持工作，从空闲模式到工作模式转换非常快。

掉电模式也是为了进一步降低功耗而设置，只是在该模式下，晶体振荡器也被关闭，因此，消耗的电流更小，典型情况下小于 1μA。但是，由掉电模式启动需要消耗较多时间，等待振荡器工作起来。

3. nRF2401 的配置字

所有配置字都是通过 3 个信号引脚写入单一的配置寄存器完成配置。对于猝发模式，需要有 15 字节配置字，而对于直接模式，只需要 2 字节配置字即可。这里只介绍猝发模式下的配置字的组成。

在猝发模式下，配置字用来设定射频数据通信协议。专门为猝发模式设置的配置字如下：

- 数据段内容长度：给出在 RF 数据包中数据的位数，使得 nRF2401 能够在一帧数据中分出数据和 CRC。
- 地址长度：设置一帧数据中地址位的长度，用来区别地址和数据。
- 地址（接收信道 1 和 2）：用来匹配接收数据。

● CRC：使能 nRF2401 芯片的片上 CRC 生成和解码。

一般情况下，猝发模式一帧数据的结构如图 4.3-6 所示。

前导码	地址	数据	CRC

图 4.3-6 猝发模式下 RF 数据帧示意图

有专门为猝发模式设置的配置字，也有为器件一般功能设置的配置字。配置字的总体情况见表 4.3-2。

表 4.3-2 nRF2401 配置字含义表

	位置	位数	名称	功能
猝发模式配置	143:120	24	TEST	为测试保留
	119:112	8	DATA2_W	**2 信道接收的数据帧长度**
	111:104	8	DATA1_W	**1 信道接收的数据帧长度**
	103:64	40	ADDR2	接收信道 **2** 的 **5** 字节地址
	63:24	40	ADDR1	接收信道 **1** 的 **5** 字节地址
	23:18	6	ADDR_W	地址位数（两信道）
	17	1	CRC_L	**8** 或 **16** 位 **CRC**
	16	1	CRC_E	**CRC** 使能
芯片通用设置	15	1	RX2_EN	使能 **2** 信道接收功能
	14	1	CM	通信模式（猝发或直接模式）
	13	1	RFDR_SB	**RF** 数据速率（**1Mbps** 需要 **16MHz** 晶体）
	12:10	3	XO_F	晶体频率
	9:8	2	RF_PWR	**RF** 输出功率
	7:1	7	RF_CH#	频道
	0	**1**	**RXEN**	接收、发送

配置字输入由 CS 变高开始，高位在前，每个 CLK1 的上升沿读入。整个配置字在 CS 的下降沿之后开始有效。

下面介绍配置字的详细情况。

（1） 猝发模式配置字

位[119:16]是专门为猝发模式设置的配置字，在 VDD 有效后，要求猝发模式的配置一次全部写入，在 VDD 有效期间，只需更改频道设置和接收、发送转换的最后一个字节配置字。

PLL_CTRL：

位 121-120，为了测试而控制 PLL 的设置。正常操作时，这两个位都必须置 0。表 4.3-3 给出了这两个控制字的含义。

表 4.3-3 PLL 的控制字

PLL_CTRL		
D121	D120	PLL
0	0	TX 打开、RX 关闭
0	1	TX 打开、RX 打开
1	0	TX 关闭、RX 关闭
1	1	TX 关闭、RX 打开

DATAx_W：

位 119-112 是接收信道 2 数据包的长度，位 111-104 是接收信道 1 数据包的长度。特别注意，在猝发接收模式下，一帧数据的总长度不能超过 256。数据的最大长度由下式确定：

DATAx_W(bits)=256-ADDR_W-CRC

这里 ADDR_W 是位 23-18 确定的接收地址长度，CRC 是位 17 确定的 8 位或 16 位，更短的地址位和 CRC 会给数据留下更大的空间。

ADDRx：

位 103-64 是信道 2 的接收地址，总共 40 位；位 63-24 是接收信道 1 的地址，总共也是 40 位。长度超过 ADDR_W 设置的部分是多余的，会被设置成逻辑 0。

ADDR_W&CRC：

位 23-18 是猝发模式下接收数据包的地址位数，地址位数的最大值是 40 位（5 字节），超过 40 位是无效的。

位 17 表示 CRC 的长度，如果为 0，表示 8 位 CRC。如果为 1，表示 16 位 CRC。

位 16 表示是否启用 CRC 校验。在发送模式下意味着自动加入 CRC 校验，在接收模式下意味着是否进行接收数据包的 CRC 检查。

如果设置 CRC 为 8 位，就会为数据留出 1 字节的空间，但是降低了可靠性。

（2）器件通用配置字

这部分配置字设置芯片的 RF 性能和其他参数，是由位 15-8 组成。具体含义为：

位 15 为 RX2_EN，为 0 表示 1 信道接收，为 1 表示 2 信道接收。2 信道接收时，信道 1 的频率由位 7-1 确定，而信道 2 总是比信道 1 高 8 个信道，即信道 1 频率加 8MHz。

位 14 确定通信模式，为 0 表示直接通信模式，为 1 表示猝发模式。

位 13 是 RF 数据速率，为 0 表示 250kbps，为 1 表示 1Mbps。用 250kbps 比 1Mbps 提高接收灵敏度 10dB，1Mbps 需要 16MHz 的晶体。

表 4.3-4 晶体频率的选择

D12	D11	D10	晶体频率（MHz）
0	0	0	4
0	0	1	8
0	1	0	12
0	1	1	16
1	0	0	20

位 12-10，选择 nRF2401 芯片的晶体频率。设置频率见表 4.3-4 所示。

位 9-8，选择射频输出功率。射频输出功率的值见表 4.3-5 所示。

表 4.3-5 射频输出功率的选择

D8	D9	输出功率（dBm）
0	0	**-20**
0	1	**-10**
1	0	**-5**
1	**1**	**0**

（3）RF 信道和收发转换

该部分是最后一个字节，其中 8 个位分为两部分：

位 7-1 是 RF_CH#，用来选择工作信道。数据发送信道的频率和数据接收信道 1 的频率如下：

$$F=2400MHz+RF\_CH\#*1.0MHz$$

可以选择的频率从 2400MHz 到 2524MHz。接收信道 2 的频率如下：

$$F=2400MHz+RF\_CH\#*1.0MHz+8MHz$$

即总比信道 1 高 8 个信道。在许多国家，信道 0-83 才是可以自由使用的 ISM 频段，大于 83 的信道不能自由使用，需要特别的许可。

位 0 表示收发转换，如为 0 表示发送模式，为 1 表示接收模式。

所有配置字的详细含义及其默认值见表 4.3-6 所示。整个配置字的默认值是 h8E08.1C20.2000.0000.00E7.0000.0000.E721.0F04。

表 4.3-6 配置字及其默认值

MSB TEST

D143	D142	D141	D140	D139	D138	D137	D136	
专门针对测试								
1	0	0	0	1	1	1	0	默认值

MSB TEST

D135	D134	D133	D132	D131	D130	D129	D128	D127	D126	D125	D124	D123	D122	D121	D120	
专门针对测试																
0	0	0	0	1	0	0	0	0	0	0	1	1	1	0	0	默认值

MSB DATA2_W

D119	D118	D117	D116	D115	D114	D113	D112	
信道 2 的数据长度								
0	0	0	1	0	0	0	0	默认值

MSB DATA1_W

D111	D110	D109	D108	D107	D106	D105	D104	
信道 2 的数据长度								
0	0	0	1	0	0	0	0	默认值

MSB ADDR2

D103	D102	D101	…	D71	D70	D69	D68	D67	D66	D65	D64	
信道 2 的接收地址												
0	0	0	…	1	1	1	0	0	1	1	1	默认值

MSB ADDR1

D63	D62	D61	…	D31	D30	D29	D28	D27	D26	D25	D24	
信道 1 的接收地址												
0	0	0	…	1	1	1	0	0	1	1	1	默认值

ADDR_W

D23	D22	D21	D20	D19	D18	
两通道的地址宽度						
0	0	1	0	0	0	默认值

CRC

D17	D16	
1=16bit，0=8bit	1=使能 CRC，0=禁止 CRC	
0	0	默认值

MSB RF-Programming

D15	D14	D13	D12	D11	D10	D9	D8	
两通道接收	Bur	OD	晶体频率			输出功率		
0	0	0	0	1	1	1	1	默认值

CH RXEN

D7	D6	D5	D4	D3	D2	D1	D0	
信道选择							1=接收，0=发送	
0	0	0	0	0	1	0	0	默认值

4. nRF2401 的定时与时序

nRF2401 操作时必须满足的定时要求，见表 4.3-7，表中给出了模式之间切换需要的时间以及和 CPU 数据通信所需的各种延时数据。

表 4.3-7 nRF2401 的定时

nRF2401 定时	最大值	最小值	符号
掉电模式→配置模式	3ms		Tpd2cfgm
掉电模式→活跃模式	3ms		Tpd2a
空闲模式→猝发发送	195 μ s		Tsby2txSB
空闲模式→直接发送	202 μ s		Tsby2txDM
空闲模式→接收模式	202 μ s		Tsby2rx
CS 到 data 延迟		5 μ s	Tcs2data
CE 到 data 延迟		5 μ s	Tce2data
DR1/2 到 clk 延迟		50ns	Tdr2clk
Clk 到 data 延迟	50ns		Tclk2data
两个边沿的延迟		50ns	Td
建立时间		500ns	Ts
停止时间		500ns	Th
结束内部 GFSK 延迟		1/data rate	Tfd
输入时钟高电平持续时间		500ns	Thmin
直接模式数据建立	50ns		Tsdm
直接模式高电平持续		300ns	Thdm
直接模式低电平持续		230ns	Tldm
直接模式电波发送	4ms		ToaDM

nRF2401 从掉电到配置或活跃模式需要 3ms 的时间，这里掉电可以指 VCC 有效情况下的掉电模式，也可以指 VCC 关闭。从掉电模式结束到由 CS 或 CE 变高进入配置模式或活跃模式的时序见图 4.3-7。

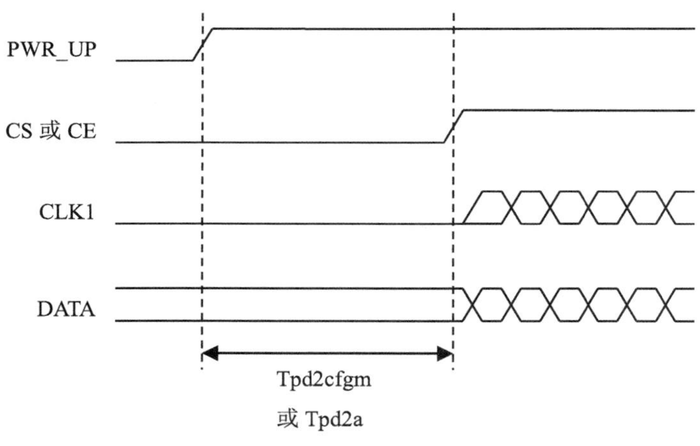

图 4.3-7 掉电模式到配置模式或活跃模式时序图

如果是 VCC 关闭，则器件配置信息丢失，必须首先进行配置。CS 和 CE 不能同时变高，只能有一个有效。

改变配置字需要遵循图 4.3-8 所示的时序。如果进入配置模式是由掉电模式进入，则还需要满足图 4.3-7 中的时序要求。

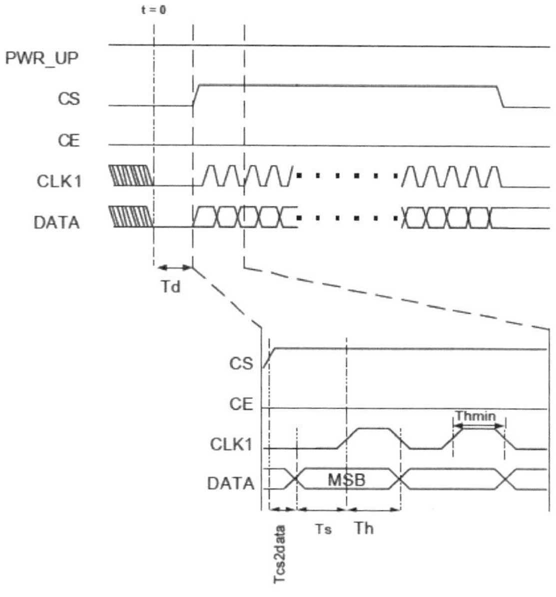

图 4.3-8 配置模式时序图

猝发发送模式的时序如图 4.3-9 所示，时间 Toa（time on air）由发送的数据率和数据包长度决定：Toa=1/datarate*(#databits+1)。

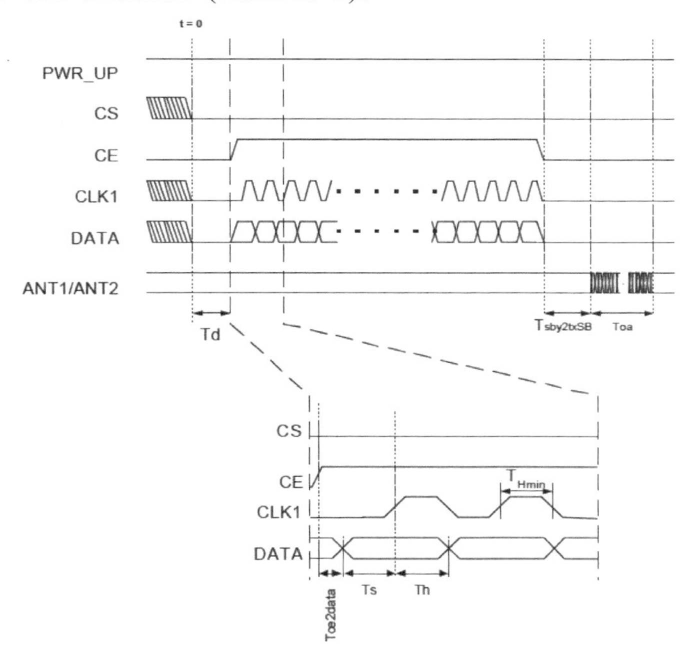

图 4.3-9 猝发发送模式时序图

猝发接收模式的时序见图 4.3-10。DR1/2 用来指示是否有接收数据，从 DR1/2 变高，CE 可以保持高电平或回到低电平。在数据读出阶段 CE 保持高电平的好处是数据读出完毕 DR1/2 变低后可以在很短的时间（200μs）内启动新的接收，缺点是功耗较大，电流消耗约为 18mA。

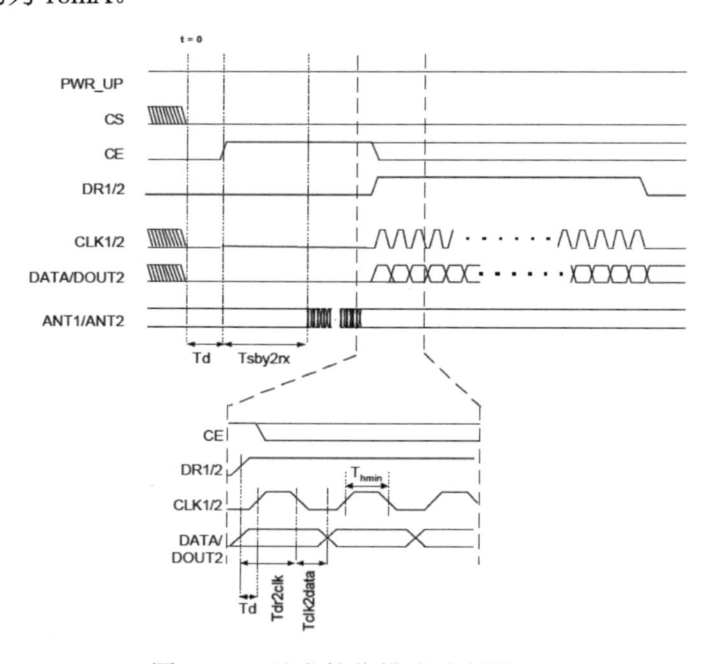

图 4.3-10 猝发接收模式时序图

直接模式要求的时序较为复杂，这里不再赘述，可参考 Nordic 公司的资料。

第五章　新型单片机技术——MSP430

5.1 单片机的发展趋势

随着科技的发展和嵌入式技术的广泛应用，单片机技术作为嵌入式技术中一种典型的应用也得到极大发展，现在的单片机已非如最初设计者构想的那样完成简单控制逻辑，而是具有丰富的片上资源、低功耗、高速率、高集成度的片上系统。单片机的发展朝着满足实际需求的小型化高性能的方向发展，具体的发展趋势呈现以下特点：

1. 单片机性能不断提升，新型高端单片机不断涌现，低成本的单片机性能也不断提高并逐渐嵌入高新技术。

在 8 位单片机依然广泛应用的情形下，涌现了 16 位 、32 位的单片机，并逐渐成为市场的主流；单片机的主频也不断提高，从 4MHz、8MHz、12MHz 发展到 24MHz、33MHz 甚至更高，大大提高了单片机的运算速度；新型的单片机具有更大的内部存储器（ROM、RAM、Flash）、更多级的中断控制、高速缓冲器、DMA 总线，并支持浮点运算、流水线技术等，使单片机性能得到了很大的提升；同时不同厂商的单片机也具有丰富的单片机系列产品，针对不同等级的用户和不同性能的需求提供不同产品。另外，一些在 16 位、32 位单片机上已经成熟的先进技术，转移到 8 位单片上，使 8 位单片机的性能得以大大提升，在单片机应用领域焕发青春。

2. 工艺的进步使得单片机的功耗更低、可靠性更高。

半导体技术和工艺的进步，使单片机从设计到生产环节都得到革命性的变化，也使单片机的功耗一降再降，单片机的供电电压范围也变得更宽。TI 公司的 MSP430 系列单片机在功耗领域首屈一指，该系列单片的电源电压采用 1.8V～3.6V，待机电流小于 1μA，在 RAM 数据保持方式时耗电仅 0.1μA，在活动模式时耗电 250μA/MIPS（MIPS：每秒百万条指令数），I/O 端口的漏电流最大为 50nA。

低功耗化的效应不仅是功耗低，而且带来了产品的高可靠性、高抗干扰能力以及产品的便携化、低电压化。几乎所有的单片机都有 WAIT、STOP 等省电运行方式。允许使用的电压范围越来越宽，一般在 3V~6V 范围内工作。低电压供电的单片机电源下限已可达 1V~2V。目前 0.8V 供电的单片机已经问世。低噪声与高可靠性提高了单片机的抗电磁干扰能力，使产品能适应恶劣的工作环境，满足电磁兼容性方面更高标准的要求，各单片机厂家在单片机内部电路中都采用了新的技术措施，如低电压保护、内部温度检测等，确保单片机正常工作。

3. 集成度越来越高，集成资源越来越丰富，向着灵活的嵌入式系统方向发展。

工艺和技术的进步也同时让单片机的集成度越来越高，体积越来越小，并伴随着超大规模集成电路技术的发展，使得单片机芯片内部集成了越来越多的功能部、器件，如 10 位或 12 位的 A/D 转换器、D/A 转换器、放大器、比较器、看门狗（WDT）等，无须外部功能的扩展，就能实现一块单片机构成的完整的数字系统。同时，由于厂家丰富的产品系列，使得不同型号和系列的单片机集成了不同的器件，让应用开发变得非常简洁，只需要选用相应型号的单片机就可以完成器开发需求，同时提高了系统的集成度、降低了成本。

另外，还出现了一些单片机芯片内部提供数字、模拟资源，开发者可以根据需要搭建不同的功能模块，从而实现了单片机系统的可裁剪和可重构，这是灵活的嵌入式系统。比如 Cypress 公司的 PSoC 微控制器，就是这样一个平台，通过软件编程来实现芯片内部资源的设计和应用，实现相应的系统开发需求，当改变设计时，也只需要改变编程内容就能够实现相应的开发目的，真正实现模拟、数字的可重构系统设计。

4. 单片机应用网络化。

现在的单片机应用已经不是孤立的、单一的嵌入式微控制器应用这么简单了，人们总希望通过单片机来监控的网格点联系起来，构建一个统一的监控和资源使用平台，因此单片机的应用也必须朝着网路化方向走。从最初简单的串口、I2C 通信等，到现在支持 Internet 接口单片机的出现，无疑就是为了满足人们对电子系统网络化的需求。从单片机简单易用、嵌入方便、功能强大的角度，辅以网络化的支持，必在网络化应用背景下发挥强大的技术优势。

根据当前单片机技术的新发展，这里选取了两款非常有特点的单片机介绍给大家，一款是以超低功耗著称的 TI 公司的 MSP430 系列单片机，另一款是具有模拟、数字资源混合编程，内部资源可重构的 Cypress 公司的 PSoC 系列微控制器。希望通过对这两款单片机的介绍，让大家对新型单片机技术有一个了解。

5.2 MSP430 系列单片机应用技术

5.2.1 MSP430 系列单片机概述

MSP430 系列单片机是 TI 公司 1996 年推出的超低功率 16 位 RISC 混合信号处理器， MSP 是英文 Mixed Signal Processor 的缩写，MSP430 产品系列为电池供电测量应用提供了最终解决方案。作为混合信号和数字技术的领导者，TI 创新生产的 MSP430，使系统设计人员能够在保持独一无二的低功率的同时同步连接至模拟信号、传感器和数字组件。典型应用领域包括实用计量、便携式仪表、智能传感和消费类电子产品。

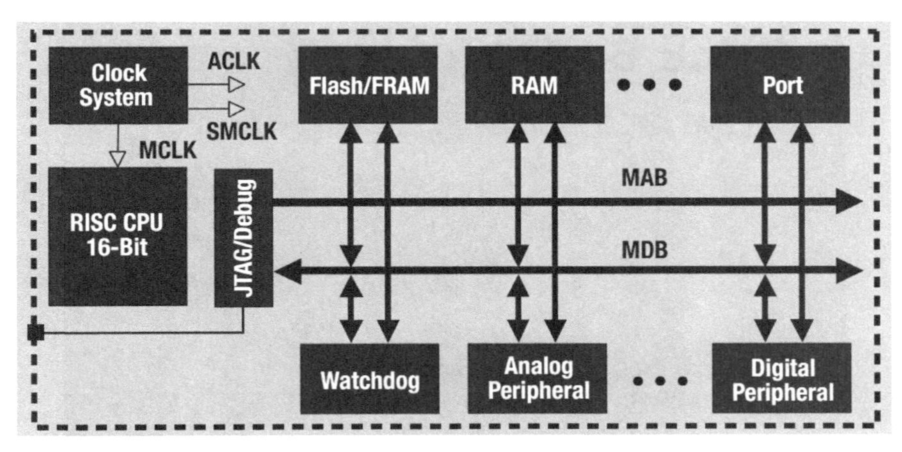

图 5.2-1 MSP430 架构

MSP430 系列单片机采用冯·诺依曼架构，通过通用存储器地址总线 (MAB) 和存储器数据总线 (MDB) 将 16 位 RISC CPU、多种外设和灵活的时钟系统进行完美结合。MSP430 通过将先进的 CPU 与模块化内存映像的模数外设相结合，为混合信号应用提供了解决方案。

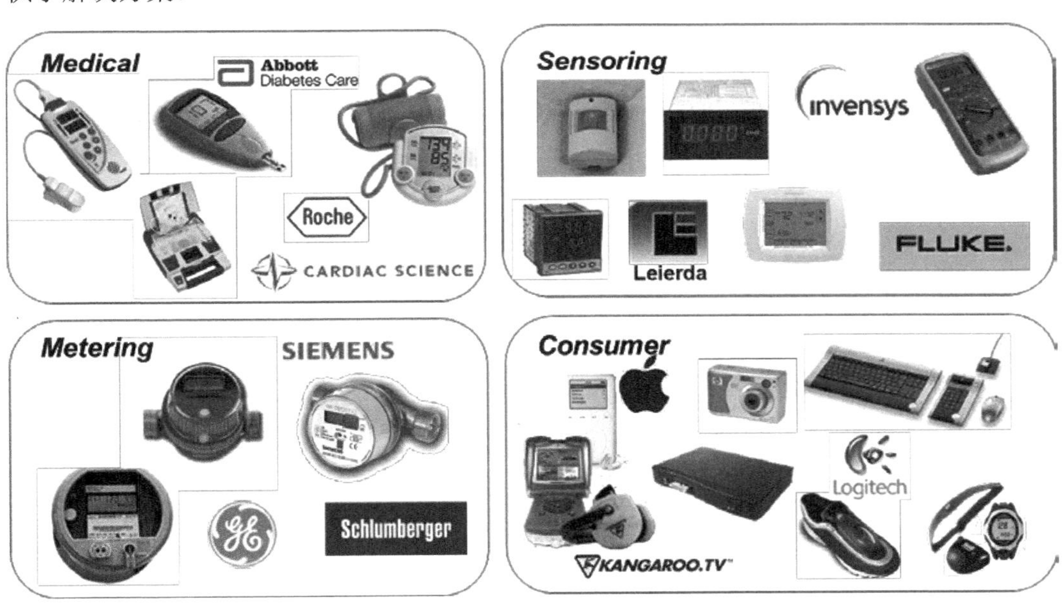

图 5.2-2 MSP430 应用实例

作为以超低功耗著称的 MSP430 系列单片机，不但在功耗方面优势明显，还具有其他特点，以下作简要介绍：

1. 超低功耗

MSP430 MCU 是专为超低功耗应用而特别设计的。其高度灵活的定时系统、多种低功耗模式、即时唤醒以及智能化自主型外设（intelligent autonomous peripheral）不仅可实现真正的超低功耗优化，同时还能大幅延长电池使用寿命。

图 5.2-3 基于 MSP430 芯片的苹果时钟

灵活的定时系统 —— MSP430 MCU 时钟系统能启用和禁用各种不同的时钟和振荡器，从而使器件能够进入不同的低功耗模式（LPM）。这种高度灵活的定时系统可确保仅在适当的时候启用所需时钟，从而能够显著优化总体流耗。

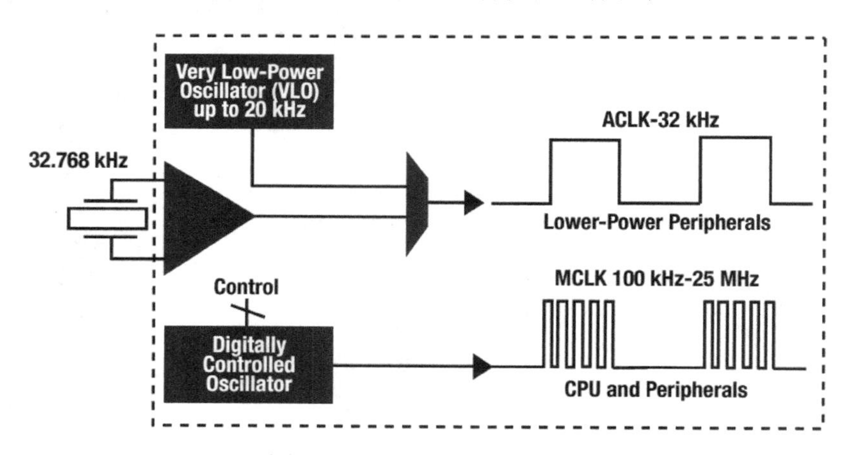

图 5.2-4 多振荡器时钟系统

主系统时钟（MCLK） —— CPU 信号源，可由内部数控振荡器（DCO）驱动（频率最高达 25MHz），也可以采用外部晶振驱动。

辅助时钟（ACLK） —— 用于各个外设模块的信号源，可由内部低功耗振荡器或外部晶振驱动。

子系统时钟（SMCLK） —— 用于各个较快速外设模块的信号源，可由内部 DCO 驱动（频率最高达 25MHz），也可以采用外部晶振驱动。

即时唤醒 —— MSP430 MCU 可从低功耗模式（LPM）即时唤醒。这种超高速唤醒功能得益于 MSP430 MCU 的内部数控振荡器(DCO)，其可提供高达 25MHz 的频率，而且能在 1μs 的时间内激活并实现稳定工作。即时唤醒功能对超低功耗方式来说非常重要，因为其允许微控制器以非常高效的突发方式来使用 CPU，并在更多的时间里处于 LPM 模式。

零功耗欠压复位（BOR） —— MSP430 MCU 的 BOR 能够在所有操作模式下始终保持启用和工作的状态。这不仅能够确保实现最可靠的性能，同时还可以保持超低功耗。BOR 电路可以对电源欠压情况进行检测，并在施加或移除电源时对器件进行复位。此项功能对于电池供电型应用而言尤为重要。

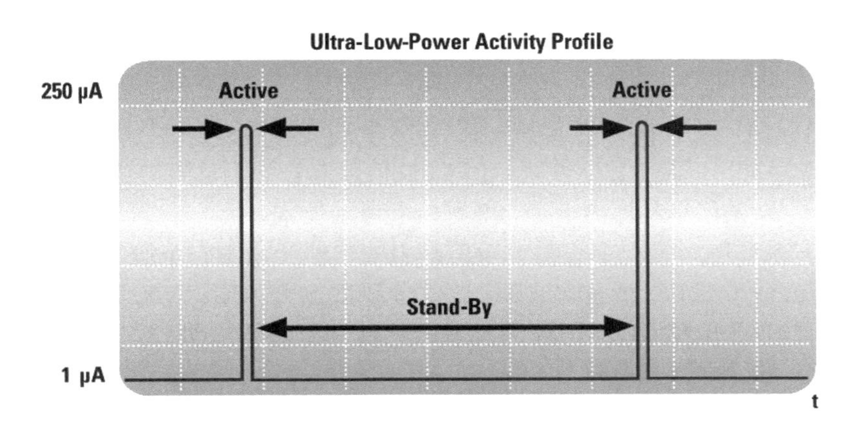

图 5.2-5 MSP430 单片机的工作模式

如上图示，超快速的 1μs DCO 启动使基于 MSP430 的系统能够尽量长时间地保持低功耗模式，从而延长电池的使用寿命。DCO 可全面实现用户编程。

MSP430 的功耗之低是众所周知的，用数据来说话就是 250μA/MHz，低功耗模式 3（LPM3）时仅消耗 1μA 的电流（这个值甚至小于普通 51 单片机的 I/O 端口漏电流)，低于系统中的运放和电源芯片的功耗。例如 ，在 2007 年全国大学生电子设计竞赛（NUEDC）中，有一个无线识别的题目，要求主机通过线圈辐射能量，而从机端不允许有外接电源供电，只能靠从机线圈感应过来的能量来给板上的模拟电路和控制器供电。从线圈上感应过来的能量非常小，若使用传统的 51 单片机，几乎都需要降频到 1kHz 或数百赫兹才能勉强工作，这时其效率可想而知。而 MSP430 仍能轻松工作在 1MHz 下（有的参赛队甚至能做到 8MHz)。更重要的是 ，MSP430 从 LPM3 模式进入全速运行模式只需不到 1μs 的时间！

2. 高集成度

MSP430 MCU 拥有卓越的高集成度，并提供了各种高性能的模拟及数字外设。MSP430 MCU 的外设专为确保其最强大的功能性而设计，并以业界最低功耗提供系统级中断、复位和总线仲裁。许多外设都可以执行自主型操作，因而最大限度减少了 CPU 处于工作模式的时间。

MSP430 MCU 的丰富的模拟和数字接口：在数字接口方面，MSP430 集成了通用的 SPI，UART，I2C 接口；在模拟接口方面，MSP430 多数都集成了 12 位 200KSPS

或16位4KSPS的ADC，比较器和温度传感器，还有部分 MSP430 集成了运放和 DAC。为了简化 CPU 与外设的通信，MSP430 内建有DMA 功能，在数据采集和传输过程中，CPU 可以休眠或者处理上一批数据。每颗 MSP430 内部还有一个非常灵活的利器，即16 位的定时器（Timer），通过配置 Timer 的计数方式和门限，可以输出一个 PWM 控制信号（从而可通过滤波获得一个 DAC 输出）；通过捕获模式，可以使测量频率的精度超过 1Hz；可以通过 Timer 设定采样间隔来对内部 ADC 定时采样，从而最小化采样抖动；可以利用 Timer 来收发 UART 的数据（应用笔记 SLAA078：这个编号是 TI 官方网址提供的应用笔记的编号名称）。总之，MSP430 的 Timer 如同一把瑞士军刀，非常强大易用。而 MSP430 内建的 32×32 的硬件乘法器使它看上去就像一个超低功耗的 DSP，乘加运算的效率非常高。

3. 易于启动开发工作

MSP430 MCU 采用的 16 位架构可提供 16 个高度灵活、可完全寻址的单周期操作 16 位 CPU 寄存器，以及 RISC 性能。该 CPU 的新式设计不仅简洁，而且功能十分丰富，仅采用了 27 条简单易懂的指令与 7 种统一寻址模式。

MSP430 系列得到了一个完整且简单易用的软件开发生态系统的支持。TI Code Composer Studio^{TM} IDE（简称 CCS，当前最新版本是 CCS V5）、IAR Embedded Workbench 或开源 MSPGCC 可提供免费的软件开发环境。另外，还提供了全新的 MSP430Ware，它全面汇总所有与 MSP430 MCU 相关的设计资源。MSP430 MCU 拥有外设配置工具、易用型 API 及其他软件工具，可帮助加快产品开发。

由于编译器的效率较高，MSP430 推荐使用 C 语言编程，使得程序的可读性高，易于维护。同时 TI 在网站上给出了每一种芯片的参考示例代码（包括汇编和 C），进入 TI 网站的 430 网页即可下载，关于 F20X3 的例子有：

图 5.2-6 MSP430 单片机的编程参考示例代码

从上图可以看到，TI 提供的例程非常详尽，对于一些较难的外设给出了较多的例子来说明，如 ADC10 的例程有 17 个，Timer A 的例程有 21 个，USI（I2C 和 SPI 复用）的例子有 9 个，等等。可以说，利用以上的例程，我们只需自行写很少量的代码（比如中断服务程序），就可以让自己的 MSP430 跑起来。当然，要真正学会 MSP430，就要认真阅读每类器件的用户手册（USER GUIDE）和与各芯片对应的数据手册

（DATASHEET），前者对每类芯片的各个内部模块有详尽描述和使用指南，后者是关于某款芯片的电气特性说明。

通过上述，我们对 MSP430 单片机有了一个初步的认识，然而 MSP430 是一个庞大的家族，根据最新的数据，MSP430 有超过 400 多款的器件，因此有必要对 MSP430 的分类有一个较为明确的了解，以便于在实际开发中选择适合开发目的的器件，提高效率，节约成本。

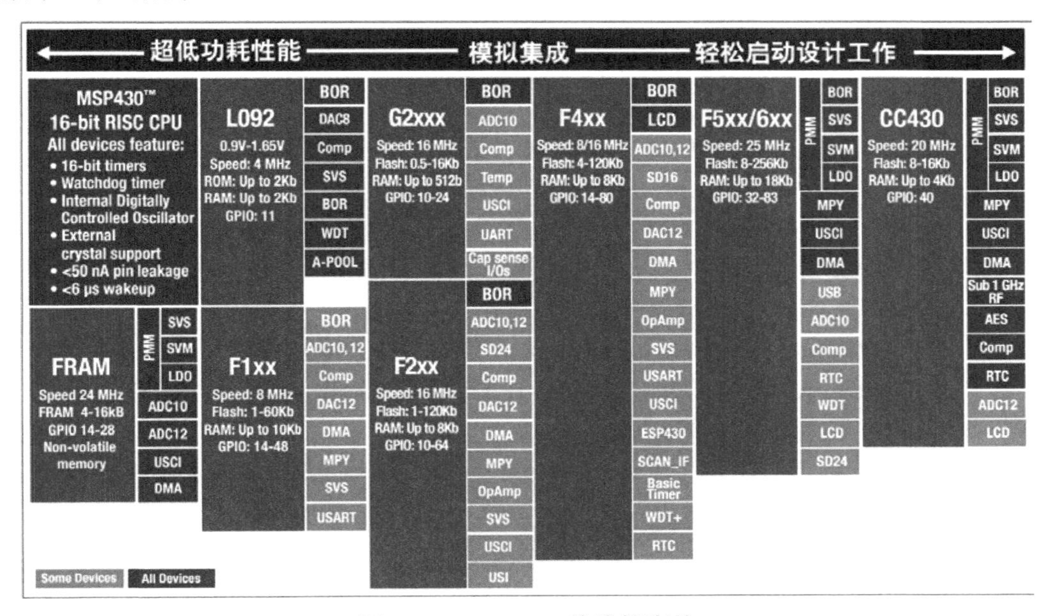

图 5.2-7 MSP430 单片机家族

在认识 MSP430 系列单片机产品之前，有必要先了解一下 MSP430 系列单片机的命名规则，如下所示是一款 MSP430 单片机的型号描述：

MSP430FG4619IZQWR

注释：

MSP: Mixed Signal Processor

430: Member of the 430 MCU Platform

F: Memory Type (F=Flash, C=ROM, P=OTP)

G: Optional; Special Function (G=Medical, E=E-Meter, W=Water Meter)

4: Generation (1xx, 2 xx, 3 xx, 4 xx, 5 xx)

6: Series of similar function

19: Family (Memory size & peripherals configuration)

I: Temp range (I=-40 to 85℃; T=-40 to 105℃)

ZQW: Package

R: Optional: R=Tape & Reel

从 MSP430 单片机家族图示了解到，靠近左边的系列具有更优异的低功耗特性，而靠近右边的系列则具有丰富的接口，便于设计开发工作的开展，而居中的系列则具有更加丰富的片上模拟资源；MSP430 MCU 家族中除去新出现的低电压、低功耗的L092 系列外，总的来说，MSP430 目前有 4 个主流家族，即 1xx、2xx、4xx 和 5xx。1 系列只能跑 8MHz；2 系列是 1 系列的升级版本，可以跑 16MHz，如果可能的话，请尽量使用 2 系列的产品来替换 1 系列，他们很多产品都是引脚兼容的，比如 147 和 247、149 和 249 等；4 系列可视作带有 LCD 驱动的 1 系列或 2 系列产品，可跑在 8MHz 或 16MHz 下，同时有一些针对应用优化过的产品，比如 FG 是针对手持医疗设备，FE 是针对电表/水表等表类应用；5 系列产品是 2008 年量产的新产品，由于采用更新的工艺，其功耗更低（160μA/MHz）、速度更快（25MHz）、价格更低，是新设计的首选。同时，在更新的 5 系列、6 系列 MSP430 和 CC430 中，将集成更多的接口，比如 USB、低功耗射频通信模块和大容量的 FRAM（一种读写速度远快于 FLASH/EEPROM，功耗和编程电压远低于 FLASH/EEPROM，且掉电后数据不丢失的新型存储器）。

下面介绍一下常用的用于 MSP430 MCU 开发的集成开发环境（IDE），如前面所讲，MSP430 MCU 提供了完整且简单易用的软件开发生态系统。

TI 官方的 IDE 是 Code Composer Studio (CCStudio) 集成开发环境，现在的最新版本是 v5，CCStudio v5 具有免费 16KB 代码大小有限许可，又有限定时间的评估可供使用，如果要使用完整版则需要购买。

常用的第三方 IDE 是 IAR Embedded Workbench Kickstart for MSP430，现在的最新版本是 Version 5.10.4，IAR Embedded Workbench Kickstart for MSP430 具有 4KB 代码限制的免费版可供使用，TI 官方网站提供了下载链接，也可以在 IAR 官网上下载，完整版的 IDE 也需要付费购买。

除了上面两个 IDE 工具，还可以选择开放式源代码的开发工具 MSPGCC，这个工具完全免费，同时有 Windows 和 Linux 两种版本可供选择，但是需要开发者自己安装和下载一些工具和库文件，稍微麻烦了一点。

如果是刚入门的开发者，建议使用 CCStudio IDE，由于是 TI 自己开发的 IDE，尤其新版本 v5 中，提供了方便的资料集成功能，在软件的 TI Resource Explorer 中选择 MSP430ware 就可以打开一个资料窗口，可以在里面选择不同型号的单片机的实例代码、User's Guide、Datasheets（后两项需要计算机联网），另外还有针对 MSP430F2 和 G2 系列产品的基于 GUI 的 I/O 和外设配置工具 Grace 和相应的 Grace 实例。

除此之外，TI 也提供了很多便于开发的工具，可以在 TI 网站的 MSP430 MCU 系列的软件栏目中选择和下载。

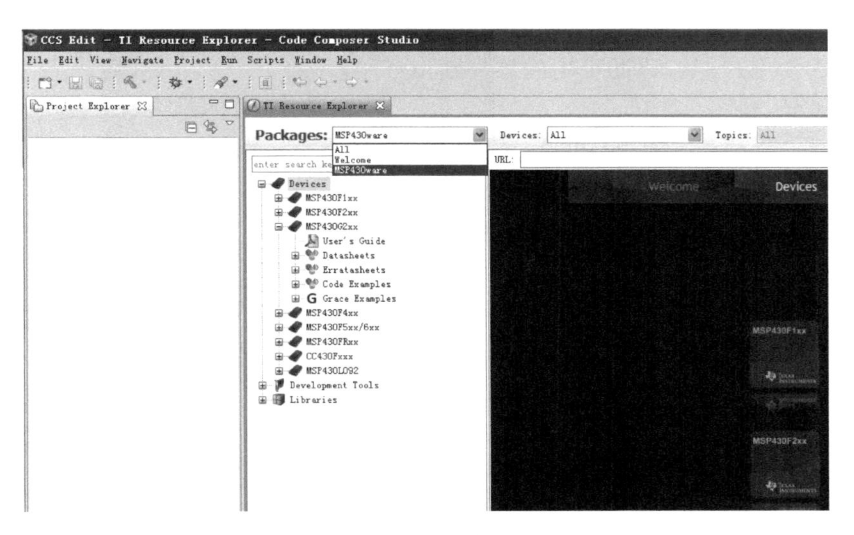

图 5.2-8 CCStudio 的 MSP430ware

最后需要强调的是，在学习 MSP430 MCU 时，TI 提供了足够丰富的资料和例程，这些都可以在其网站和相关的电子论坛里找到，但是有几个文档是学习该系列单片机手头必备的参考资料。当选择使用 CCStudio IDE 时，就需要下载 CCStudio 的用户指南 Code Composer Studio™ v5.1 User's Guide for MSP430™，同时还需要编译器的使用指南 MSP430 Optimizing C/C++ Compiler v 4.0 User's Guide，如果是使用汇编的开发者则需要参考 MSP430 Assembly Language Tools v 4.0 User's Guide；如果选择了某个系列的单片机，则需要准备相应的 User’s Guide 和 Datasheet，该书下面的讲解和实例选择 MSP430G2 系列的 MSP430G2553，所以需要参考 MSP430x2xx Family User’s Guide 和 MSP430G2x53 Datasheet，前者是关于该系列 MCU 的技术文档，详细介绍其中资源、结构及使用方法，后者主要是使用该款芯片的技术参数等。另外需要注意的是，在选择这些文档时，尽量选择修改时间最近的文档 0，这样保证之前的勘误得以更正。

这里不再介绍软件具体使用，有过其他 IDE 开发经历的开发者可以直接上手使用，在使用中不断学习；没有接触过同类 IDE 开发环境的开发者，可以参考刚刚提到过的 CCStudio User’s Guide。

5.2.2 MSP430G2553 内部资源的使用

本书为了讲述方便，选用 TI 推出的名为 Lanchpad 的 MSP-EXP430G2 低成本试验板，该试验板基于 USB 的集成型仿真器可为全系列的 MSP430G2xx 器件开发应用提供所必需的所有软、硬件。Lanchpad 具有集成的 DIP 目标插座，可支持多达 20 个引脚，从而使 MSP430 Value Line 器件能够简便地插入 Lanchpad 电路板中。此外，它还提供了从 MSP430G2xx 器件到主机 PC 或相连目标板的 9600 波特率 UART 串行连接。

MSP-EXP430G2 可与 IAR 嵌入式工作平台（Workbench）集成开发环境（IDE）或

者 Code Composer Studio（CCS）IDE 一起用于编写、下载和调试应用。调试器是非侵入式的，这使用户能够借助可用的硬件断点和单步操作全速运行应用，而不耗用任何其他硬件资源。

如图示为 MSP-EXP430G2 试验板布局图，Lanchpad 试验板还能够对 eZ430-RF2500T 目标板、eZ430-Chronos 手表模块或 eZ430-F2012T/F2013T 目标板进行编程。USB 调试和编程接口无须驱动即可安装使用，分别连接至绿光和红光 LED 的两个通用数字 I/O 引脚可提供视觉反馈，两个按钮可实现用户反馈和器件复位。另外关于该试验板的详细内容及电路图等可参考 TI 提供的 MSP-EXP430G2 LaunchPad User's Guide。

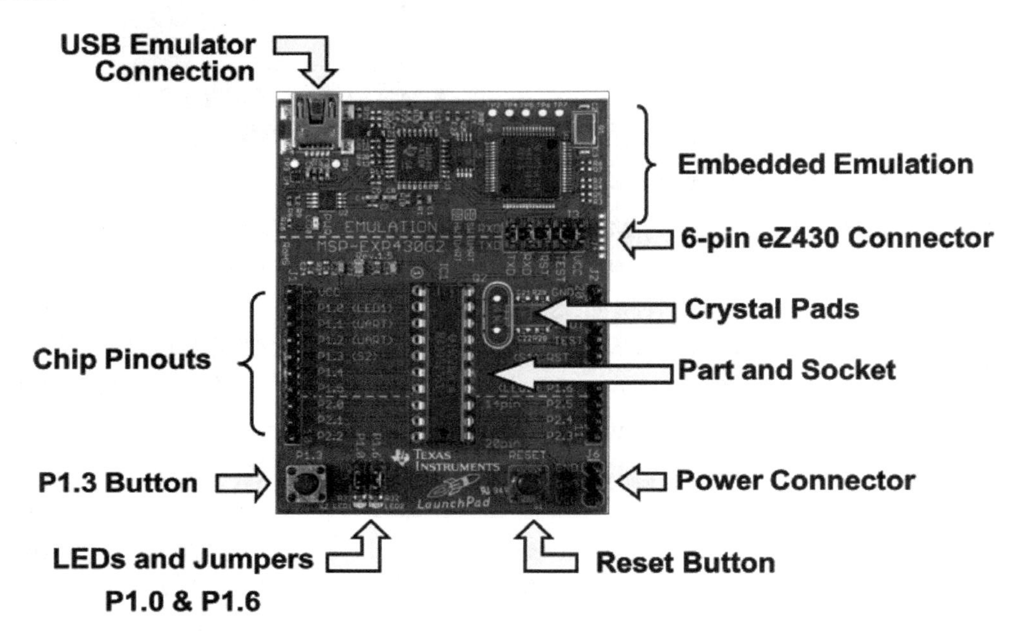

图 5.2-9 MSP-EXP430G2 试验板布局图

基于上述的试验板，本书选用 MSP430G2553 MCU 作为应用的单片机来讲解。MSP430G2553 是该系列单片机最高端的一款，是具有 2 个 3 通道定时器、8 通道 10 位模数转换器 (ADC)、片上比较器、触控式使能 I/O、通用串行通信接口、16kB 闪存和 512 字节 RAM 的低功耗 16 位 MSP430 微控制器，这里选用的封装是 20-PDIP。关于更多的 MSP430G2553 的信息可以参考 MSP430x2xx Family User's Guide 和 MSP430G2553 Datasheet。

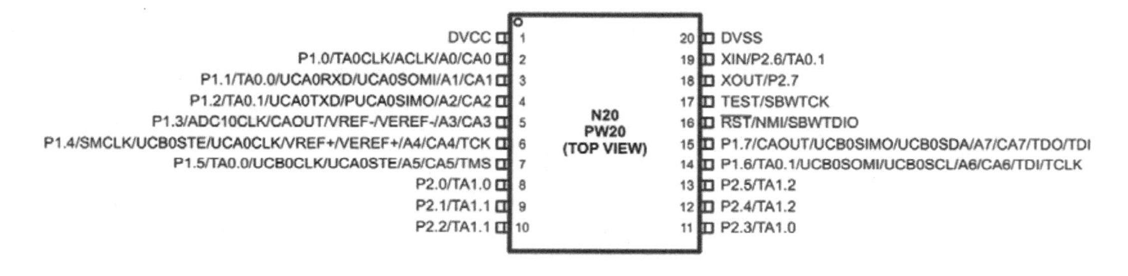

图 5.2-10 MSP430G2553 管脚图

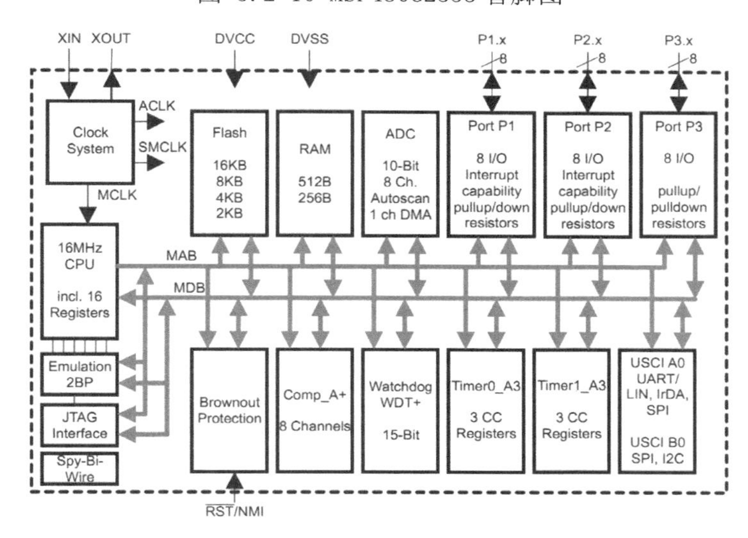

图 5.2-11 MSP430G2553 功能框图（P3 口不存在于 20-PDIP 封装中）

下面针对 MSP430 MCU 的内部资源的使用，重点介绍一下，希望通过这些简单实例的介绍能够对 MSP430 MCU 有一个概括的认识，从而便于进一步的学习和实践。在这部分的讲解中，力求通过综述性的语言概括每一类模块的主要功能和特点，并选择一些简单的程序建立起 MSP430 MCU 应用的感性认识。建议在学习这些模块内容的同时，参考 MSP430x2xx Family User's Guide 和 MSP430G2553 Datasheet，这样便能够对该系列单片机的使用有一个整体的认识。

下面分别从时钟系统与低功耗模式、Digital I/O、看门狗定时器 Watchdog Timer+（WDT+）、16 位定时器 Timer_A、Comparator_A+、ADC10、通用串行通信接口（USCI）来分别介绍各种模块的使用。

1. 时钟系统与低功耗模式

简单地讲，要想降低单片机的功耗，需要做到几点：低电压工作、工作频率尽量低、工作效率要高、不工作时应能保持低功耗状态（休眠或者低功耗模式）并在需要工作时即时响应（唤醒时间）。这些方面中有些是一对矛盾，如低的工作频率和高的工作效率，要提高效率需要有更高的工作频率，所以在低功耗芯片设计上为了解决这些矛盾，应该具有一些特殊的考虑，灵活的多时钟系统是必不可少的。可以设想，如果给单片拥有不同频率的时钟，当需要单片机快速处理数据时，启用更快的频率；而没有任务时，关掉高频时钟，启用低频时钟，让系统处在低功耗模式；并能够在极短的时间内被唤醒。MSP430 MCU 的低功耗模式正是基于以上考虑的基础上设计的。当然也有一些别的因素影响系统的低功耗，比如除了单片机低功耗外还要有其他部件能够支持或具有低功耗的特性，合理的工作模式和算法等，都要配合低功耗，这样才能构建一个低功耗电路系统。

从上面的介绍可以知道，MSP430 MCU 的系统时钟不唯一，而是由不同频率的几个时钟组成，因此可以称之为时钟系统。时钟系统是 MSP430 单片机最为重要的部件之一，正是因为有了这样灵活的时钟系统，才能够构建出基于 MSP430 MCU 的功耗和性能俱佳的低功耗电路系统。

MSP430 系列单片机时钟系统的时钟源包括低速晶体振荡器（LFXT1CLK）、高速晶体振荡器（XT2CLK）、数控振荡器模块（DCO）和 Very Low Oscillator 模块（VLO）四种，在某一型号的单片机中，一般包含其中两种、三种或者四种时钟源，在本书选用的 MSP430G2553 中包含了 LFXT1CLK、DCO 和 VLO 三种时钟源。MSP430 系列单片机的时钟输出一般有主系统时钟（MCLK）、子系统时钟（SMCLK）和辅助时钟（ACLK），分别用于驱动不同的模块和使用于不同工作模式中。

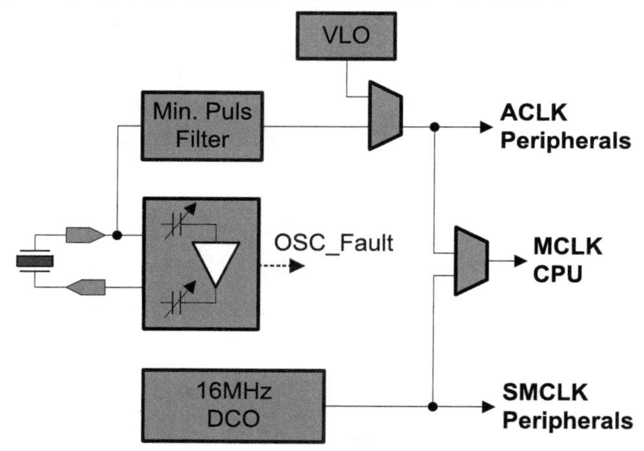

图 5.2-12 MSP430G2553 时钟系统示意图

如何来确定选取哪种时钟源以及如何来使用时钟系统产生的时钟信号呢？

一般来讲，VLO 和 LFXT1CLK 是低速时钟，VLO 是时钟系统内部产生的低频信号，频率范围在 4～20kHz，典型值为 12kHz，精确度较差，但是功耗极低，静态功耗到达 500nA；在需要精确定时的低频信号时，则需要通过 LFXT1CLK 接入外部低频晶振，通常使用 32.768kHz 的手表晶振，这个低频晶振能产生精确的定时，向内部低速设备提供时钟信号，定时唤醒 CPU 等。在需要 CPU 处理大量数据的快速运算时，则需要用到内部的 DCO 模块或者外接高频晶振，同样内部的 DCO 既节约了器件成本又有极低的功耗特性，方便使用，但是 DCO 提供的时钟受到温度等外部条件的影响较大，精确度不高，因此如需要精确高速时钟信号，则需要外接高速晶振。

外接高速晶振时有两种接法：第一种是直接代替 32.768kHz 晶振，并在软件中将晶体振荡器部分配置为高速模式；第二种是接在高速晶振专用的管脚上（MSP430 MCU 中有的型号没有这个管脚）。

基于上述的基础时钟能够生成三种时钟信号，分别是 MCLK、SMCLK、ACLK，前面已介绍，这里不再赘述。需要强调的是，这些时钟信号均可以由软件配置和分频，这点可以参考相关的资料进行适当的设置和选择。

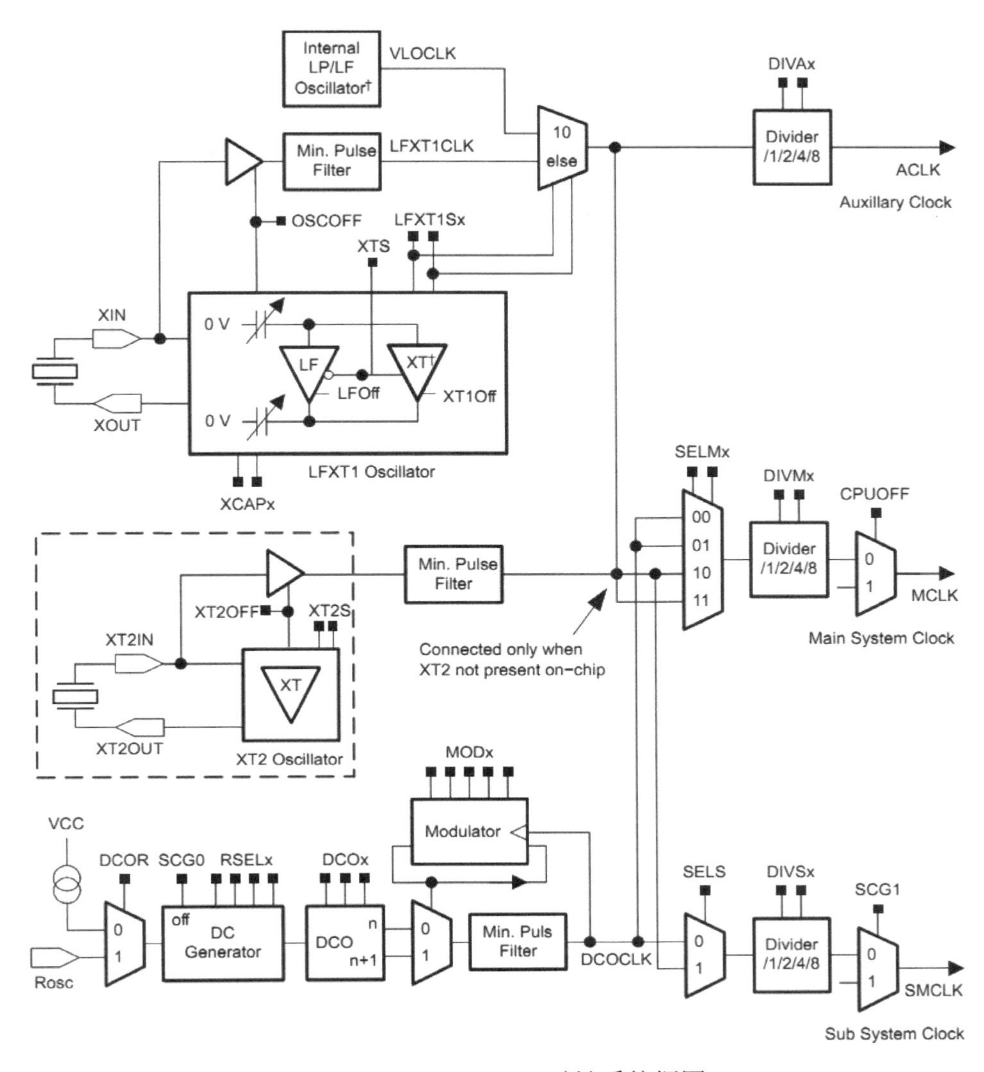

图 5.2-13 MSP430F2XX 时钟系统框图

如上图所示是 MSP430F2XX 系列单片机的基础时钟系统的框图，从图中可以清楚地看到左半部分自上而下分别是 VLOCLK、LFXT1CLK、XT2CLK、DCOCLK 四种时钟信号源，而右半部分自上而下则分别是 ACLK、MCLK、SMCLK 三种系统的时钟信号，图示中那些黑色实心小方块代表了所连接的模块部分设置寄存器的变量名，通过设置相应的寄存器变量便可以开关选择、分频、工作模式选择、特性设置等功能。这些寄存器的具体定义可以参考 User's Guide 的对应模块部分介绍。

从图中可以看到，MSP430F2XX MCU 的时钟系统全部被示意出来，只是为了介绍方便和全面，并非表示所有该系列单片都具有这些资源可用。针对该系列单片机，资源配置情况如下：

MSP430G22x0：没有 LFXT1 和 XT2 模块，ROSC 也不支持；

MSP430F20xx，MSP430G2xx1，MSP430G2xx2，MSP430G2xx3：LFXT1 不支持

高频（HF）模式，没有 XT2 模块，不支持 ROSC；

MSP430x21x1：没有内部 LP/LF 振荡器，没有 XT2 模块，不支持 ROSC；

MSP430x21x2：没有 XT2 模块；

MSP430F22xx，MSP430x23x0：没有 XT2 模块。

有了灵活的时钟系统，就可以构建低功耗的工作模式，MSP430 系列单片机提供了 1 中活动模式和 5 种低功耗模式，通过状态寄存器（SR）中低功耗控制位的设置和时钟的控制来实现各种模式的切换。这些控制位是 CPUOFF、OSCOFF、SCG0 和 SCG1。当系统响应中断时，这些 SR 值被保存在堆栈中，如果在中断中这些值不被更改，在中断返回时，系统继续执行中断前的工作模式；也可以在中断中改变 SR 的值，则中断返回时执行新的工作模式。除了在中断时改变工作模式外，还可以在程序里任意位置改变状态寄存器的关于工作模式的值，只要程序执行到，则相应的工作模式立即得到响应执行。

图 5.2-14 MSP430 工作模式状态图

MSP430 系列单片的低功耗模式通过低功耗控制位的不同组合，使得不同的时钟和模块处在禁止或活动状态，并可以被任何开启的中断唤醒，从而实现了低功耗模式和高效的 CPU 活动模式。

由于 MSP430 单片机的外设模块可以独立运行于非 CPU 模式，即在主 CPU 休眠的状态下独立运行，所以在系统的大部分时间内可以让单片机系统处于所需的低功耗模式休眠，如果外设有新的任务要求需要使用 CPU 时，则会触发中断，即刻唤醒 CPU，当处理完中断任务时，根据具体要求可以选择退出中断后的工作模式，既可以切换工作模式也可以返回中断前的低功耗模式。通常情况下，MSP430 系统就是工作在这种所谓的突发状态模式，让整个单片机系统处在极低的功耗状态。

如图 5.2-15 示，是 MSP430 系列单片机工作模式状态图，在系统正常启动和设置后，就可以围绕着高效的活动模式设定不同的低功耗模式，降低系统的整体功耗。

表 5.2-1 是 MSP430 系列单片机各种工作模式下控制位及时钟的活动状态。

表 5.2-2 MSP430 工作模式

SCG1	SCG0	OSCOFF	CPUOFF	Mode	CPU and Clocks Status
0	0	0	0	Active	CPU is active, all enabled clocks are active
0	0	0	1	LPM0	CPU, MCLK are disabled, SMCLK, ACLK are active
0	1	0	1	LPM1	CPU, MCLK are disabled. DCO and DC generator are disabled if the DCO is not used for SMCLK. ACLK is active.
1	0	0	1	LPM2	CPU, MCLK, SMCLK, DCO are disabled. DC generator remains enabled. ACLK is active.
1	1	0	1	LPM3	CPU, MCLK, SMCLK, DCO are disabled. DC generator disabled. ACLK is active.
1	1	1	1	LPM4	CPU and all clocks disabled

下面通过几个例子来认识关于 MSP430 系列单片机时钟系统的具体使用方法，例子基于 MSP430G2553，同时为了能够直观反馈每段程序的效果，在程序中都添加了一些支持输出、显示的代码，在使用中可以根据实际情况选择。

例1 在单片机 MSP430G2553 中，使用 VLO 作为辅助时钟 ACLK 源，取时钟频率为 12kHz。

```
#include "msp430g2553.h"
void main(void)
{
        WDTCTL = WDTPW + WDTHOLD;                   // 禁用看门狗
        BCSCTL3 |= LFXT1S_2;                        // ACLK = VLO
        IFG1 &= ~OFIFG;                             // Clear OSCFault flag
        __bis_SR_register(SCG1 + SCG0);             // Stop DCO
        BCSCTL2 |= SELM_3 + DIVM_3;                 // MCLK = ACLK/8
        P1DIR   = 0x13;                             // 设置 P1.0, P1.1,1.4 为 output
        P1SEL |= 0x01;                              // P1.0 输出 ACLK
        while(1)
          {
                P1OUT |= 0x02;                          // P1.1 = 1
                P1OUT &= ~0x02;                         // P1.1 = 0
          };
}
```

本段示例程序中，选用 VLO 为低频时钟，同时可通过 P1.0 输出该时钟，用示波器观察该信号输出，选用 ACLK 的八分频作为 MCLK，这样可以通过程序给 P1.1 置位和复位，大致知道了 MCLK 的时钟频率。

例2　在单片机 MSP430G2553 中，使用 LFXT1 的外部晶振 32.768kHz 作为辅助时钟 ACLK 及主时钟 MCLK 的源。

```
#include "msp430g2553.h"
void main(void)
{
    volatile unsigned int i;
    __bis_SR_register(SCG1 + SCG0);                    // Stop DCO
    BCSCTL3 |= XCAP_1 + LFXT1S_0 +LFXT1OF;             //LFXT1=32.768kHz cap=12.5pF
    do
      {
         IFG1 &= ~OFIFG;                               // Clear OSCFault flag
         for(i=255;i>0;i--);
      }
    while((IFG1 & OFIFG)!=0);
    BCSCTL2 |= SELM_3 + DIVM_3;                        // MCLK = LFXT1/8
    P1DIR |= 0x13;                                     // P1.0,1 and P1.4 outputs
    P1SEL |= 0x11;                                     // P1.0 ACLK output
    while(1)
        {
            P1OUT |= 0x02;                             // P1.1 = 1
            P1OUT &= ~0x02;                            // P1.1 = 0
        };
}
```

本示例程序中，停止 DCO，启用外部低频晶振并配置电容大小，并等待振荡器错误清楚后将外部时钟使用到内部，并通过管脚 P1.0 和 P1.1 输出观察波形。

例3 在单片机 MSP430G2553 中，使用 DCO 作为 MCLK 和 SMCLK 的时钟源。

```
#include "msp430g2553.h"
void main(void)
{
  WDTCTL = WDTPW + WDTHOLD;                  //禁用看门狗定时器
  P1DIR |= 0x13;                             //设置 P1.0,P1.1 and P1.4 为 output
  P1SEL  |= 0x11;                            //启用 I/O 第二功能 P1.0 输出 ACLK，P1.4 输出
SMCLK
  DCOCTL|= DCO0+DCO1+DCO2;                   //设定 DCO 最高频率
  BCSCTL1|=RSEL3;
```

```
    while(1)
    {
        P1OUT |= 0x02;                          // P1.1 = 1
        P1OUT &= ~0x02;                         // P1.1 = 0
    }
}
```

本段示例程序中，若没有设定 DCO，则 DCO 默认为工作状态，并设定其为最高频率，测定观察 P1.4 口上的 SMCLK 的波形，可达到 20MHz，但又写失真，在实际应用中可根据需要设定小于最大频率的工作频率，便能使用 DCO 稳定可靠工作。

例4 通过 I/O 口控制，实现每按动一次 P1.3 口的按键，使 P1.0 口的 LED 改变状态，并使按键不操作时单片机工作在低功耗状态（LPM4）。

```
#include   <msp430g2553.h>                     //单括号和双引号的功能一致
void main(void)
{
    WDTCTL = WDTPW + WDTHOLD;                   // Stop watchdog timer
    P1DIR = 0x01;                               // P1.0 output, else input
    P1OUT = 0x08;                               // P1.3 set, else reset
    P1REN |= 0x08;                              // P1.3 pullup
    P1IE |= 0x08;                               // P1.3 interrupt enabled
    P1IES |= 0x08;                              // P1.3 Hi/lo edge
    P1IFG &= ~0x08;                             // P1.3 IFG cleared
    _BIS_SR(LPM4_bits + GIE);                   // Enter LPM4 w/interrupt
}
// Port 1 interrupt service routine
#pragma vector=PORT1_VECTOR
__interrupt void Port_1(void)
{
    P1OUT ^= 0x01;                              // P1.0 = toggle
    P1IFG &= ~0x10;                             // P1.3 IFG cleared
}
```

在本段示例程序中，先不用考虑 I/O 口的使用和中断问题，需要明白的是，当初始化完毕后，使用指令_BIS_SR(LPM4_bits + GIE)将单片导入低功耗状态，当检测外部按键时，则立即响应中断，将 P1.0 口取反，清除中断标志位，继续进入低功耗状态，直到下次中断来临为止，使 CPU 只工作在睡眠和中断两种状态之中。

2. Digital I/O

在 MSP430 系列单片机中，具有丰富的 I/O 口，不仅在指数量上，在功能上也十分丰富。I/O 口的数量在不同的单片机上从 10 个到几十个不等，除了输入、输出的功能外，这些 I/O 口可实现中断、模拟量输入及输出、驱动 LCD、各种通信接口以及电容式感应触控等功能。下面介绍 MSP430G2553 的 I/O 口寄存器操作及 I/O 口中断。

MSP430G2553 提供了多达 3 个 8 位 I/O 端口，所有单独的 I/O 位均可进行独立编程；其中 P1 和 P2 端口的输入、输出及中断条件可以进行任意组合设置；所有指令均支持到端口控制器的读写访问；每个 I/O 具有一个可单独编程的上拉/下拉电阻；每个 I/O 具有一个可单独编程的引脚振荡器使能位，使能位用于启用低成本触摸感测。

(1) I/O 口寄存器

MSP430G2553 每组 I/O 都具有 5 个控制寄存器，分别是 PxIN、PxOUT、PxDIR、PxSEL 和 PxREN；P1 和 P2 口还具有 3 个中断寄存器，分别是 PxIE、PxIES 和 PxIFG（其中 x 代表的是端口号），这些寄存器的具体功能和操作如下表所示。

表 5.2-3 MSP430G2553 I/O 口寄存器列表

寄存器名	寄存器功能	读写类型	复位初始值
PxIN	Input	Read Only	-
PxOUT	Output	Read/Write	Unchanged
PxDIR	Direction	Read/Write	Reset with PUC
PxSEL	Port Select	Read/Write	Reset with PUC
PxREN	Resistor Enable	Read/Write	Reset with PUC
PxIE	Interrupt Enable	Read/Write	Reset with PUC
PxIES	Interrupt EdgeSelect	Read/Write	Unchanged
PxIFG	Interrupt Flag	Read/Write	Reset with PUC

(2) I/O 口寄存器及中断操作

MSP430 单片机的 I/O 口是双向 I/O 口，通过设置方向寄存器（PxDIR）来设定 I/O 口是输入还是输出，当 PxDIR 清零时为输入、置 1 时为输出；当单片机复位时，PxDIR 被清零，这时所有的 I/O 口均为输入状态。需要注意的是，用不到的 I/O 口应设置为输出，以降低漏电流。当设定 I/O 口为输入时，可以通过读取 PxIN 寄存器读入输入电平，当设定 I/O 口为输出时，可通过 PxOUT 寄存器读写 I/O 口的电平值。

PxSEL 的功能是启用 I/O 口的第二功能，若该 I/O 口具有多种管脚功能便可以通过设定 PxSEL 来启用不同的功能，当 PxSEL 置 1 时启用第二功能。

PxREN 是上拉/下拉电阻的使能寄存器，置 1 使能电阻。

PxIE、PxIES 和 PxIFG 是来设定 I/O 口的中断的，PxIE 置 1 时使能 I/O 口中断，PxIES 清零时设定上升沿触发中断、置 1 时设定下降沿触发中断，PxIFG 是中断能否成立的标志位。只要符合触发条件，对应的 PxIFG 置 1，需要通过软件清除标志位。

至此再回头看上文的例子便能够清楚了解其中的意义。这里不再举例说明 I/O 口的操作。

3. WDT+看门狗定时器

看门狗定时器（WDT+）模块是一种增强型的看门狗模块，既可以用于看门狗功能，又可以单独用作定时器使用。看门狗定时器模块的主要功能是在软件问题发生后执行受控的系统重启。如果选定的时间间隔结束，则产生一个系统复位。如果在某种应用中不需要看门狗功能，则该模块可被禁用或配置为一个间隔定时器，并能在选定的时间间隔上产生中断。

看门狗定时器（WDT+）模块可以通过设定 WDTCTL 寄存器来配置成看门狗模式或者是间隔定时器模式。WDTCTL 是一个 16 位、密码保护的可读可写的寄存器。在写 WDTCTL 时，必须正确写入高字节看门狗口令，口令是 5AH，如果口令出错将导致系统复位。在读 WDTCTL 时不需要口令，读出数据低字节为 WDTCTL 的值，高字节始终为 69H。看门狗定时器的时钟应该不高于主系统（MCLK）频率。

计数单元 WDTCNT 是一个 16 位增计数器，由 MSP430 所选定的时钟电路产生的固定周期脉冲信号对计数器进行加法计数。如果计数器事先预置的初始状态不同，那么从开始计数到计数溢出为止所用的时间就不同。WDTCNT 不能直接通过软件存取，必须通过看门狗定时器的控制寄存器 WDTCTL 进行访问。

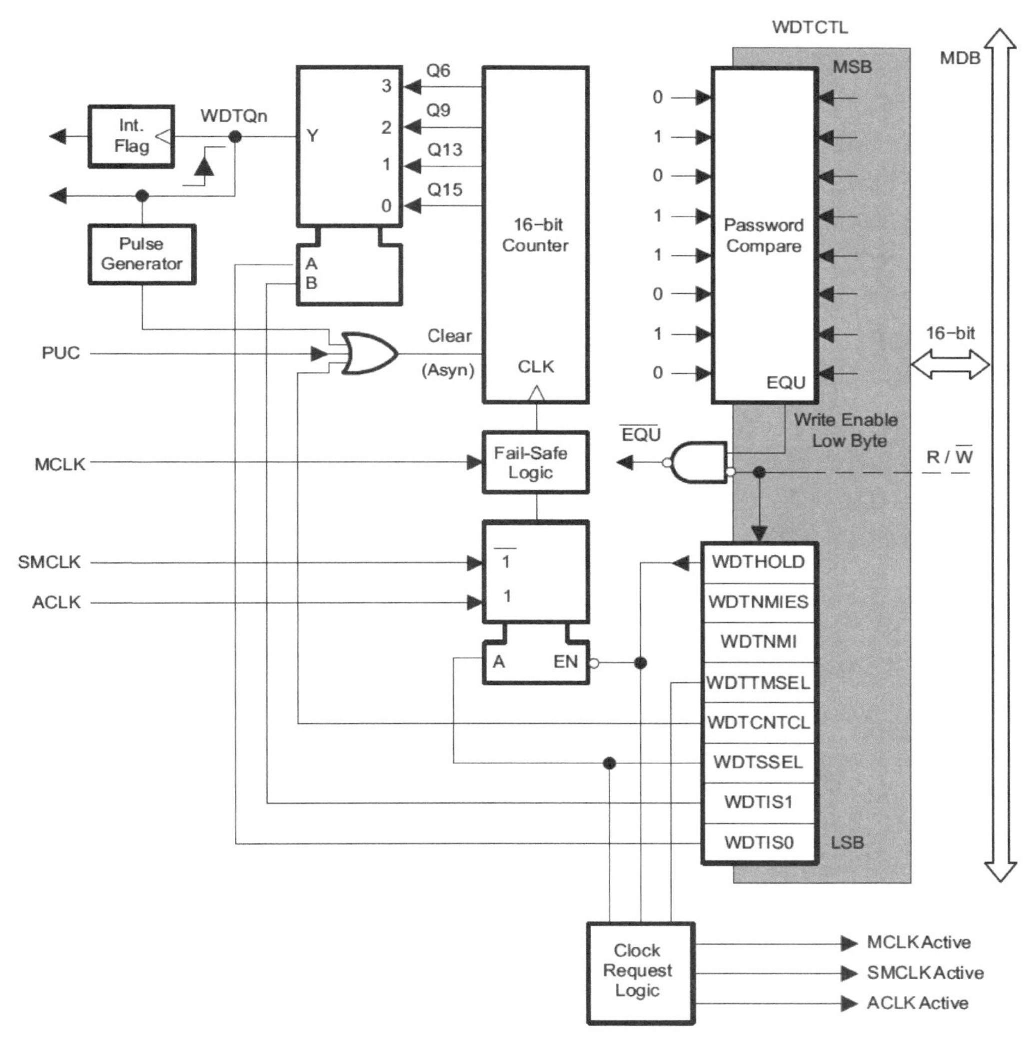

图 5.2-16 WDT+结构框图

以下所示是控制寄存器 WDTCTL 的各位定义，其中高八位是口令字，低八位是不同控制位。

15	14	13	12	11	10	9	8
WDTPW, Read as 069h Must be written as 05Ah							

7	6	5	4	3	2	1	0
WDTHOLD	WDTNMIES	WDTNMI	WDTTMSEL	WDTCNTCL	WDTSSEL	WDTISx	
rw-0	rw-0	rw-0	rw-0	r0(w)	rw-0	rw-0	rw-0

WDTHOLD：

看门狗定时器工作停止位。当设定 WDTHOLD=1 时，看门狗停止工作，节省能耗。

WDTNMIES：

NMI 中断的边沿触发方式。清零时上升沿触发 NMI 中断，置 1 时下降沿触发 NMI 中断。

WDTNMI：

RST/NMI 引脚功能选择位，在 PUC 后被复位。清零后，RST/NMI 引脚为复位端，置 1 后 RST/NMI 引脚为边沿触发的非屏蔽中断输入。

WDTTMSEL：

工作模式选择。清零时为看门狗模式，置 1 时为定时器模式。

WDTCNCTL：

WDTCNT 清除位。当该位为 1 时，WDTCNT 将从 0 开始计数；为 0 时无动作。

WDTSSEL：

WDTCNT 的时钟源选择位。该位为 0 时选择 SMCLK，为 1 时选择 ACLK。

WDTISx：

看门狗定时器的定时输出时间间隔选择。通过设定不同的时间间隔，计数时间到时置位 WDTIFG 或者产生复位信号（PUC）。

当 WDTCNT 的输入时钟源周期为 T 时，IS1、IS0 的不同组合对应以下的时间间隔:

00　$T*2^{15}$

01　$T*2^{13}$

10　$T*2^{9}$

11　$T*2^{6}$

因此，通过设定 WDTISx 和 WDTSSEL 产生了 8 种与时钟相关的时间。

通过对上面看门狗定时器控制寄存器的了解，不难设定以下几种看门狗定时器模块的工作模式，现简要介绍如下。

(1) 看门狗模式

在 PUC 后，看门狗定时器模块（WDT+）被默认配置成看门狗模式，默认选择 DCOCLK 为时钟源，并初始化计数周期为 32768。这时用户必须在计数周期满之前重新设定、终止或者清除看门狗模式，否则在看门狗计数周期满时，会产生复位信号，使系统复位。另外，错误的操作口令也会产生 PUC。PUC 使 WDT+重新进入看门狗模式，同时配置 RST/NMI 为复位端。这就是为什么在许多未使用看门狗模式的程序设计中，在程序一开始就会设定如下语句：

```
WDTCTL = WDTPW + WDTHOLD;
```

禁用看门狗定时器工作状态。

若要正确使用看门狗模式，需要设定控制寄存器 WDTCTL 中的 WDTTMSEL 位，并要配置满足要求的计时间隔（通过设定 WDTSSEL、WDTISx 位来实现不同的定时间隔），还要周期性地清除 WDTCNT，防止 WDT+溢出。

(2) 定时器模式

将控制寄存器 WDTCTL 的 WDTTMSEL 位置 1，就选择了看门狗定时器模块的定时器模式。定时器模式可以被用来产生周期性中断。在定时器模式下，当定时时间到时将置位 WDTIFG 标志位，但不会产生 PUC。当总的中断允许 GIE 和看门狗中断允许 WDTIE 被置位时，WDTIFG 将触发一次中断申请，当中断请求被响应后，WDTIFG 自动复位，或者软件清除。需要注意的是，定时器模式的中断向量地址和看门狗模式的中断向量地址是不同的。

在定时器模式下，定时时间的修改要与计数器清除指令一起，并在一条指令中完成，否则可能导致不可预料的系统复位和中断。另外，在改变时钟源时需要停止看门狗定时器模块，否则可能引入错误的计数时钟。例如：

```
WDTCTL = WDTPW + WDTTMSEL+WDTCNTCL+WDTSSEL;
```

(3) 低功耗模式

当看门狗定时器模块不需要时，可以使用置位 WDTHOLD 来控制 WDTCNT，降低能耗。

(4) 看门狗定时器的中断控制功能

在看门狗模式下中断时为不可屏蔽中断，在定时器模式下中断时是可以屏蔽的，前者的优先级高于后者。两个中断的中断向量地址也是不同的。

下面通过几个实例来了解一下看门狗定时器模块的使用方法。

例1 程序代码

```
#include    <msp430g2553.h>
void main(void)
{
  // WDT is clocked by fSMCLK (1MHz)
   WDTCTL = WDT_MRST_32;                    // ~32ms interval (default)
 // WDT is clocked by fACLK (32KHz)
 //WDTCTL = WDT_ARST_1000;                  // 1000ms
 P1DIR |= 0x01;
P1OUT ^=0x01;
_BIS_SR(LPM0_bits + GIE);                   // Enter LPM3 w/interrupt
}
```

在上面这段程序中，由于未在程序开始初始化 WDT+，所以默认为看门狗模式，其中 WDT_MRST_32 是定义于 msp430g2553.h 头文件中的一个宏定义，等价于 WDTPW + WDTCNTCL。因此整个程序的运行效果是根据默认的看门狗定时器的运行，在默认 1MHz 的时钟频率下，每隔 32ms 系统都会从低功耗的 LPM3 模式中中断复位一次，从而使 P1.0 管脚的高低电平交替出现。

而当更换时钟源为 ACLK 时，可以使用 WDTCTL＝WDT_ARST_1000；语句，与上面类似，间隔时间变为约 1s。

例2 程序代码

```
#include <msp430g2553.h>
void main(void)
{
    WDTCTL = WDT_ADLY_250;          // WDT 250ms, ACLK, interval timer
    IE1 |= WDTIE;                   // Enable WDT interrupt
    P1DIR |= 0x01;                  // Set P1.0 to output direction
    _BIS_SR(LPM3_bits + GIE);       // Enter LPM3 w/interrupt
}
// Watchdog Timer interrupt service routine
#pragma vector=WDT_VECTOR
__interrupt void watchdog_timer(void)
{
    P1OUT ^= 0x01;                  // Toggle P1.0 using exclusive-OR
}
```

在上面这段程序中，WDT_ADLY_250 等价于：

WDTPW＋WDTTMSEL＋WDTCNTCL＋WDTSSEL＋WDTIS0

因此，WDT+是定时器模式，选用的 ACLK 为 32768Hz 时，中断间隔为 250ms。

4. Timer _A3（TA0，TA1）

Timer_A3 是具有三个捕获/比较寄存器的 16 位定时器/计数器，能支持多个捕获/比较寄存器、PWM 输出和间隔定时。Timer_A3 也具有丰富的中断能力。计数器在溢出发生时可生成中断，而每个捕获/比较寄存器也可生成中断。

Timer_A 定时器分为两个部分：主计数器和捕获/比较模块。主计数器负责定时、计时或计数。计数值（TAR 寄存器的值）被送到各个捕获/比较模块中，可以在无需 CPU 干预的情况下根据触发条件与计数器值自动完成某些测量和输出功能。在只需定时、计数功能时，可以只使用主计数器部分。在 PWM 调制、利用捕获测量脉宽、周期等应用中，还需要捕获/比较模块的配合。

与 Timer_A 定时器中的主计数器相关的控制位都位于 TACTL 寄存器中，主计数器的计数值存放于 TAR 寄存器中。每个捕获/比较模块还有一个单独的控制寄存器 TACCTLx，以及一个捕获/比较值寄存器 TACCRx。在一般定时应用中，TACCRx 可以提供额外的定时中断触发条件；在 PWM 输出模式下，TACCRx 用于设定周期和占空比；在捕获模式下，TACCRx 用于存放捕获结果。表 5.2-4 为 Timer_A 寄存器列表。

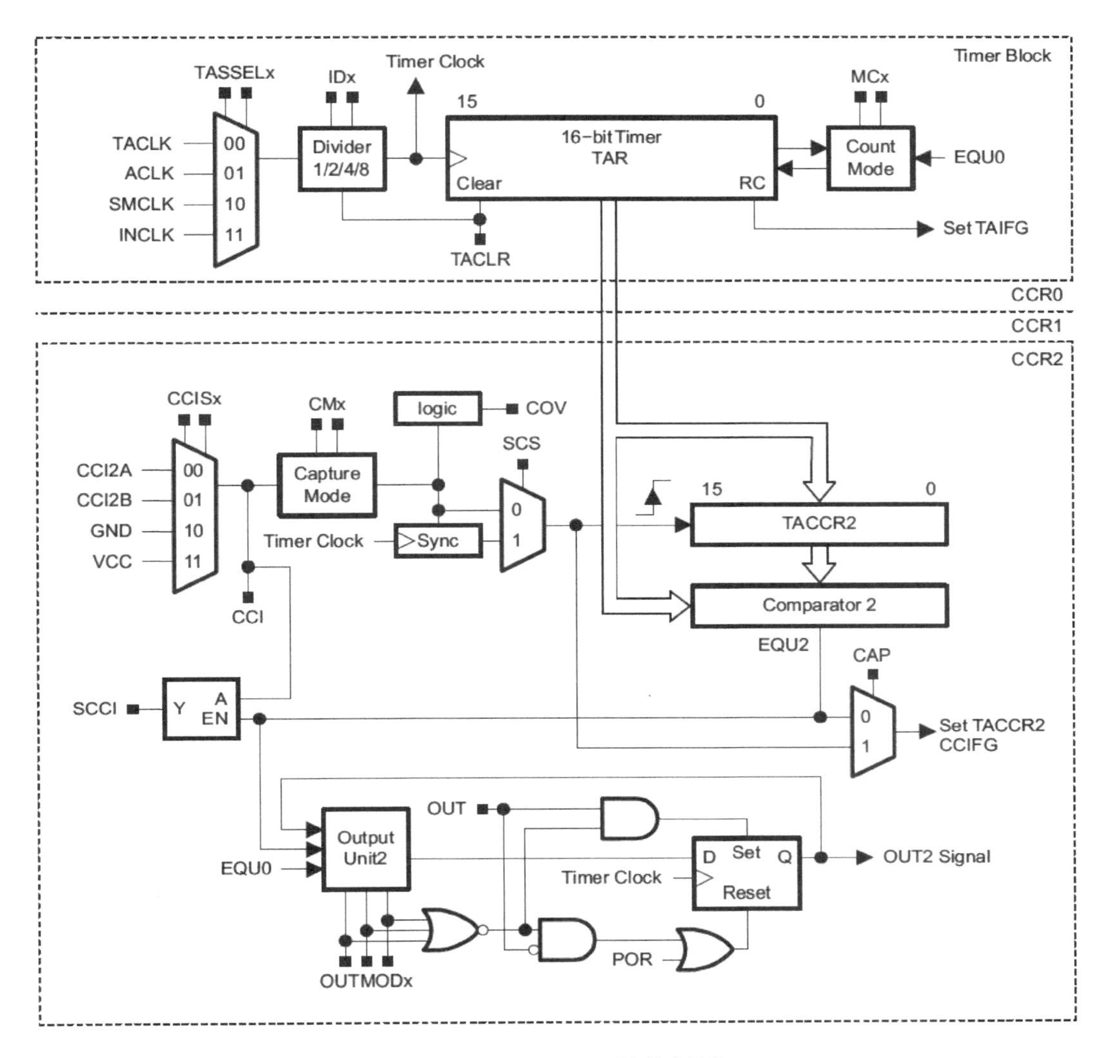

图 5.2-17 Timer_A 结构框图

表 5.2-5 MSP430G2553 Timer_A 寄存器列表

寄存器	缩写	读写类型	地址	初始状态
Timer_A 控制寄存器	TACTL	R/W	160H	Reset with POR
Timer_A 计数器	TAR	R/W	170H	Reset with POR
捕获/比较控制寄存器 0	CCTL0	R/W	162H	Reset with POR
捕获/比较寄存器 0	CCR0	R/W	172H	Reset with POR
捕获/比较控制寄存器 1	CCTL1	R/W	164H	Reset with POR
捕获/比较寄存器 1	CCR1	R/W	174H	Reset with POR
捕获/比较控制寄存器 2	CCTL2	R/W	166H	Reset with POR
捕获/比较寄存器 2	CCR2	R/W	176H	Reset with POR
中断向量寄存器	TAIV	R/W	12EH	Reset with POR

(1) Timer_A 定时器主计数模块

计数器部分用来完成时钟源的选择与分频、模式控制及计数等功能。输入的时钟源具有 4 种选择，所选定的时钟源又可以 1、2、4 或 8 分频作为计数频率，Timer_A 可以通过选择四种工作模式灵活地完成定时/计数功能。

Timer_A 有四种工作模式：停止模式、增计数模式、连续计数模式和增/减计数模式。如下表所示是四种工作模式的设置和功能。

表 5.2-6 Timer_A 的计数模式

MCx	模式	描述
00	停止（Stop）	计数器停止计数
01	增（Up）	计数器反复从 0 到 TACCR0 计数
10	连续（Continuous）	计数器反复从 0 到 0FFFFh 计数
11	增/减（Up/Down）	计数器反复从 0 增计数到 TACCR0 后再减计数到 0

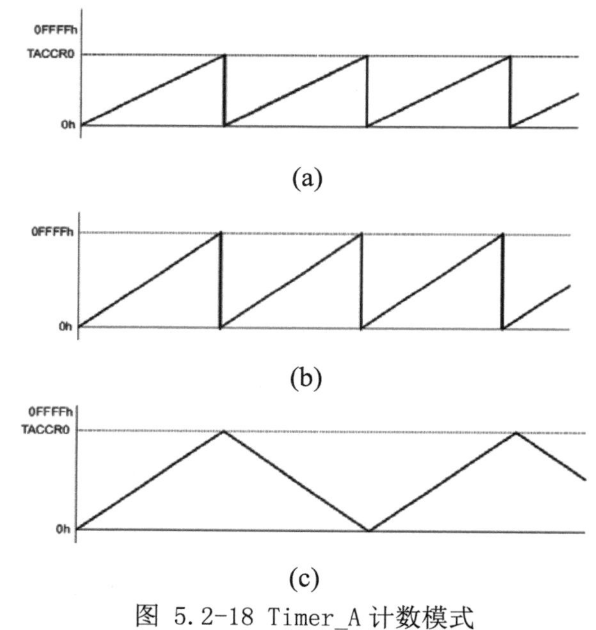

(a)

(b)

(c)

图 5.2-18 Timer_A 计数模式

(a)增计数；(b)连续计数；(c)增/减计数

通过对计数器工作模式的灵活使用，可以实现不同的定时操作、周期测量和波形生成等功能。通常来说，增计数模式中改变 TACCR0 寄存器的值就可以改变定时周期，不存在初值装载带来的误差，非常适合产生周期性定时中断；在连续计数模式下，一般用于 Timer_A 的捕获模式，让计数器自由运行，利用捕获功能记录前后两次事件下的计数值，便可以准确测量时间间隔等；增/减计数模式通常应用产生 PWM 波。

(2) Timer_A 定时器捕获/比较模块

捕获/比较模块用于捕获事件发生的时间或产生时间间隔，捕获比较功能的引入主要是为了提高 I/O 端口处理事务的能力和速度。每个捕获/比较模块的结构都完全相同，输入和输出取决于各自所带的控制寄存器的控制字，捕获/比较模块相互之间的工作完全相互独立。

Timer_A 每个模块都可用于捕获事件发生的时间或产生定时间隔，当捕获事件发生或定时时间到达时都将引起中断。捕获/比较寄存器与定时器总线相连，可在满足捕获条件时，将 TAR 的值写入捕获寄存器；也可在 TAR 的值与比较器值相等时，设置标志位。捕获的输入信号可以来自外部引脚，也可以来自内部信号，还可以暂存在一个触发器中有 SCCIx 信号输出。

1） 捕获模式

当 TACCTL 寄存器中控制位 CAP=1 时，模块选择捕获模式。捕获模式中通过捕获源选择位 CCISx 的设置来选择捕获输入管脚 CCIxA、CCIxB 连接外部引脚或者捕获内部信号，通过设置控制位 CMx 来设定触发条件（上升沿、下降沿、上升沿或下降沿）。捕获事件发生后，TAR 值将被写入 CCRx 中，中断标志位 CCIFGx 置位。如果总的中断允许为 GIE 允许，相应的中断允许为 CCIEx 也允许，将产生中断请求。

捕获信号与定时器异步可能引起时间竞争，通常设置 SCS 位将捕获信号同步定时器时钟信号，如下图示。

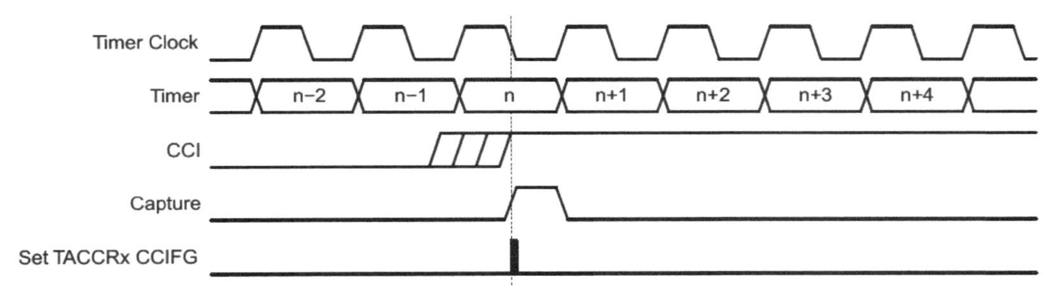

图 5.2-19 捕获信号（SCS=1）

在捕获模式下，如果捕获寄存器的值被读取前再次发生捕获时间，COV 被置位。通过检测 COV 来判断新的捕获条件已经发生。应该舍去该结果或另作调整。该标志位必须通过软件清除。

2） 比较模式

当 TACCTL 中的 CAP=0 时，该模块工作于比较模式。这时与捕获有关的硬件停止工作。当计数器 TAR 中计数值等于比较器中的值时置位标志位，产生中断请求，也可结合输出单元产生所需的信号。该模式主要用于需要软硬件定时以及产生脉宽调制（PWM）输出信号的情况。

比较模式具体产生输出信号，要与输出单元配合使用。

(3) Timer_A 定时器输出单元

输出单元用于产生用户所需要的输出信号。Timer_A 具有可选的 8 种输出模式，这些模式与 TAR、CCRx、CCR0 的值有关，可产生基于 EQUx 的多种信号，支持 PWM 输出。

模式控制位 OUTMODx 的不同组合对应于 8 种输出模式，除模式 0 外，其他的输出都在定时器时钟的上升沿发生变化。输出模式 2、3、6、7 不支持输出单元 0，因为 EQUx=EQU0，所有输出模式定义如下表所示。

表 5.2-7 Timer_A 的比较模块的输出模式

OUTMODx 控制位	输出控制模式	功能描述
000（模式 0）	Output	输出信号 OUTx 由相应控制寄存器中 OUT 决定， 写入该位信息后输出立即更新
001（模式 1）	Set	输出信号在 TAR 计数至 TACCRx 时置位， 并保持置位到定时器复位或者选择另一种输出模式为止
010（模式 2）	Toggle/Reset	输出信号在 TAR 的值等于 TACCRx 时翻转， 当 TAR 的值等于 TACCR0 时复位
011（模式 3）	Set/Reset	输出信号在 TAR 值等于 TACCRx 时置位， 当 TAR 值等于 TACCR0 时复位
100（模式 4）	Toggle	输出信号在 TAR 的值等于 TACCRx 时翻转， 输出信号的周期是定时器周期的 2 倍
101（模式 5）	Reset	输出信号在 TAR 的值等于 TACCRx 时复位， 并保持复位直到选择另一种输出模式
110（模式 6）	Toggle/Set	输出信号在 TAR 的值等于 TACCRx 时翻转， 当 TAR 的值等于 TACCR0 时置位
111（模式 7）	Reset/Set	输出信号在 TAR 的值等于 TACCRx 时复位， 当 TAR 的值等于 TACCR0 时置位

Timer_A 有三种计数模式，在这三种计数模式下，8 种输出模式有着不同的特点。在增计数模式下，当 TAR 计数到 TACCRx 或从 TACCR0 计数到 0 时，OUTx 信号按选择的输出模式发生变化，以 TACCR0 和 TACCR1 为例输出实例如下图所示。

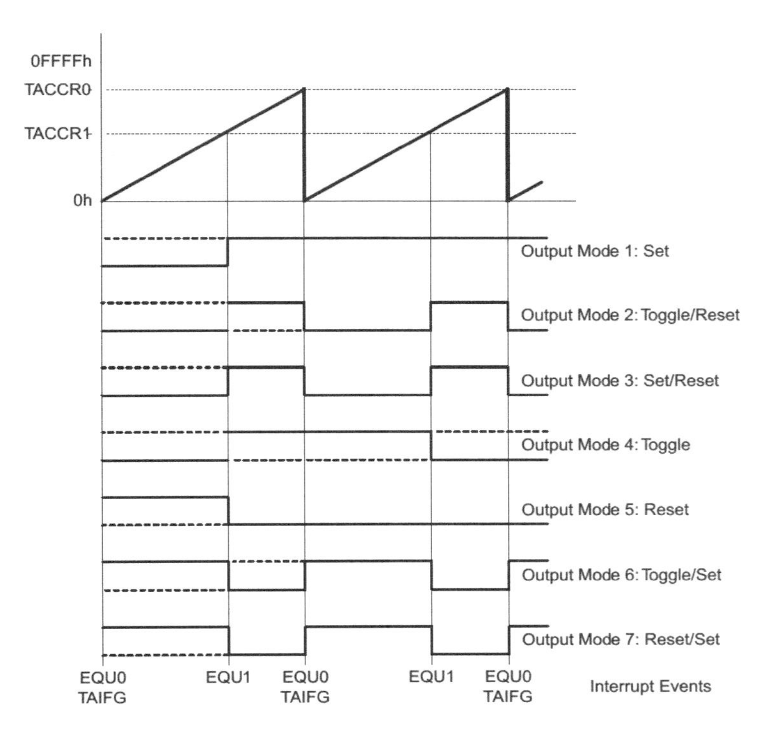

图 5.2-20 增计数模式下的输出实例

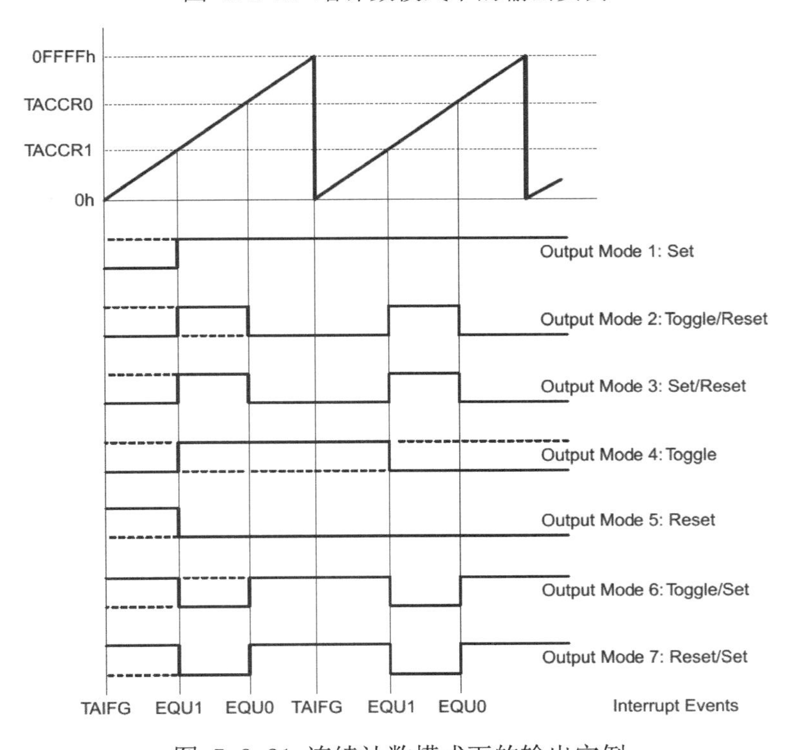

图 5.2-21 连续计数模式下的输出实例

在连续计数模式下，输出波形与增计数模式类似，但是在连续计数模式时计数器计数到 TACCR0 后还要继续计数到 0FFFFH，从而延长了计数器计数到 TACCRx 的数值后的时间，改变了输出信号的周期。如图 5.2-22 是连续计数模式下的输出信号实例。

在增/减计数模式下，与前面两种模式不同，在此模式下，当定时器在任意（增或减）计数方向上等于 TACCRx 时，OUTx 信号都按选择的输出模式发生改变。图 5.2-23 是增/减计数模式下的输出信号实例。

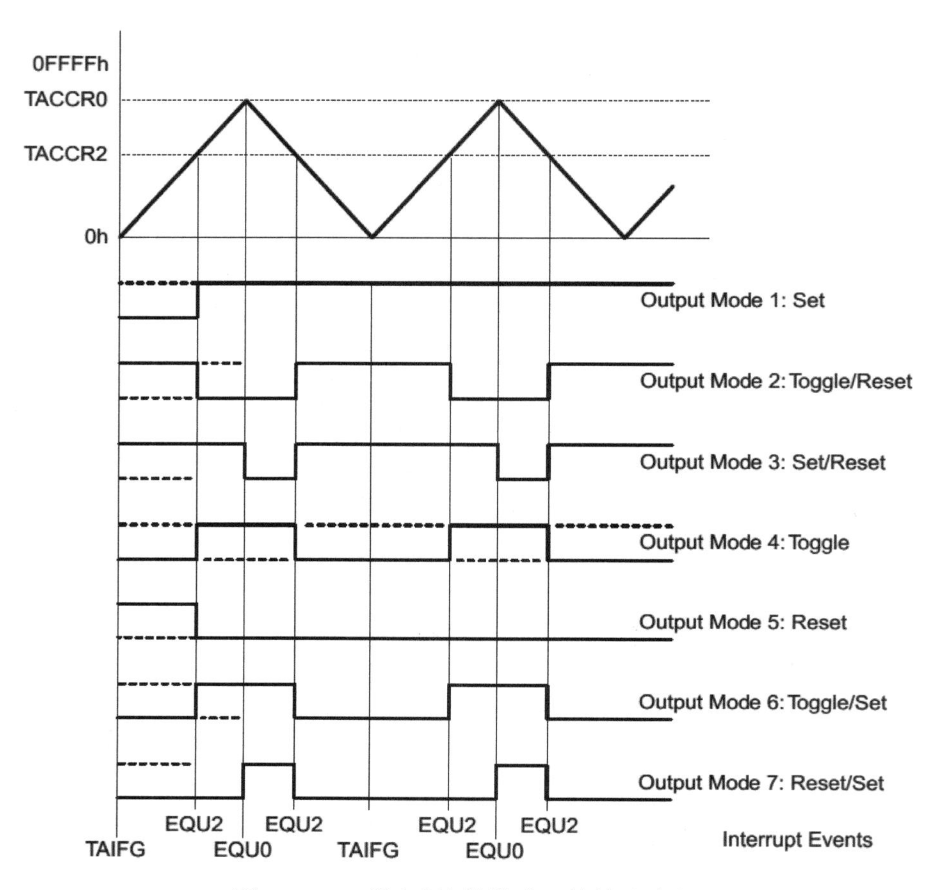

图 5.2-24 增/减计数模式下的输出实例

需要注意的是，在不同的输出模式之间切换时，需要至少保留 OUTMODx 中一位为 1 不变，除非是切换到模式 0，否则由于异或门电路将产生输出毛刺。一种安全的方法是，每次通过模式 7 来过渡切换不同的输出模式。

(4) Timer_A 定时器中断

跟 16 位定时器模块 Timer_A 相关的中断向量有两个，一个单独分配给捕获/比较寄存器 TACCR0，另一个作为共用中断向量用于定时器和其他捕获/比较寄存器。

在这两个中断向量中，捕获/比较寄存器 TACCR0 中断向量的优先级最高，中断标志位 CCIFG0 在中断请求被响应时能自动复位。TACCR0 中断图见图 5.2-25。

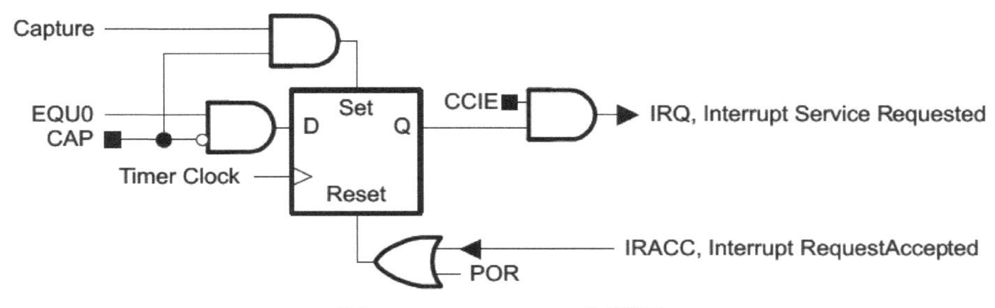

图 5.2-26 TACCR0 中断图

TACCR1、TACCR2 和定时器共用另一个中断向量，属于多源中断，对应的中断标志 CCIFG1、CCIFG2 和 TAIFG1 在读中断向量子 TAIV 后自动复位。如果不访问 TAIV 寄存器，则不能自动复位，需用户软件清除；如果相应的中断允许复位（不允许中断），则将不会产生中断请求，但中断标志仍存在，需用户软件清除。

中断请求寄存器 TAIV 是一个 16 位的寄存器，位 5～15 与位 0 全为 0，位 1～4 的数据由相应的中断标志产生。如果有 Timer_A 中断标志位，则 TAIV 位有相应的数据。该数据与 PC（程序计数器）的值相加，可使系统自动进入相应的中断服务程序。如果 Timer_A 的多个中断标志位置位，则系统先判断优先级，再执行相应的中断程序。

表 5.2-8 Timer_A 的中断向量寄存器 TAIV

TAIV 内容	中断源	中断标志	中断优先级
00h	无	-	
02h	捕获/比较器 1	TACCR1 CCIFG	Highest
04h	捕获/比较器 2	TACCR2 CCIFG	
06h	保留	-	
08h	保留	-	
0Ah	定时器溢出	TAIFG	
0Ch	保留	-	
0Eh	保留	-	Lowest

(5) Timer_A 程序实例

例1 程序代码

```
#include <msp430g2553.h>
void main(void)
{
  WDTCTL = WDTPW + WDTHOLD;                // 停止看门狗定时器
  P1DIR |= 0x01;                           // 设置 P1.0 为输出
  CCTL0 = CCIE;                            // CCR0 中断使能
  CCR0 = 50000;
  TACTL = TASSEL_2 + MC_2;                 // 选择 SMCLK 时钟源，连续计数模式
```

```
    _BIS_SR(LPM0_bits + GIE);                    // 进入低功耗模式 0，并打开中断使能
}
// Timer A0 中断服务程序
#pragma vector=TIMER0_A0_VECTOR
__interrupt void Timer_A (void)
{
    P1OUT ^= 0x01;                               // 切换 P1.0 状态
    CCR0 += 50000;                               // 追加另一个计数周期
}
```

本段程序使用 Timer_A 的连续计数模式和 CCR0 中断，时钟源选取 DCO SMCLK 作为计数器的时钟，程序初始化完成后进入低功耗模式 LPM0，但开启中断；计数 50000 个 SMCLK 时钟周期，中断唤醒，切换 P1.0 状态，追加另一个计数周期 50000 给 CCR0，退出中断并进入 LPM0。

这里需要注意的是，在定时器从 0FFFFH 计数到 0000H 时，中断标志位 TAIFG 置位（溢出中断），但是该中断优先级低于 CCR0 中断，并不影响程序的运行。

例2 程序代码

```
#include <msp430g2553.h>
void main(void)
{
    WDTCTL = WDTPW + WDTHOLD;
    P1DIR |= 0x01;
    CCTL0 = CCIE;
    CCR0 = 50000;
    TACTL = TASSEL_2 + MC_1;                     // 时钟选择 SMCLK, 增计数模式
    _BIS_SR(LPM0_bits + GIE);                    //进入低功耗模式 0，并打开中断使能
}

#pragma vector=TIMER0_A0_VECTOR
__interrupt void Timer_A (void)
{
    P1OUT ^= 0x01;
}
```

在这段程序中，与例 1 最大的区别是选择了增计数模式，每次计数到 CCR0 后触发中断，让后计数又从 0 开始。

例3 程序代码

```
#include    <msp430g2553.h>
void main(void)
{
    WDTCTL = WDTPW + WDTHOLD;
```

```
  P1DIR |= 0x01;
  TACTL = TASSEL_1 + MC_2 + TAIE;                  // 时钟源 ACLK，连续计数模式，开中断
  _BIS_SR(LPM3_bits + GIE);
}
// Timer_A3 Interrupt Vector (TA0IV) handler
#pragma vector=TIMER0_A1_VECTOR
__interrupt void Timer_A(void)
{
  switch( TA0IV )
  {
    case  2:  break;                             // CCR1 not used
    case  4:  break;                             // CCR2 not used
    case 10:  P1OUT ^= 0x01;                     // 溢出中断
              break;
  }
}
```

在该段程序中使用的中断向量是 Timer_A 两个中断向量中不同于前两个例子的另一个，在使用这个中断向量时，需要在中断服务程序中判别是哪个中断源。本例是溢出中断。另外，在本例中使用了外部低频时钟 ACLK，需要外接。

例4 程序代码

```
#include  <msp430g2553.h>
void main(void)
{
  WDTCTL = WDTPW + WDTHOLD;
  P1SEL |= 0x06;                               // P1.1 - P1.2 启用第二功能
  P1DIR |= 0x07;                               // P1.0 - P1.2 输出
  CCTL0 = OUTMOD_4 + CCIE;                     // CCR0 ,中断使能
  CCTL1 = OUTMOD_4 + CCIE;                     // CCR1 ,中断使能
  TACTL = TASSEL_2 +  MC_2 + TAIE;             // SMCLK，连续计数模式，开中断
  _BIS_SR(LPM0_bits + GIE);
}
// Timer A0 interrupt service routine
#pragma vector=TIMER0_A0_VECTOR
__interrupt void Timer_A0 (void)
{
  CCR0 += 200;                                 // 追加另一个计数周期
}

// Timer_A2 Interrupt Vector (TA0IV) handler
```

```
#pragma vector=TIMER0_A1_VECTOR
__interrupt void Timer_A1(void)
{
   switch( TA0IV )
   {
   case    2: CCR1 += 1000;                    // 追加另一个计数周期
              break;
   case 10: P1OUT ^= 0x01;                     // 溢出中断执行
              break;
  }
}
```

在本例中，两个中断同时使用，但是输出的三种周期信号却不是同样的原理。P1.0执行溢出中断，每当计数器计数满65536时P1.0的状态翻转；P1.1是占用独立中断向量，每次在中断服务程序中再次赋值新的计数周期；P1.2与P1.0是共用中断向量的，每次需要辨别是哪个中断源，连续计数模式，每次中断时需要重新设置中断计数周期。

若按照程序内容，默认采用1MHz DCO，那么三个信号的频率分别是：

$$P1.1 = CCR0 \sim 1MHz/(2*200) \sim 2500Hz$$

$$P1.2 = CCR1 \sim 1MHz/(2*1000) \sim 500Hz$$

$$P1.0 = overflow \sim 1MHz/(2*65536) \sim 8Hz$$

另外，使用P1.1和P1.2第二功能，是为了便于输出信号自动翻转，无须使用语句改变输出值。

例5 程序代码

```
#include   <msp430g2553.h>
void main(void)
{
   WDTCTL = WDTPW + WDTHOLD;
   P1DIR |= 0x02;
   P1SEL |= 0x02;
   CCTL0 = OUTMOD_4;                          // CCR0 输出模式 4
   CCR0 = 250;
   TACTL = TASSEL_2 + MC_3;                   // SMCLK, 增/减计数模式
   _BIS_SR(CPUOFF);                           // CPU 关闭
}
```

本例中使用增/减计数模式，使用输出模式4，P1.1输出信号频率为1000000/1000Hz。

例6 程序代码

```
#include   <msp430g2553.h>
void main(void)
{
```

```
    WDTCTL = WDTPW + WDTHOLD;
    P1DIR |= 0x0C;                        // P1.2 ,P1.3 输出
    P1SEL |= 0x0C;                        // P1.2, P1.3 第二功能 TA1/2
    CCR0 = 512-1;                         // PWM 周期
    CCTL1 = OUTMOD_7;                     // CCR1 复位置位模式
    CCR1 = 384;                           // CCR1 PWM 占空比
    TACTL = TASSEL_2 + MC_1;              // SMCLK, 增计数模式
    _BIS_SR(CPUOFF);                      // LPM0
}
```

该实例是输出 PWM 的例子，CCR0 的计数长度决定了 PWM 的周期，CCR1 的计数长度来调整 PWM 的占空比。

5. 比较器 A+

Comparator_A+模块的主要功能是支持高精度的斜坡模数转换、电池电压监控及外部模拟信号的检测。

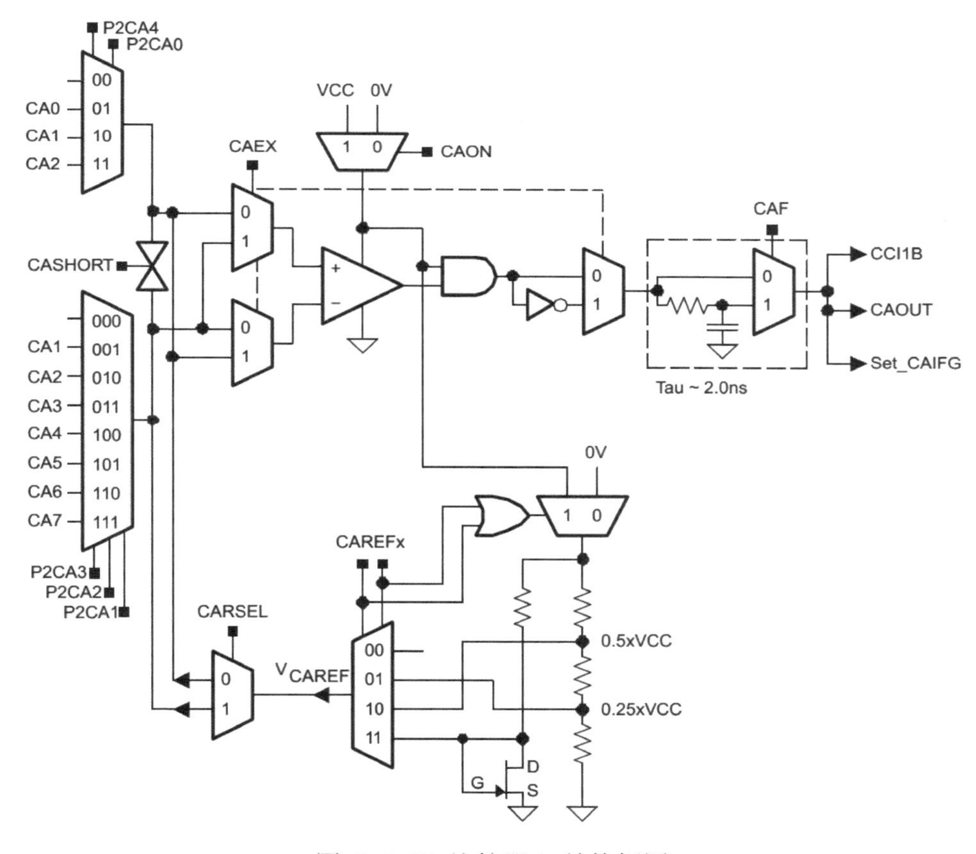

图 5.2-27 比较器 A+结构框图

Comparator_A+模块是增强型的模拟比较器，与 MSP430 其他单片机所带的比较器相比扩展了多路输入，其结构框图如上图所示。主要包括一个模拟比较器、模拟输入

多路开关、输入短路开关、输出滤波器、参考电压发生器，以及一些控制单元。

(1) 比较器 A+的结构

1) 模拟比较器

比较器比较正、负输入端的模拟电压，如果正端的电压高于负端，则比较器输出端 CAOUT 为高电平。比较器可以通过控制位 CAON 来关闭或打开，当比较器不用时可将其关掉以节省能耗。比较器关闭时，输出 CAOUT 保持低电平。

2) 模拟输入多路开关

模拟输入开关通过控制位 P2CAx 来连通或者断开比较器的两个输入端与相关的端口引脚。两个比较器的输入端可以单独控制。通过 P2CAx 能够实现将外部信号与比较器的正负端相连，连接内部参考电压到相关的输出端口引脚上。

当比较器处于打开状态时，比较器输入端不能悬空，可以连通信号、电源或者地，否则会造成意外的中断，并增加能耗。

通过控制位 CAEX 来控制输入多路复用器，交换那一路信号与比较器的正负端相连。当输入端交换后，输出信号也将会翻转。

3) 输入短路开关

CASHORT 位控制的多路复用器短路可构造一个简单的采样保持电路。见图 5. 2-28 示。

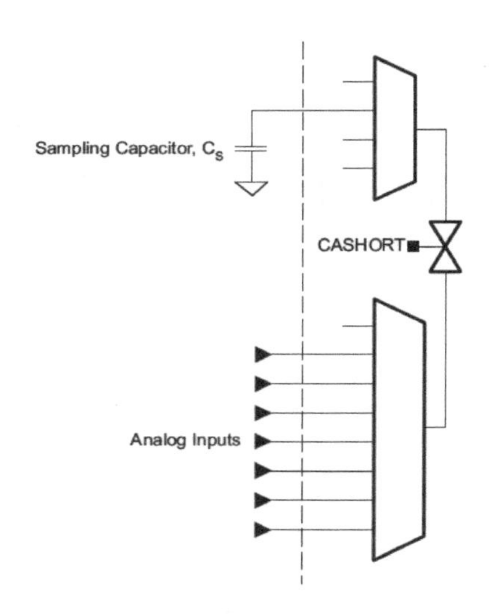

图 5. 2-29 比较器 A+的采样保持电路

4) 输出滤波器

比较器输出之前可以选择使用内部滤波，在控制位 CAF 置位时，输出信号将通过内部 RC 低通滤波器后输出。当 CAF 复位时，滤波器被旁路掉。最终输出信号可以由外部引脚输出，或者送给内部其他模块，或者设置中断标志位触发中断请求。

当比较器输入信号间的压差很小时，比较器的输出会出现振荡。各种内部和外部的信号线、电源线和系统的其他部分之间的寄生耦合效应引起了这一现象，比较器的这种现象使得比较器的分辨率和精度降低，使用输出滤波器可以降低输出振荡引入的误差。

5)　参考电压发生器

参考电压发生器用来生成参考电压 V_{CAREF}，可以被比较器的输入端使用。控制位 CAREFx 控制参考电压发生器的输出，而控制位 CARSEL 则选择比较器的一个输入端并与之相连。如果比较器的两个输入均为外部输入，内部的参考电压发生器可以关掉，以节省能耗。参考电压发生器可以产生 4 种参考电压：0.5Vcc、0.25Vcc、三极管阀值电压和外部参考电压。

6)　CAPD 端口禁止寄存器

比较器模块的输入/输出与 I/O 口共用引脚，这些 I/O 是数字 CMOS 门电路。当模拟信号通过数字 CMOS 门时，寄生电路从 Vcc 流向 GND。这些寄生电流是由于输入电压不接近 Vss 或 Vcc，CMOS 型的输入缓冲器起到了分流的作用。CAPDx 控制位可以控制缓冲器的通或断，寄存器初始化为 0，端口输入缓冲器有效。当比较器与 I/O 口复用时，可以关闭输入缓冲器，以减少寄生电流并从整体上降低能耗。

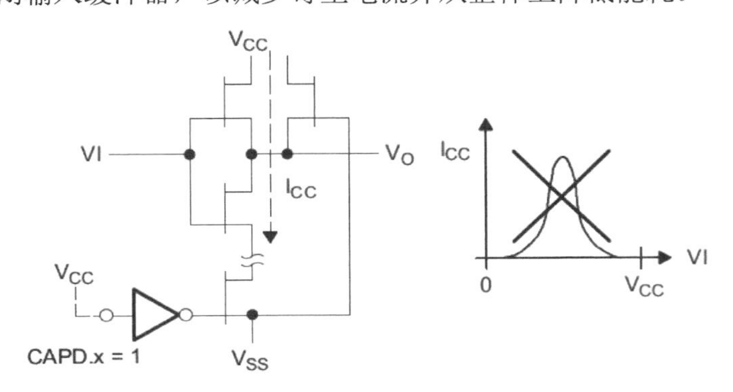

图 5.2-30 CMOS 反相/缓冲器的传输特性和功耗

(2) 比较器的中断

比较器 A+具有中断能力，有一个中断电路和中断向量。如下图所示，比较器 A+输出的上升沿或下降沿都可使中断标志位 CAIFG 置位。在比较器输出比较结果，使用控制位 CAIES 设置中断条件是上升沿还是下降沿，并在中断允许 CAIES 和 GIE 置位的情况下，会触发比较器 A+中断，中断响应后，硬件自动清除中断标志位（CAIFG）。

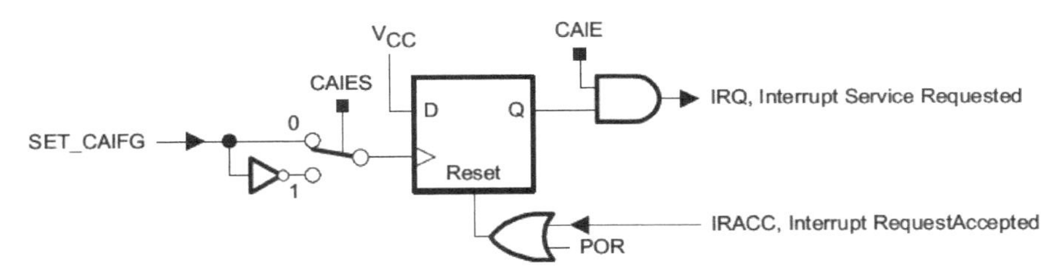

图 5.2-31 比较器 A+中断电路图

(3) Comparator_A+程序实例

例1　程序代码

```
#include   <msp430g2553.h>
void main (void)
```

```
{
   WDTCTL = WDTPW + WDTHOLD;                              // 停止看门狗
   CACTL2 = P2CA4;                                        // 设定 CA1/P1.1 = +comp
   CCTL0 = CCIE;                                          // CCR0 中断使能
   TACTL = TASSEL_2 + ID_3 + MC_2;                        // SMCLK/8, 连续计数模式
   _EINT();                                               // 开中断

   while (1)                                              //循环执行
   {
      CACTL1 = 0x00;                                      // 无参考电压
      _BIS_SR(LPM0_bits);                                 // 进入 LPM0
      CACTL1 = CAREF0 + CAON;                             // 参考电压 0.25*Vcc, 开比较器
      _BIS_SR(LPM0_bits);                                 //进入 LPM0
      CACTL1 = CAREF1 + CAON;                             //参考电压 0.5*Vcc, 开比较器
      _BIS_SR(LPM0_bits);                                 //进入 LPM0
      CACTL1 = CAREF1 + CAREF0 + CAON;                    //参考电压 0.55V, 开比较器
      _BIS_SR(LPM0_bits);                                 //进入 LPM0
   }
}

// Timer A0 中断服务程序
#pragma vector=TIMER0_A0_VECTOR
__interrupt void Timer_A (void)
{
     _BIC_SR_IRQ(LPM0_bits);                              // 退出 LPM0
}
```

本段程序将比较器不同的参考电平通过 P1.1 循环输出。循环周期通过 Timer_A 的溢出中断实现，在中断的其他时间，系统工作在 LPM0 状态。

例2 程序代码

```
#include <msp430g2553.h>
void main (void)
{
   WDTCTL = WDTPW + WDTHOLD;
   P1DIR |= 0x01;                                 // P1.0 输出
   CACTL1 = CARSEL + CAREF0 + CAON;               // 设定 0.25 Vcc 为比较器负端参考电压，开
比较器
   CACTL2 = P2CA4;                                //设定 P1.1/CA1 为比较器正端，外部输入

   while (1)                                      //循环测定比较器输出电压
```

```
  {
    if ((CAOUT & CACTL2))
      P1OUT |= 0x01;                    // 若 CAOUT 为高，置位 P1.0
    else P1OUT &= ~0x01;                // 若 CAOUT 为低，复位 P1.0
  }
}
```

在例 2 中，比较器的两个输入端的一个为外输入、一个为内部参考电平，当外部输入变化时，影响比较器输出 CAOUT，通过判定 CAOUT 的状态来设定 P1.0 的状态。

例3 程序代码

```
void Batt_Check(void);
unsigned int i;
#include   <msp430g2553.h>
void main (void)
{
  WDTCTL = WDTPW + WDTHOLD;                    // Stop WDT
  P1DIR |= 0x01;                               // P1.0 output
  CACTL2 = P2CA4;                              // P1.1 = CA1
  while (1)                                    // Mainloop
  {
    Batt_Check();
  }
}

void Batt_Check(void) {
  CACTL1 = CAREF_1 + CAON;                   // 0.25*Vcc on P1.1, Comp. on
  i = 16384;                                 // delay
  while(i>0) {
    i--;
  }
  CACTL1 = CARSEL + CAREF_2 + CAREF_1 + CAON; // 0.55V on -, Comp. on
  if (CACTL2 & CAOUT)
    P1OUT ^= 0x01;                           // P1.0 toggle
  else P1OUT |= 0x01;                        // P1.0 set
  CACTL1 = 0x00;                             // Disable Comp_A, save power
}
```

例 3 中，需要在 P1.1 管脚和 *V*ss 之间加一个 0.1μF 的电容，用来测定电池的电压是否低于一定的值。首先设定 P1.1 为比较器的+输入端并选择内部参考电压 0.25*V*cc，这时给电容充电，充电一段时间后电容两端保持 0.25*V*cc 的电压值，然后设置比较器的负输入端参考电压约为 0.55V，通过测定比较器输出端的电平来判定 0.25*V*cc 和 0.55V 的大小，从而判定电池的电压是否低于 2.2V。

6. ADC10

ADC10 模块支持快速 10 位模数转换。该模块提供了一个 10 位 SAR 内核、采样选择控制、基准发生器和用于转换结果自动处理的数据传输控制器（DTC），因而无须 CPU 的干预即可对 ADC 采样进行转换和存储。

(1) ADC10 的结构

1) 10 位 ADC 内核

ADC10 内核是一个 10 位的模/数转换器，并能够将结果存放在转换存储器中。该内核使用两个可编程的参考电压（V_{R+}和 V_{R-}）定义转换的最大值和最小值。当输入模拟电压等于或者高于 V_{R+}时，ADC10 输出满量程值 03FFH；当输入电压等于或小于 V_{R-}时，ADC10 输出 0。输入通道和参考电压定义在转换控制存储器中。转换结果可以是直接的二进制或者是补码格式。当使用二进制时，转换公式是：

$$N_{ADC} = 1023 \times \frac{V_{IN} - V_{R-}}{V_{R+} - V_{R-}}$$

ADC10 内核可通过两个控制寄存器 ADC10CTL0 和 ADC10CTL1 来配置。控制位 ADC10ON 控制内核的开关。除少数例外，ADC10 的控制位只有在 ENC=0 的条件下才能被修改。在任何转换开始之前，必须把 ENC 置位。

ADC10CLK 既是转换时序，又是采样时钟。通过控制位 ADC10SSELx 来选择 ADC10 的时钟源，ADC10DIVx 位可以将时钟进行 1 到 8 分频。ADC10CLK 的时钟源有 SMCLK、MCLK、ACLK 和内部振荡器 ADC10OSC。ADC10OSC 是内部生成的频率范围 5MHz 的时钟，受芯片本身及供电电压、温度等因素的影响。

在 ADC10 转换过程中，必须确保 ADC10CLK 有效，直到转换结束；否则转换不能完成，其结果也是无效的。

在 ADC10 的设计上考虑了低功耗应用，当 ADC10 不进行模数转换时，内核自动停止工作，当模数转化需要时又重新开始工作。另外，ADC10OSC 在不用时自动关闭，使用时自动打开。当内核和振荡器不工作时，不消耗任何电流。

2) ADC10 模拟多路器

ADC10 只有一个内核，当对多个模拟信号进行采样并进行 A/D 转换时，需要用到多路选择器分时接通每一个模拟信号，完成一次采样和转换。ADC10 配置有 8 路外部通道和 4 路内部通道，通过 A0~A7 实现外部 8 路模拟信号输入，4 路内部通道可以将 V_{eREF+}、V_{REF-}/V_{eREF-}、（AVcc-AVss）/2 以及片内温度传感器的输出作为待转换模拟输入信号。将 V_{eREF+}、V_{REF-}/V_{eREF-}、（AVcc-AVss）/2 以及片内温度传感器的输出作为 ADC10 的输入信号，可以用于监控有关 ADC10 的自检、校验和诊断功能与芯片内的温度。

ADC10 外部输入 Ax，V_{eREF+}和 V_{REF-}共用 I/O 端口，这些数字 CMOS 门电路在模拟信号通过时易产生寄生电流，禁用端口管脚的缓冲功能可以减少寄生电路并降低整体能耗。关闭这些 I/O 的输入输出寄存器，可以使用控制位 ADC10AEx。

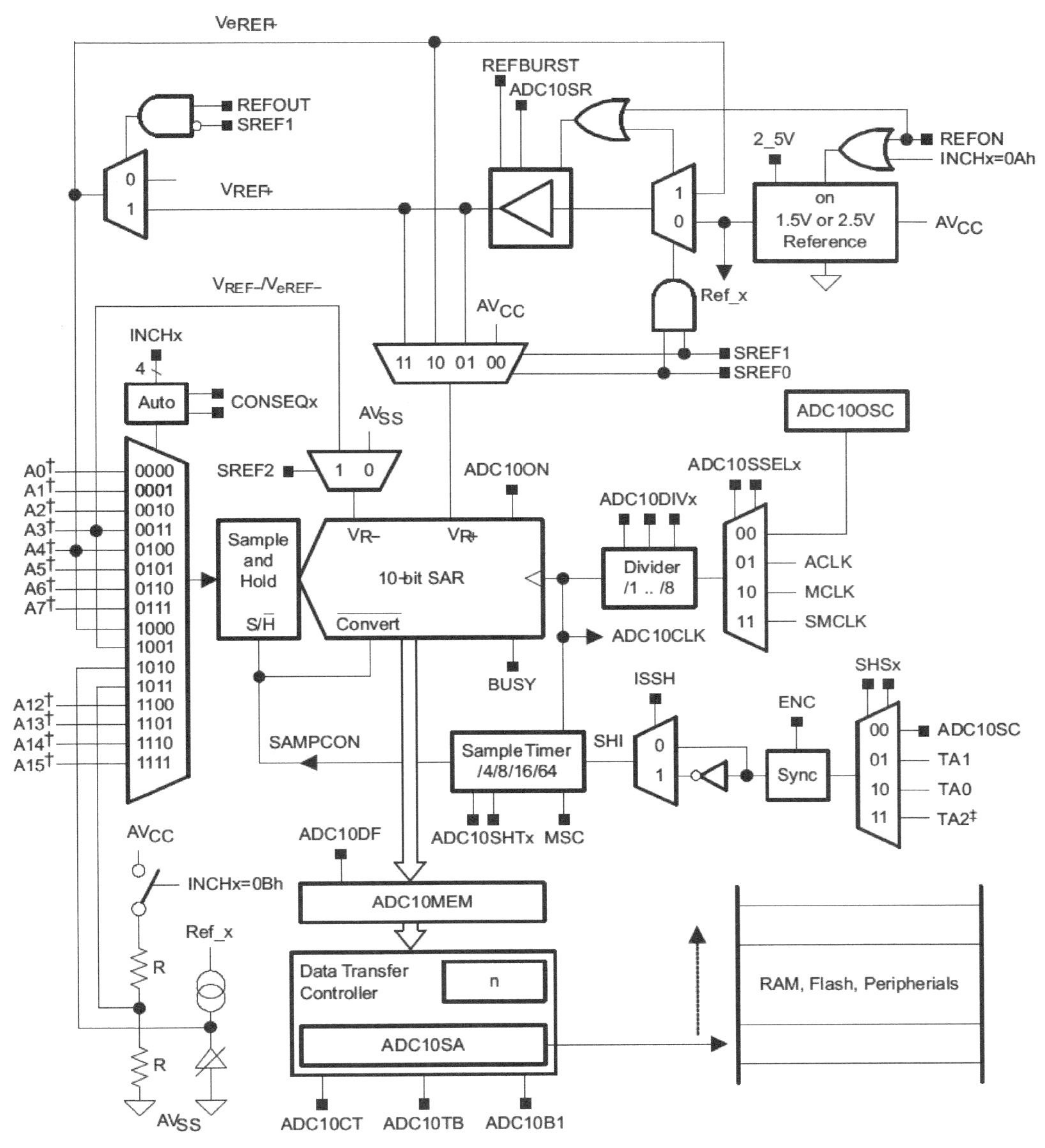

图 5.2-32 ADC10 结构框图

3) 参考电压发生器

ADC10 模块内部有两个可选择的参考电压，设置 REFON=1 时，内部参考电压可用。控制位 REF2_5V=1，内部参考电压是 2.5V；REF2_5V=0，参考电压是 1.5V。内部参考电压既可用在模块内部（REFOUT=0），也可以在器件具备管脚 V_{REF+}和 V_{REF-}的前提下，通过管脚 VREF+输出（REFOUT=1）。

外部参考电压可以分别通过管脚 A4 和 A3 给 VR+和 VR-使用。当使用外部参考电压或使用 Vcc 作为参考电压时，内部参考电压可以关闭，以节省能耗。

外部正参考电压 V_{eREF+}可以通过控制位 SREF0=1、SREF1=1 来进行缓存设置，这样在使用外部参考电压时具有较大的内阻，从而降低电流消耗。当 REFBURST=1 时，增加的电流消耗仅限于采样和转换过程。另外，用在 ADC12 上外部储能电容在 ADC10 上不再需要。

在 ADC10 内部参考电压发生器的设计上考虑了低功耗应用问题，在使用中可以参考用户说明来设置，将不使用的部分关闭，以最大限度地节省能耗。

4) 采样与转换时序

采样输入信号 SHI 的上升沿触发一次模/数转换。控制位 SHSx 设定 SHI 的源，这些源包括：

- ADC10SC 位
- Timer_A 输出单元 1
- Timer_A 输出单元 0
- Timer_A 输出单元 2

SHI 信号源的极性可以通过 ISSH 位的设置来翻转。控制位 SHTx 的设定，选择采样时间 t_{sample} 分别为 4、8、16、64 个 ADC10CLK 周期。采样定时器在设定采样时间后置位 SAMPCON，并与 ADC10CLK 同步，所以采样时间应该是 t_{sample} 与 t_{sync} 之和。当 SAMPCON 由高变低时触发模/数转换开始，模/数转换需要 13 个 ADC10CLK 周期。这些时序关系如图 5.2-33 示。

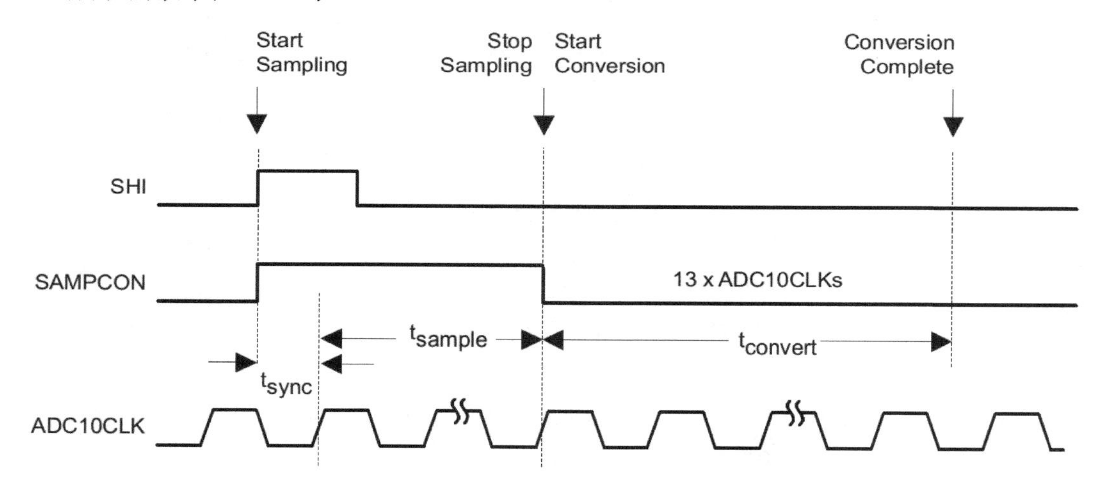

图 5.2-34 ADC10 采样时序

(2) ADC10 转换模式

ADC10 有四种转换模式，控制位 CONSEQx 设定不同工作模式，如下表所示。

表 5.2-9 ADC10 转换模式

CONSEQx	模式	操作描述
00	单通道单次转换	一个模拟信号通道，只转换一次
01	序列通道单次转换	多个模拟信号通道，每个通道转换一次

10	单通道重复转换	一个模拟信号通道，重复模/数转换
11	序列通道重复转换	多个模拟信号通道，顺次重复模/数转换

1) 单通道单次转换

INCHx 选择单通道并采样和转换一次。模/数转换结果写到 ADC10MEM 中。如图 5.2-35 是单通道单次模式的流程图。当 ADC10SC 触发模/数转换时，控制位 ADC10SC 可以成功触发一次模/数转换。当使用其他触发源时，ENC 必须在每次模/数转换之间进行状态切换。

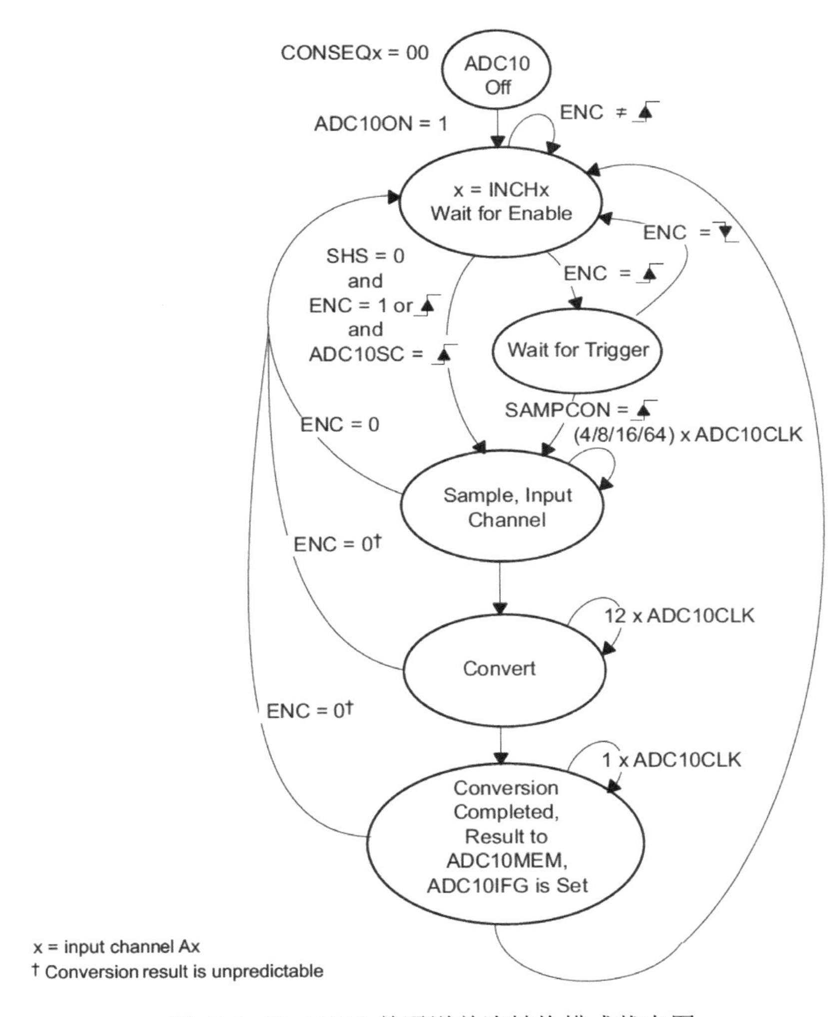

图 5.2-36 ADC10 单通道单次转换模式状态图

2) 序列通道单次转换

多个通道顺次被采样和转换一次。序列开始于选择位 INCHx 并递减到 A0 通道。每次模/数转换的结果被写入 ADC10MEM 中，当 A0 通道转换完成后停止工作。如图 5.2-37 是序列通道单次转换流程图。当 ADC10SC 触发该序列模/数转换开始时，不需要 ENC 状态切换；当其他触发源用于触发序列转换开始时，ENC 必须在每一个序列之间切换状态。

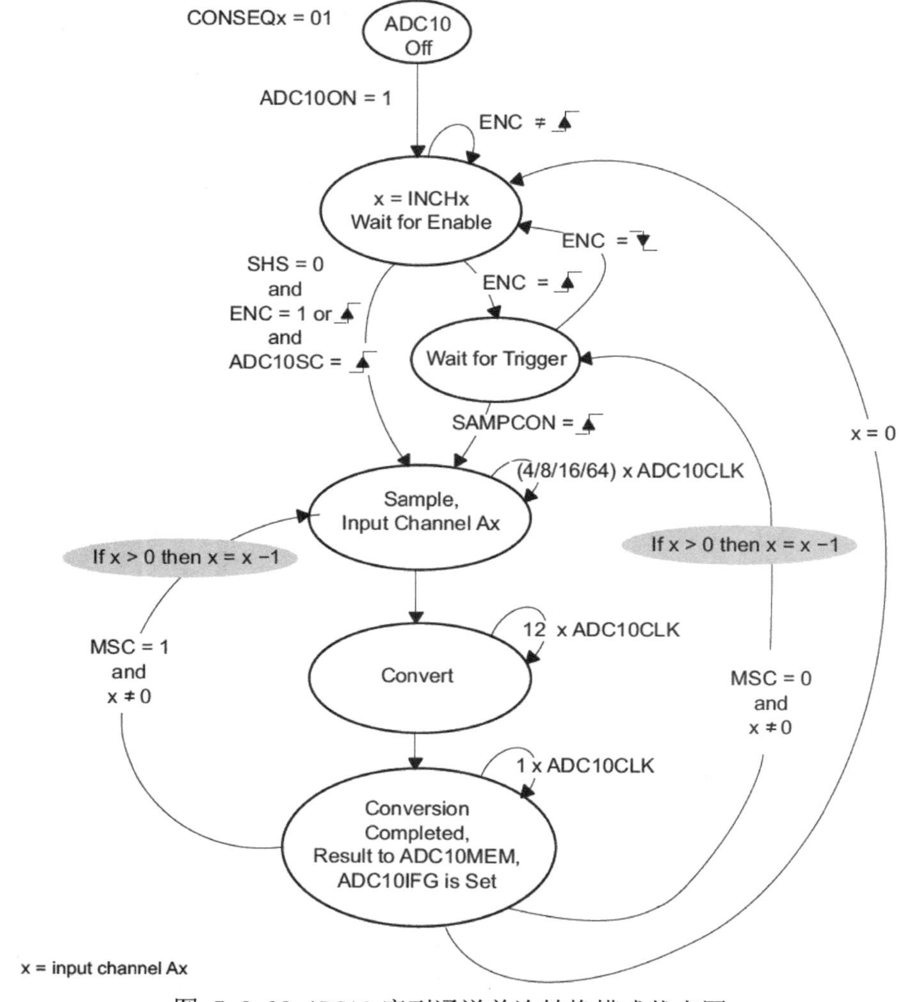

图 5.2-38 ADC10 序列通道单次转换模式状态图

3) 单通道重复转换

由 INCHx 选定输入通道后，采样和模/数转换连续重复进行。每一次 ADC 转换结果都被写入 ADC10MEM 中。图 5.2-39 是单通道重复转换流程图。

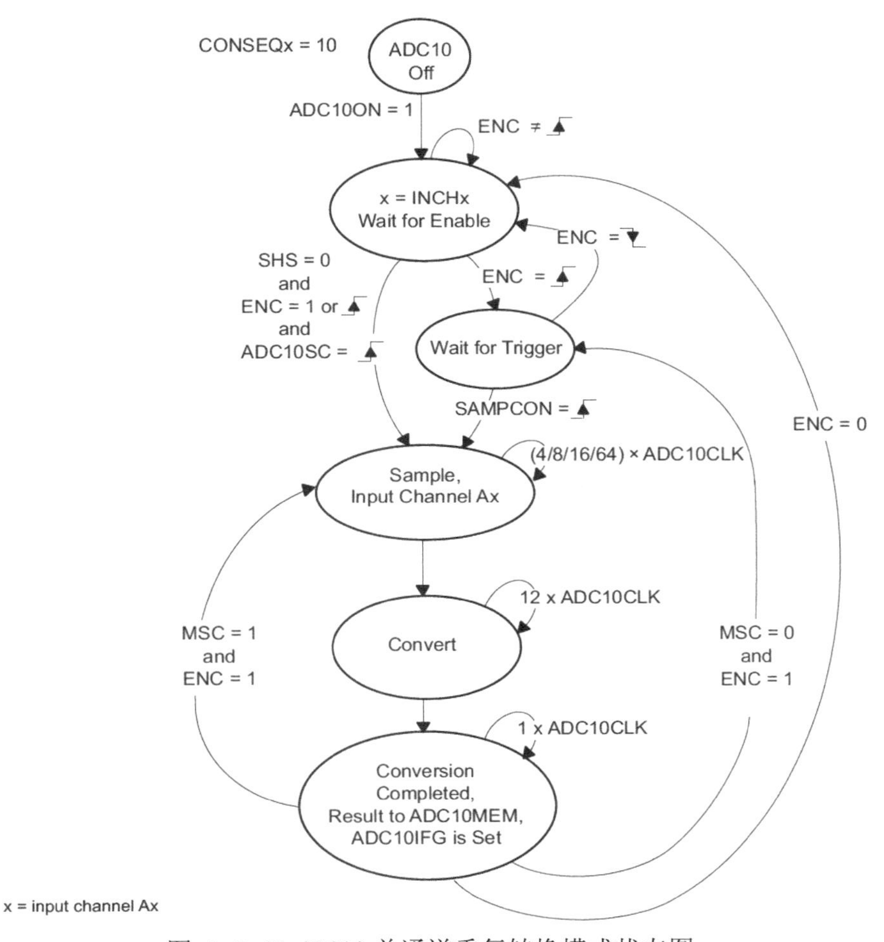

图 5.2-40 ADC10 单通道重复转换模式状态图

4) 序列通道重复转换

多个模拟通道被顺次采样和转换后重复前面的过程。通道序列从 INCHx 开始递减到通道 A0。每一个 ADC 转换结果都被写入 ADC10MEM 中。序列在通道 A0 完成转换后，有触发信号重新开始下一轮序列转换。此模式的转换流程图见图 5.2-41。

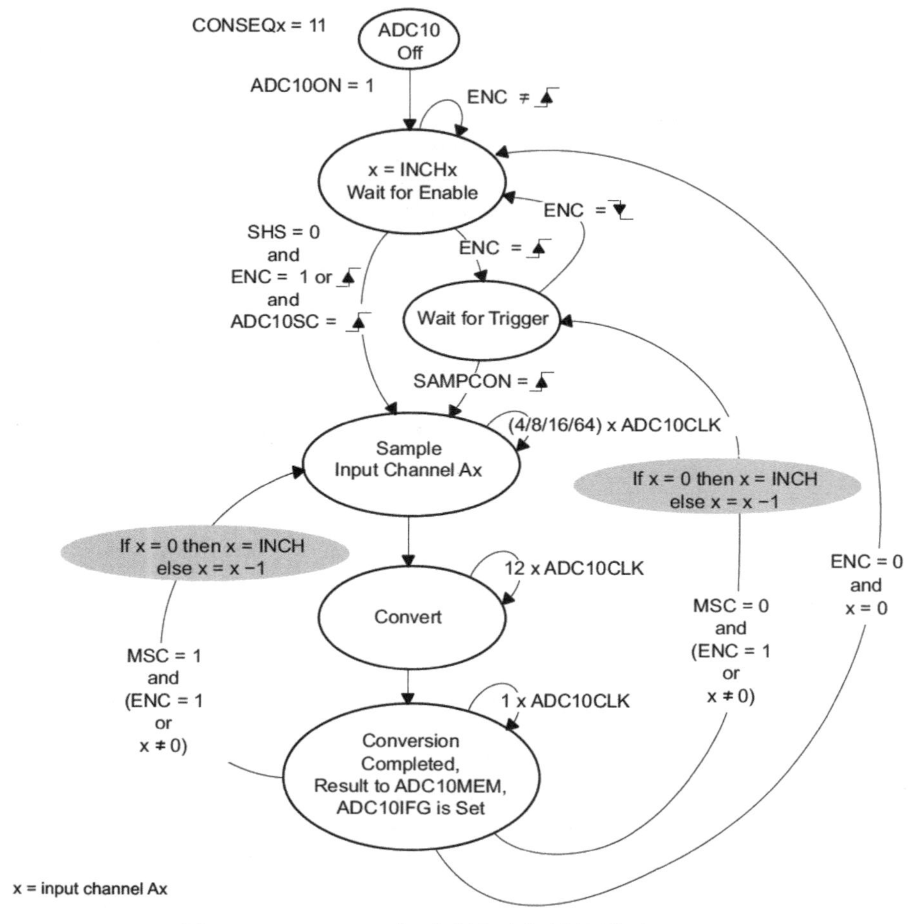

图 5.2-42 ADC10 序列通道重复转换模式状态图

5) 使用控制位 MSC

在多次重复采样/转换时，可以使用控制位 MSC 将转换过程尽可能快地自动连续起来。具体设置如见表 5.2-10。

表 5.2-11 MSC 控制位的使用

有效条件	MSC 值	具体操作内容
CONSEQx>0	0	每次转换需要 SHI 信号的上升沿触发采样定时器
	1	仅首次转换由 SHI 信号的上升沿触发采样定时器，而后采样转换将在前一次转换完成后立即进行

6) 停止 ADC10 的方法

如何停止 ADC10 取决于在哪种转换模式下，以下是推荐使用的方法，用来停止单次转换和序列转换：

➢ 在单通道单次转换模式下，复位 ENC 能够立刻停止模/数转换，但是结果是不可信的。若要获得正确的转换结果，可以查询 ADC10BUSY 位，直到该位复位后再清除 ENC，这样得到的转换结果是可信的。

- 在单通道重复转换模式下，复位 ENC 将在当前模/数转换完成后 ADC10 停止工作。
- 在一个序列或者重复序列工作模式下，复位 ENC 将使得 ADC10 在当前序列完成后停止工作。
- 任何模式下，如果设定 CONSEQx=0 并复位 ENC，则 ADC10 模块停止工作。得到转换数据是不可信的。

(3) ADC10 数据传输控制器

ADC10 模块有一个数据传输控制器（DTC），DTC 自动传输模/数转换结果从 ADC10MEM 到片上的其他内存单元。通过设定 ADC10DTC1 寄存器为非 0 值而使能了 DTC。

当 DTC 工作时，每次 ADC10 模块完成一次模/数转换并将结果写入 ADC10MEM 中，就将触发一次数据传输。在传输预定义数量数据完成之中，不允许有其他软件干预。每一次 DTC 传输需要一个 CPU 周期（MCLK）。在数据传送期间，为避免任何总线干扰，CPU 除执行传输必需的那个机器周期外，时钟处于停止状态。

在 ADC10 模块处于工作状态时，无法初始化 DTC 传输。所以在配置 DTC 时需要保证没有处于模/数转换中或者队列转换中。

具体的传输模式可以参考相关的文档，这里不再介绍。

(4) ADC10 中断系统

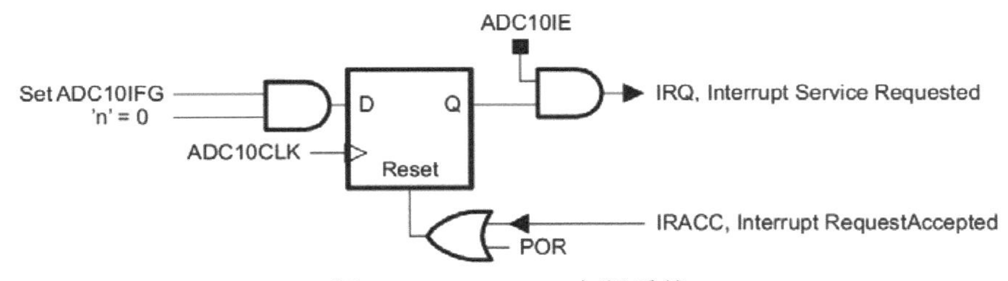

图 5.2-43 ADC10 中断系统

ADC10 模块有一个中断向量，中断系统见图 5.2-44。当 DTC 不使用时（ADC10DTC1=0），每次模/数转换完成并将结果写入 ADC10MEM，ADC10IFG 被置位；当 DTC 使用时，每次数据传输完毕或者内部传输计数器为 0，ADC10IFG 被置位。在 ADC10IE 和 GIE 都使能的前提下，ADC10IFG 将生成中断请求。在中断请求被响应后中断标志位 ADC10IFG 自动复位，或者可以用软件清除中断标志位。

(5) ADC10 程序实例

例1 程序代码

```
#include "msp430g2553.h"
void main(void)
{
  WDTCTL = WDTPW + WDTHOLD;                    // Stop WDT
  ADC10CTL0 = ADC10SHT_2 + ADC10ON + ADC10IE;  // ADC10ON, interrupt enabled
  ADC10CTL1 = INCH_1;                          // input A1
```

```
    ADC10AE0 |= 0x02;                              // PA.1 ADC option select
    P1DIR |= 0x01;                                 // Set P1.0 to output direction

    for (;;)
    {
      ADC10CTL0 |= ENC + ADC10SC;                  // Sampling and conversion start
      __bis_SR_register(CPUOFF + GIE);             // LPM0, ADC10_ISR will force exit
      if (ADC10MEM < 0x1FF)
        P1OUT &= ~0x01;                            // Clear P1.0 LED off
      else
        P1OUT |= 0x01;                             // Set P1.0 LED on
    }
  }

  // ADC10 interrupt service routine
  #pragma vector=ADC10_VECTOR
  __interrupt void ADC10_ISR(void)
  {
    __bic_SR_register_on_exit(CPUOFF);             // Clear CPUOFF bit from 0(SR)
  }
```

例 1 中采用 A1 通道的单次采样，默认参考电压为 AVcc。使用软件设置 ADC10SC 启动采样和转换，转换完成后 ADC10SC 自动清除复位。通过设定 ADC10SHTx 控制采样和转换时间，即 16×ADC10CLKs。在主程序循环中，使用 MSP430 的低功耗模式 LPM0，等待模/数转换完成，触发 ADC10 中断，在中断中退出 LPM0，返回主程序，判断 A1 通道的采样值，依据采样值的大小设定 P1.0。

例2 程序代码

```
  #include   "msp430g2553.h"
  void main(void)
  {
    WDTCTL = WDTPW + WDTHOLD;                      // Stop WDT
    ADC10CTL1 = ADC10DF + INCH_1;                  // Conversion code singed format,
  input A1
    ADC10CTL0 = ADC10SHT_2 + ADC10ON + ADC10IE;    // ADC10ON, interrupt enabled
    ADC10AE0 |= 0x02;                              // P1.0 ADC option select
    P1DIR |= 0x01;                                 // Set P1.0 to output direction

    for (;;)
    {
      ADC10CTL0 |= ENC + ADC10SC;                  // Sampling and conversion start
```

```
        __bis_SR_register(CPUOFF + GIE);                // LPM0, ADC10_ISR will force exit
        if ((int)ADC10MEM   < 0)
          P1OUT &= ~0x01;                               // Clear P1.0 LED off
        else
          P1OUT |= 0x01;                                // Set P1.0 LED on
      }
    }

    // ADC10 interrupt service routine
    #pragma vector=ADC10_VECTOR
    __interrupt void ADC10_ISR (void)
    {
      __bic_SR_register_on_exit(CPUOFF);           // Clear CPUOFF bit from 0(SR)
    }
```

例 2 中与例 1 不同的是，例 2 采用的是带符号数表征 ADC10 的转换值。

例3 程序代码

```
    #include   "msp430g2553.h"
    void main(void)
    {
      WDTCTL = WDTPW + WDTHOLD;                              // Stop WDT
      ADC10CTL1 = INCH_11;                                   // AVcc/2
      ADC10CTL0 = SREF_1 + ADC10SHT_2 + REFON + ADC10ON;
      P1DIR |= 0x01;                              // Set P1.0 to output direction

      for (;;)
      {
        ADC10CTL0 |= ENC + ADC10SC;               // Sampling and conversion start
        while (ADC10CTL1 & ADC10BUSY);            // ADC10BUSY?
        if (ADC10MEM < 0x311)                     // ADC10MEM = A11 > 0.65?
          P1OUT |= 0x01;                          // Set P1.0 LED on
        else
          P1OUT &= ~0x01;                         // Clear P1.0 LED off
      }
    }
```

例 3 中使用了 A11 通道，测量的是 AVcc/2，参考电平选择内部参考电平 V_{REF} 的 1.5V。从而将该测量成为测定电池电压的应用。在程序中使用了查询 ADC10BUSY，以判断模/数转换是否完成。

例4 程序代码

```
    #include   "msp430g2553.h"
```

```
void main(void)
{
  WDTCTL = WDTPW + WDTHOLD;                              // Stop WDT
  ADC10CTL1 = CONSEQ_2 + INCH_1;                         // Repeat single channel, A1
  ADC10CTL0 = ADC10SHT_2 + MSC + ADC10ON + ADC10IE;  // ADC10ON, interrupt enabl
  ADC10DTC1 = 0x20;                                      // 32 conversions
  ADC10AE0 |= 0x02;                                      // P1.1 ADC option select
  P1DIR |= 0x01;                                         // Set P1.0 to output direction

  for (;;)
  {
    ADC10CTL0 &= ~ENC;
    while (ADC10CTL1 & BUSY);                            // Wait if ADC10 core is active
    ADC10SA = 0x200;                                     // Data buffer start
    P1OUT |= 0x01;                                       // Set P1.0 LED on
    ADC10CTL0 |= ENC + ADC10SC;                          // Sampling and conversion start
    __bis_SR_register(CPUOFF + GIE);                     // LPM0, ADC10_ISR will force exit
    P1OUT &= ~0x01;                                      // Clear P1.0 LED off
  }
}

// ADC10 interrupt service routine
#pragma vector=ADC10_VECTOR
__interrupt void ADC10_ISR(void)
{
  __bic_SR_register_on_exit(CPUOFF);                     // Clear CPUOFF bit from 0(SR)
}
```

例 4 中涉及了 ADC10 模块的采样转换模式、数据传输模式，具体来讲，选择单通道重复模式，数据传输次数为 32 次的 one-block 传输。参考电压是 AVcc，软件置位 ADC10SC 触发采样开始，在模/数转换中让单片机工作在 LPM0 低功耗模式，并用 P1.0 的高低电平来表征转换开始与结束。

7. USCI

USCI 通用串行通信接口模块用于串行数据通信。USCI 模块支持同步通信协议[如 SPI（3 引脚或 4 引脚）和 I^2C]及异步通信协议[如 UART、具有自动波特率检测（LIN）功能的增强型 UART 和 IrDA]。

USCI 模块主要具有以下特点：

- 两个独立的通信模块 USCI_A 和 USCI_B；
- 超低功耗，支持在低功耗模式下工作；

➢ DMA 使能；
➢ 中断驱动；
➢ 自动检测的波特率发生器；
➢ 支持异步通信模式和同步通信模式。

USCI_A 和 USCI_B 通信模块都具有单独的发送和接受模块，USCI_A 支持 UART、IrDA 和 SPI，USCI_B 支持 I²C 和 SPI。

在 MSP430 单片机中，也有很多器件配置了 USART 模块，其与 USCI 模块的区别见表 5.2-12。

表 5.2-13 USCI 模块和 USART 模块的区别

	USCI	USART
UART	两个独立的模块	单一模块
	自动波特率检测，LIN 支持	无
	完整的 IrDA 编码，解码	无
	可同时工作的 USCI_A 和 USCI_B	无
SPI	2 组 SPI：USCI_A 和 USCI_B	只有一组 SPI
I²C	简单，便于使用	操作复杂

受本书篇幅所限，不对 USCI 的具体使用做详细的介绍，只对功能及应用做简单的介绍，如果在使用中需要，可以查看对应的文档和器件使用手册。以下简要介绍 USCI 的几个应用模式：

(1) USCI 模块 UART 模式

在异步模式下，MSP430 单片机使用 USCI_A 模块通过两个外部引脚与外部系统进行通信，这两个引脚分别是 UCAxRXD 和 UCAxTXD。UART 模式的选择控制位是 UCSYNC，清除该位便选择了 UART 模式。UART 模式具有以下特点：

➢ 传输 7 位或 8 位数据，具有奇、偶校验或者无校验；
➢ 独立的发送和接收移位寄存器；
➢ 独立的发送和接收缓冲寄存器；
➢ 低位或者高位优先的传送和接收模式；
➢ 用于多处理器系统的线路空闲和地址位通信协议；
➢ 用于从低功耗模式自动唤醒的接收器开始边沿检测器；
➢ 可编程实现分频因子为整数或者小数的波特率；
➢ 具有错误检测标志位；
➢ 具有地址检测标志位；
➢ 独立的发送和接收中断。

(2) USCI 模块 SPI 模式

在同步模式下，MSP430 单片机使用 USCI_A 模块通过三个或四个外部引脚与外部系统进行通信，这些引脚分别是 UCxSIMO、UCxSOMI、UCxCLK 和 UCxSTE。置位 UCSYNC 选择 USCI 的 SPI 模式，通过设定 UCMODEx 来定义是 3 线或者 4 线工作模式。SPI 模式具有以下特点：

- 传输 7 位或 8 位数据；
- 低位或者高位优先的传送和接收模式；
- 三线或四线的 SPI 操作；
- 主机、从机模式；
- 独立的发送和接收移位寄存器；
- 独立的发送和接收缓冲寄存器；
- 连续的传送和接收操作；
- 移位时钟的极性和相位可编程；
- 主机模式下的时钟频率可编程；
- 接收和发送有独立的中断能力；
- 从机模式可在 LPM4 下工作。

(3) USCI 模块 I^2C 模式

在 I^2C 模式下，USCI 模块通过两线的 I^2C 串行总线支持 MSP430 和 I^2C 兼容器件的通信。外部元件连接到 I^2C 总线上，串行发送和接收 USCI 模块的串行数据。I^2C 模式具有以下的特点：

- 兼容 Philips Semiconductor 的 I^2C 标准 V2.1；
  - 7 位或 10 位设备寻址模式；
  - 群呼；
  - 开始/重新开始/停止工作模式；
  - 多主发送/接收模式；
  - 从机接收/发送模式；
  - 标准模式速度为 100kbps，快速模式速度可达到 400kbps。

- UCxCLK 在主机模式下可编程；
- 支持低功耗模式；
- 从机接收到开始信号用于从低功耗模式唤醒单片机；
- 从机可工作在 LPM4 模式下。

第六章　新型单片机技术——PSoC

6.1 PSoC 概述

Cypress 半导体器件公司于 2003 年推出的 PSoC（Programmable System on Chip）器件是一种可在系统编程的片上系统，它将微控制器、可编程逻辑阵列、模拟可编程阵列等资源集成在单芯片上，实现了真正意义上的模、数混合可编程器件。

Cypress 先后推出了三个系列的 PSoC，即 PSoC1、PSoC3、PSoC5，其中 PSoC3 和 PSoC5 片上可编程系统分别集成了业界当前流行的 8051 CPU 内核和 ARM Cortex-M3 CPU 内核，使其备受业界关注。下表所示为 PSoC 的三个系列对照表。

表 6.1-1 PSoC 分类对照表

PSoC1	PSoC3	PSoC5
性能优化的 8 位 M8C 核	高性能 8 位 8051 CPU 核	高性能 32 位 ARM Cortex- M3
高达 24 MHz、4 MIPS 闪存 4 KB 至 32 KB SRAM 256B 至 2 KB 工作电压 1.7V 至 5.25V	高达 67 MHz、33 MIPS 闪存 8 KB 至 64 KB SRAM 2 KB 至 8 KB 工作电压 0.5V 至 5.5V	高达 67 MHz、84 MIPS 闪存 32 KB 至 256 KB SRAM 16 KB 至 64 KB 工作电压 2.7V 至 5.5V
1 个 Delta-Sigma ADC（6 至 14 位） 131 ksps @ 8-bit 电压精度 ±1.53% 多达 2 个数/模转换器（6 至 8 位）	1 个 Delta-Sigma ADC（8 至 20 位） 192 ksps @ 12-bit 电压精度 ±0.1% 多达 4 个专用数/模转换器（8 位）	1 个 Delta-Sigma ADC（8 至 20 位）; 192ksps @12 -bit 2 SAR ADC（8 至 12 位）; 700Ksps @12 位 电压精度 ±1.0% 多达 4 个专用数/模转换器（8 位）
工作：2 mA，睡眠：3 μA	工作：0.8 mA，睡眠：1 μA，休眠：200 nA	工作：6 mA @ 6 MHz，休眠：0.3 μA
FS USB 2.0, I2C, SPI, UART, LIN	FS USB 2.0, I2C, SPI, UART, CAN, LIN, I2S	FS USB 2.0、I2C、SPI、UART、LIN、I2S
需要 ICE Cube 和 FlexPods	片上 JTAG、调试和跟踪；SWD、SWV	片上调试和跟踪；SWD、SWV
多达 64 个 I/O	多达 72 个 I/O	多达 70 个 I/O

本章主要介绍 PSoC3，PSoC3 的 8051 内核使用单周期流水结构的 8051 微处理器，最高运行速度达到 67MHz。PSoC3 的单周期运行的 8051 内核比标准的 8051 处理速度要快几十倍。PSoC3 提供了强大的安全保护措施，阻止对 PSoC3 上非易失性存储器系统进行非法的读写操作，可应用于高可靠的应用开发。

作为新的嵌入式系统的开发平台，PSoC 具有灵活应用模式，可以使用内部的数字、模拟资源定制不同的外设，使得应用开发的灵活性大大提升，并为电子开发的升级提供了不错的平台；同时由于 PSoC 可以实现单芯片系统开发，可以节约很多接口芯片和辅助芯片的使用，既能够节约开发成本，又使得系统的体积减小、可靠性提高；PSoC 资源（可编程的模拟、数字模块阵列）的配置信息是由寄存器保存的，因此可以在系统动态运行时进行修改和重建，即所谓的动态可重构。由于能够在系统运行的不同时间针对不同的功能对统一 PSoC 进行重构，因此设计人员在许多情况下可以实现超过 120%的资源利用率。另外，由于 PSoC 的模拟电路内嵌特性，使其广泛应用于传感器网络电路的前端电路中；同时其 I/O 管脚支持电容感应检测（CapSense），被广泛应用于触摸按键及触摸滑条的开发设计中。

PSoC3 包括 CY8C32XX、CY8C34XX、CY8C36XX 和 CY8C38XX 四个系统，下表给出了 PSoC3 器件种类和相应的资源。

表 6.1-2 PSoC 器件种类和相应的资源

器件类型	MCU 核（8051 核）				模拟模块（最多资源）								数字资源（最多资源）			
	CPU (MHz)	Flash (KB)	SRAM (KB)	EEPROM (KB)	LCD 段驱动	ADC (Δ-Σ) 位数	DAC 个数	比较器	SC/CT 模块	放大器	DFB	Cap-Sense	UDB	定时器/PWM	FS USB	CAN 2.0B
CY8C3244	48	16	2	0.5	√	12	1	2	0	0	-	√	16	4	√	-
CY8C3245	48	32	4	1	√	12	1	2	0	0	-	√	20	4	√	-
CY8C3246	48	64	8	2	√	12	1	2	0	0	-	√	24	4	√	-
CY8C3444	48	16	2	0.5	√	12	2	4	2	2	-	√	16	4	√	-
CY8C3445	48	32	4	1	√	12	2	4	2	2	-	√	20	4	√	-
CY8C3446	48	64	8	2	√	12	2	4	2	2	-	√	24	4	√	-
CY8C3665	67	32	4	1	√	12	4	4	4	4	√	√	20	4	√	√
CY8C3666	67	64	8	2	√	12	4	4	4	4	√	√	24	4	√	√
CY8C3865	67	32	4	1	√	20	4	4	4	4	√	√	20	4	√	-
CY8C3866	67	64	8	2	√	20	4	4	4	4	√	√	24	4	√	-

针对 PSoC 模、数混合系统的开发，Cypress 公司先后推出了集成开发环境 PSoC Designer 和 PSoC Express，支持 PSoC1 的设计开发；最新推出了支持 PSoC3、PSoC5 的 PSoC Creator IDE，本篇使用 PSoC Creator 2.0（简称 PSoC Creator），是最先进的集成开发环境，带有创新性的图形设计编辑器，构成独特而强大的硬件、软件协同设计环境。

6.2 软件使用及开发流程

6.2.1 软件简介

PSoC Creator 是一个功能齐全的图形化软硬件设计及编程环境，带有创新性的图形设计界面，通过它可以对 PSoC3、PSoC5 芯片进行硬件设计、软件设计及调试、工程的编译和下载。

图形化的设计入口简化了配置一个特殊元件的任务。设计者可以从元件库内选择所需要的功能，并将其放置在设计中。所有的参数化元件都有一个编辑器对话框，允许设计者根据需要对功能进行裁剪。

PSoC Creator 软件平台自动地配置时钟和布线 I/O 到所选择的引脚，并且为给定的应用产生应用程序接口函数 API 对硬件进行控制。修改 PSoC 的配置是十分简单的，比如添加一个新元件、设置它的参数和重新建立工程等。在开发的任意阶段，设计者都能自由地修改硬件配置，甚至是目标处理器，也可修改 C 编译器和进行性能评估。

PSoC Creator 软件平台的特点主要有：

集成了原理图捕获功能，用于设备配置；

提供了丰富的元件 IP 核资源；

集成了源代码编辑器；

内置调试器；

支持自定义元件创建（设计重用）功能；

PSoC 3 编译器——Keil CA51（无代码大小限制）；

PSoC 5 编译器——CodeSourcery TM 的 Sourcery TM Lite 版本

6.2.2 软件界面

运行 PSoC Creator 进入软件主界面，如图 6.2-1 所示。主界面包括菜单栏、工具栏和窗口栏等。

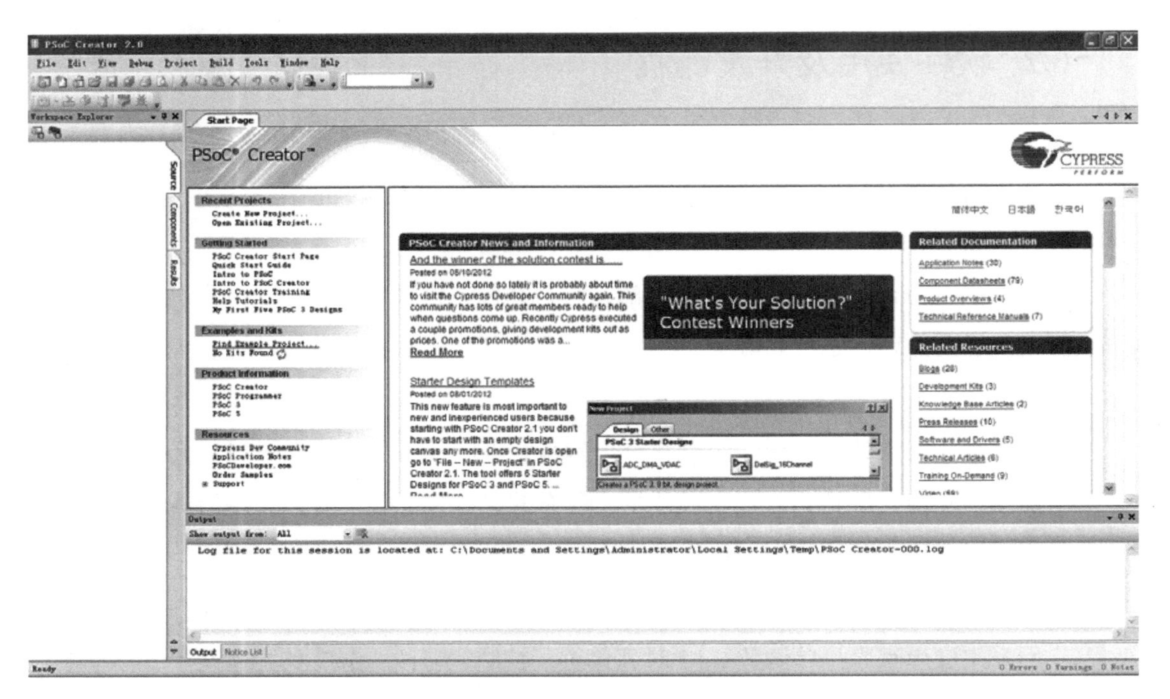

图 6.2-2 PSoC Creator 软件起始主界面

其中窗口栏包括：

Workspace Explorer 工程窗口（左侧）：在这里可以看到所有的工程文件，可以通过点击工程文件来进行编辑和设置。当打开一个工程的时候，这个窗口的 Source 标签中就会显示全部的工程文件。

主窗口（中央部分）：进行原理图的编辑及主程序代码的编写等核心功能。

Output 输出窗口（底部）：可以看到操作过程中的一些相关信息，包括程序编译过程和报错警告等。

元件库窗口（右侧）：在建立工程时编辑原理图出现。列举了各种可直接调用元件的分类列表，从简单到复杂。数字元件，从逻辑门、寄存器到数字定时器、PWM 等；模拟元件，从运放、ADC、DAC 到滤波器等；通信协议：I²C、USB、CAN 等。

6.2.3 基本使用流程及工程操作

PSoc Creator 的基本使用步骤为：一、创建工程，二、编辑原理图，三、分配引脚和时钟，四、编写 main.c 主程序代码，五、编译程序并进行下载。

1. 创建工程

在软件的主界面下，依次点击 File-New-Project 创建一个新的工程，出现 New Project

界面，如图 6.2-3 所示。如果目标器件是 PSoC3，则选择 Empty PSoC3 Design 模版；如果目标器件是 PSoC5，则选择 Empty PSoC5 Design 模版。在 Name 栏为设计命名，在 Location 栏选择设计的存储路径，建议选在 D 盘或 E 盘。之后单击“Advanced”前面的加号。在“Device”中显示上次选用过的芯片或一个默认芯片型号，若新项目需要其他芯片型号，则单击右侧的下箭头，选择“<Launch Device Selector…>”。进入芯片选择对话框，选择 CY8C3866AXI-040，在右下角的“Device Revisions”处选择“ES3”，单击“OK”。单击“OK”之后，在默认情况下，主窗口将打开 TopDesign.cysch，这是工程完整的原理设计图。

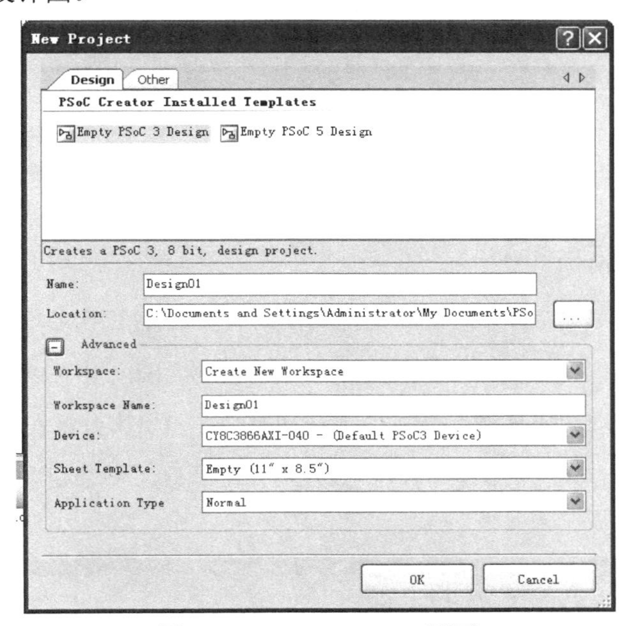

图 6.2-4 New Project 界面

2. 原理图的编辑

单击左侧的工程文件列表中的 TopDesign.cysch 原理图文件，就可以在主窗口进行原理图的编辑，如图 6.2-5 所示。此时界面右侧会出现元件库窗口，显示可供直接使用的元件。从元件列表中直接拖动元件到主窗口，然后通过原理图左侧的小工具栏进行元件的连接。左键双击元件或者右键单击元件并选择 Configure，即可对元件参数进行设置。

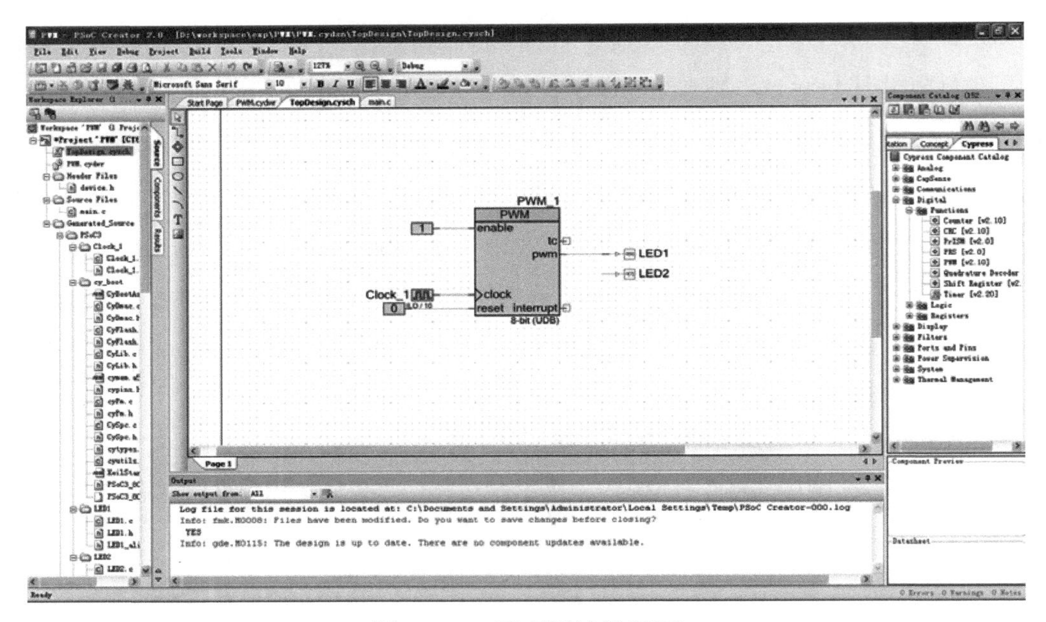

图 6.2-6 原理图编辑界面

3. 引脚和时钟的分配

原理图编辑完成之后，在左侧的工程文件列表中选择(工程名).cydwr 文件，主窗口显示芯片引脚分配图，如图 6.2-7 所示。点击引脚分配图下方的 Pin 标签可进行引脚分配，引脚的个数取决于所选元器件的数量和类型。击引脚分配图下方的 Clocks 标签可进行时钟的分配，但不是必需的，多数元件在选择好之后会自动分配时钟，有特别的要求时除外。

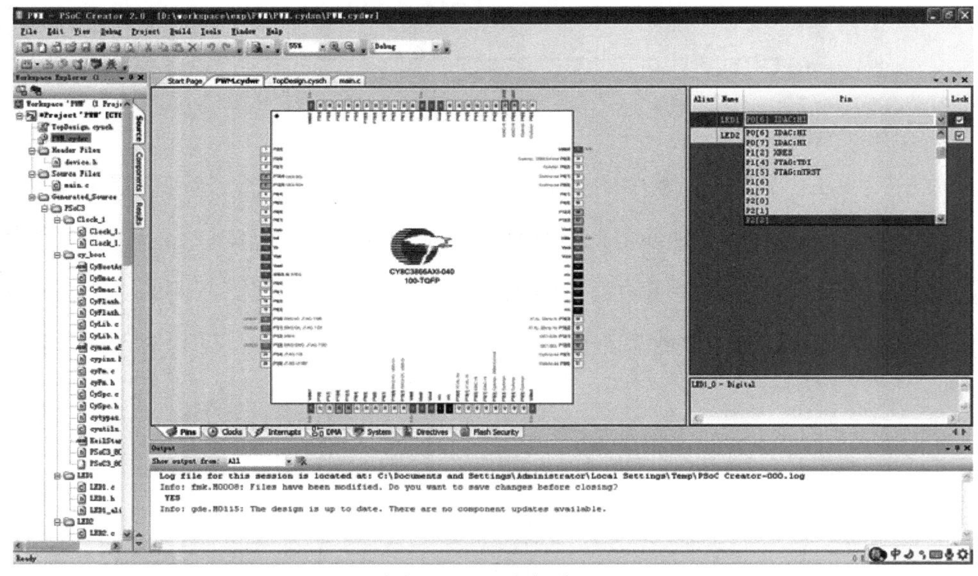

图 6.2-8 引脚分配

4. 主程序代码的编写

在左侧的工程文件列表中单击 main.c 文件，即在主窗口打开 C 语言程序输入区。注意，一般函数的调用方法是“元件名_函数名（参数）”。其中元件名在原理图编辑中进行编辑，函数的功能和使用方法可以参考相关元件的 DataSheet。

5. 程序的编译

单击主菜单中的“Build—Build 工程名” 或者单击工具栏中的图标进行全编译，在输出窗口可以看到相关信息。

6. 程序的下载

（1）程序通过 MiniProg3 编程器进行下载，先用编程器连接 PC 机 USB 口与实验套件核心板左侧的下载口（本篇实验板为 J5 或 J6）；

（2）点击菜单 Tools – Options…，弹出 Options 对话框；

（3）在对话框中选择 Program / Debug，设置 MiniProg3，如图 6.2-9 所示：

- Applied Voltage：3.3V
- Transfer Mode：SWD
- Active Port：10 Pin
- Programming Mode：Reset
- Debug Clock Speed：3.2MHz

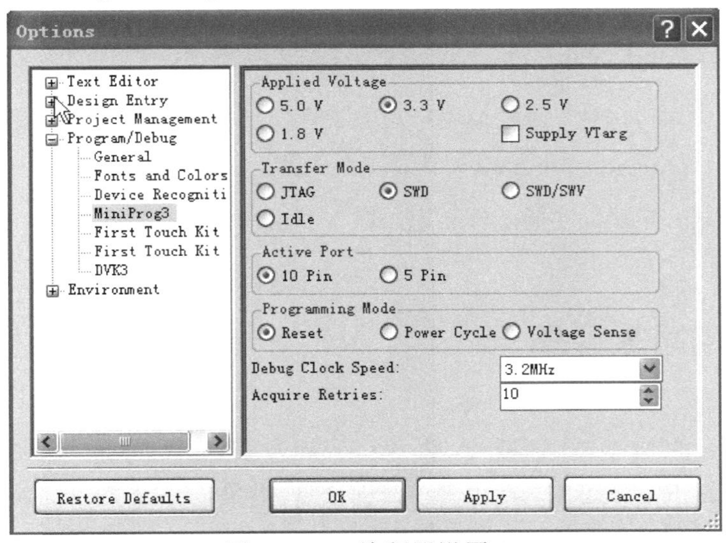

图 6.2-10 编程器设置 1

（4）选择 Program / Debug，设置 DVK3，如图 6.2-11 所示设置：

- Applied Voltage：3.3V
- Transfer Mode：SWD

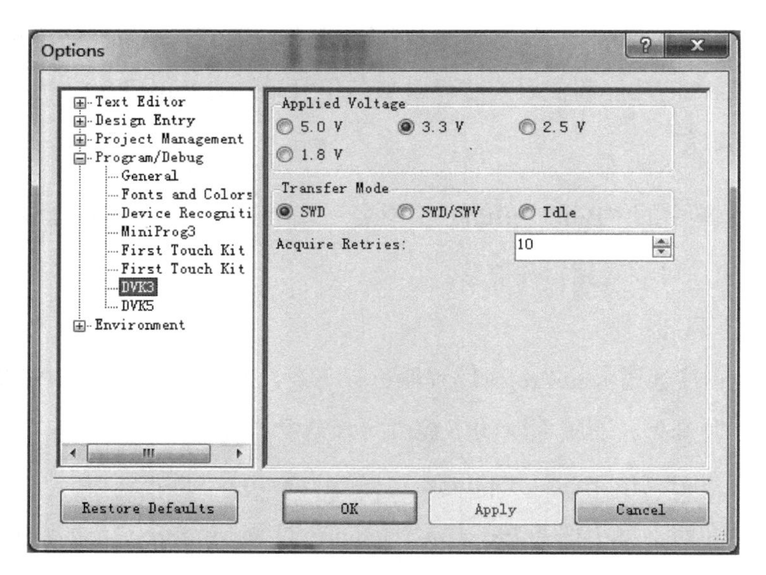

图 6.2-12 编程器设置 2

（5）将实验套件系统电源 VDD 选择为 3.3V 供电（即将左上角电源区内的跳线 J25 连接靠下两脚），实验套件上电。

（6）再选择 Debug 菜单，单击 Select Debug Target…：展开并选择 PSoC3 器件，单击 “connect”，单击 Close 按钮。

（7）单击菜单 Debug – Program 或单击工具图标，开始下载。直到底部 Output 输出窗口出现：`Device 'PSoC3 CY8C3866AX*-040' was successfully programmed at`+编译时间，下载完成。

（8）下载完毕后，实验套件断电，取下 MiniProg3 编程器。

6.3 实验电路板介绍

本文使用的实验电路板如图 6.3-1 所示，采用的是 PSoC3 系列中的 CY8C3866AXI-040，电路板系统电源可提供 3.3V 和 5V，支持 PSoC3 核心板和 PSoC5 核心板。CY8C3866 具有以下芯片资源：

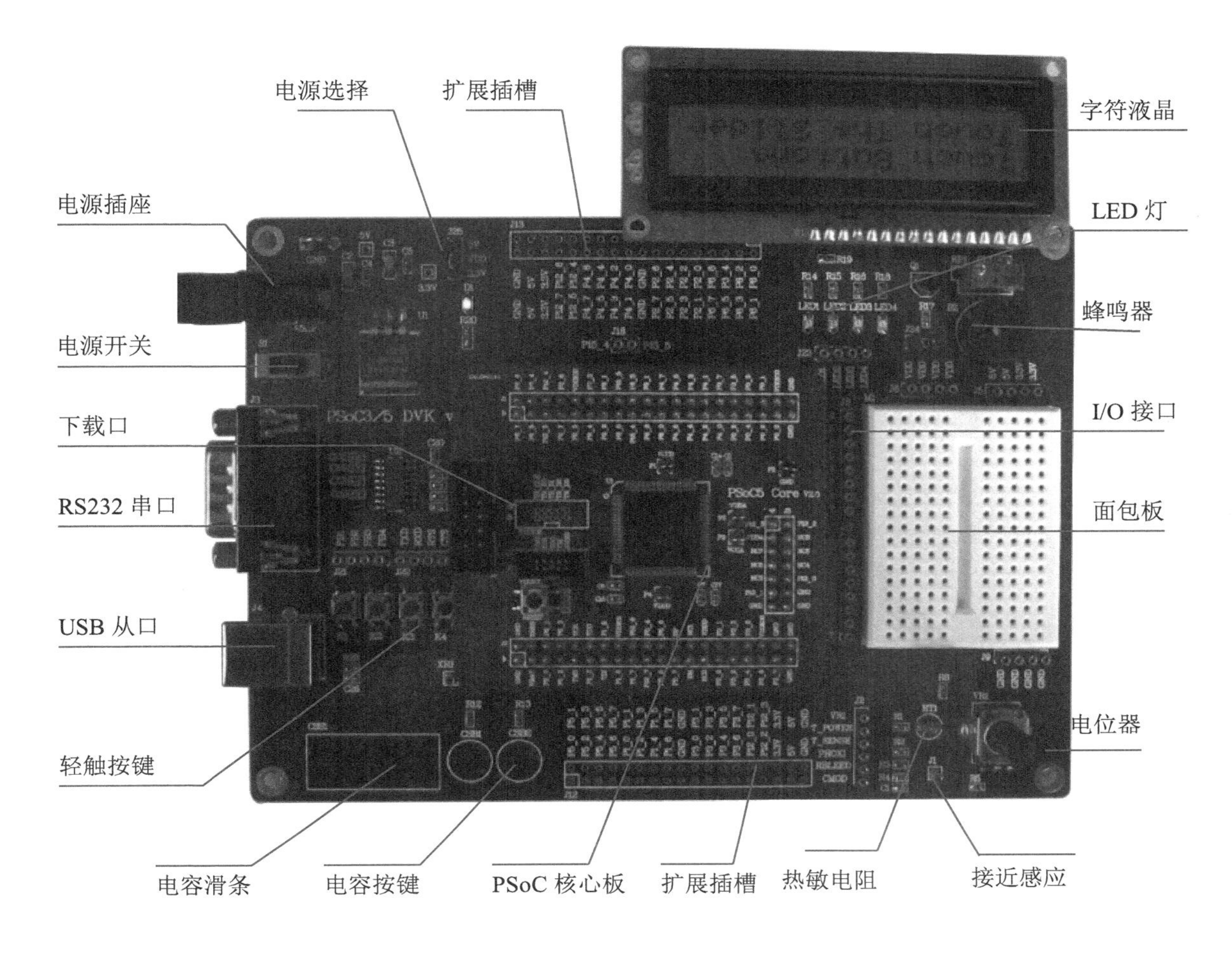

图 6.3-2 实验板实物图

（1）单周期 8051 CPU

- 主频 67MHz
- 64KB 的 Flash，8KB 的 SRAM，2KB 的 EEPROM
- 24 路 DMA 通道
- 宽工作电压：0.5V~5.5V
- 72 路 GPIO 口，所有 I/O 均可作为数字或模拟接口。均支持 CapSense 功能
- 全面可配置的内部 CPU 时钟

（2）数字外设

- 24 个可编程数字模块（可用于实现定时器、计数器、PWM 等模块）
- 全速 CAN 2.0、全速 USB 2.0、SPI、UART、I^2C 等接口

（3）模拟外设

- 1.024V 内部参考电压
- 12~20 位可配置 Delta Sigma ADC

- 67MHz 24 位数字滤波器
- 4 个 8 位 8Msps IDACs、 1Msps VDACs
- 4 个电压比较器
- 4 个运算放大器
- 4 个可编程模拟模块（可用于实现 PGA、TIA、混频器、采样保持器等模块）

CapSense 功能（可用于实现电容按键、电容滑条）

实验板上其他资源有：

(1) 数字资源：轻触按键、8 个绿色发光二极管、1602 字符液晶、蜂鸣器。

(2) 模拟资源：包括可调电位器、热敏电阻、接近传感器。

(3) 设有 CapSense 实验区，包含 2 个电容按键、1 组电容滑条。

(4) 外设接口：JTAG/SWD 编程接口、UART 串口、USB 口、侧插扩展板接口等，便于与计算机进行通信，PSoC 芯片和外设模块的部分引脚通过单排圆孔插座引出，用户可根据实际需要使用插针线实现电路的连接，并可通过面包板或外接扩展板实现电路的拓展。

(5) 核心板上采用 10 针 JTAG/SWD 下载接口，使用 USB2.0 接口编程器（带仿真、调试功能）对主芯片进行仿真或下载。

在使用中，需要注意的几个电路连接如下：

1. 电源区

实验电路可通过跳线 J25 选择 3.3V 或 5V 电源供电，建议系统电压默认选择 3.3V 供电，在连接使用下载器时请注意务必保证选择 3.3V 供电。在实验板左上角拨动开关 S1 来开关电源，并通过左上角的短路子选择 3. 3V 或 5V 电源供电。

2. 数字输入区

数字输入区包括 4 个轻触按键（K1—K4）和两组侧插扩展板接口。硬件电路如图 6.3-3 所示：

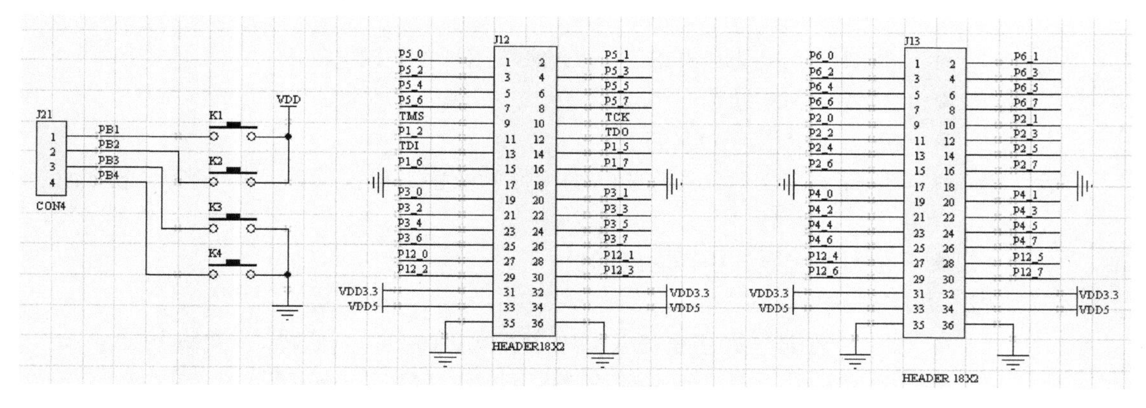

图 6.3-4 数字输入区电路

3. 模拟输入区

模拟输入区包括 1 个电位器 VR1、一个热敏电阻和一个接近感应传感器。硬件电路如图 6.3-5 所示：

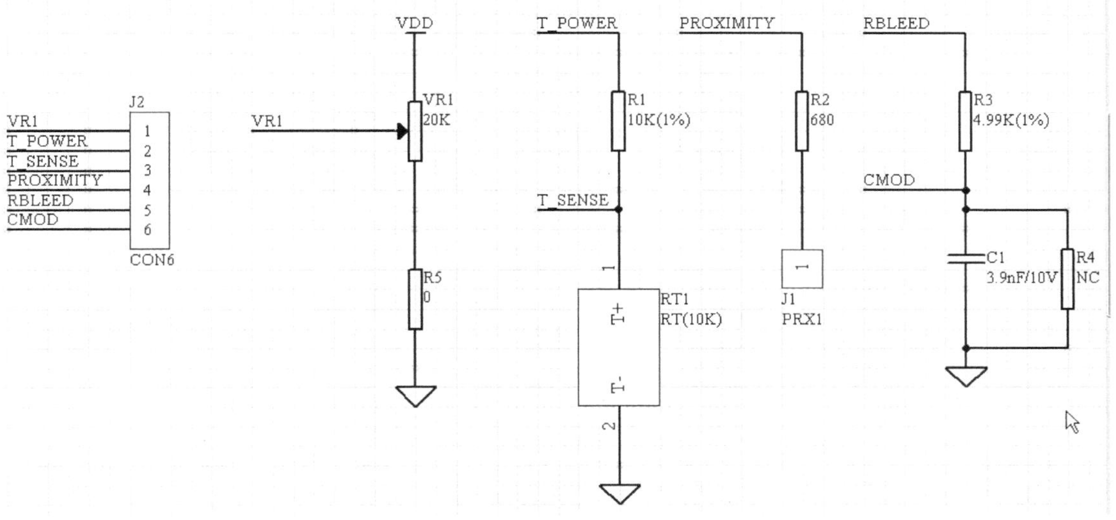

图 6.3-6 模拟输入区电路

4. 数字输出区

数字输出区包括 1 个字符型 LCD 显示屏接口（P1）， 8 个绿色发光二极管（LED1—LED8)，1 个蜂鸣器(BZ)。P1 接口已连接到 PSoC 芯片的 P6 口(P6_0—P6_6)，连接 1602 字符液晶时，请注意 1 脚在右侧（即 1602 字符液晶朝外插）。蜂鸣器的控制端是通过右上角短路端子 J24 连接到核心板的 P6_7 脚。硬件电路如图 6.3-7 所示：

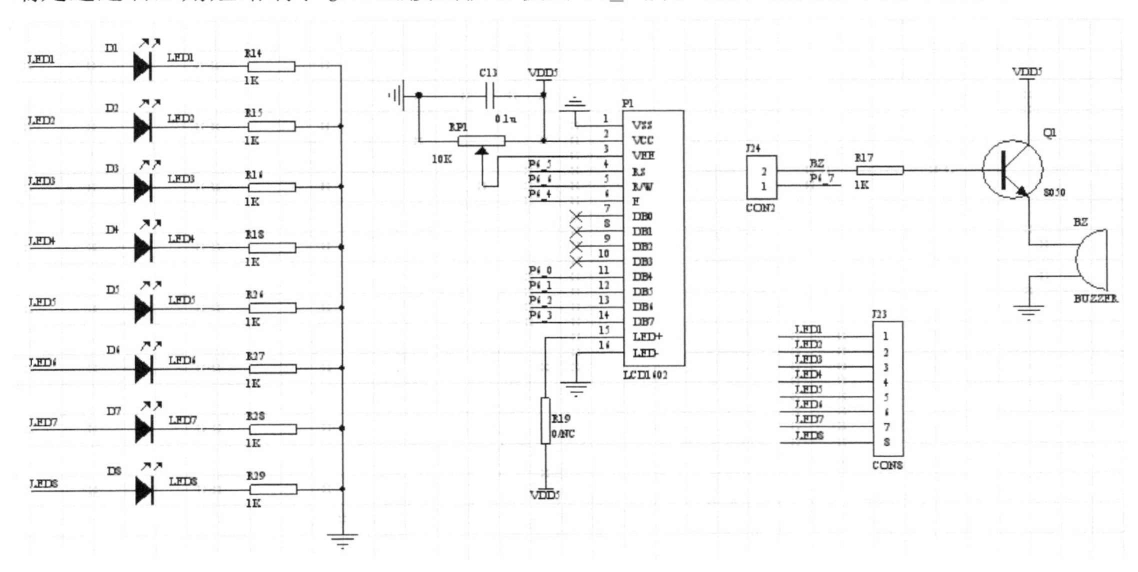

图 6.3-8 数字输出区电路

5. CapSense 实验区

CapSense 实验区主要用于进行电容触摸式感应的实验，此实验区包括 2 个电容按键（CSB1、CSB2）、5 个一组的电容滑条(CSS1—CSS5)。其硬件电路如图 6.3-9 所示：

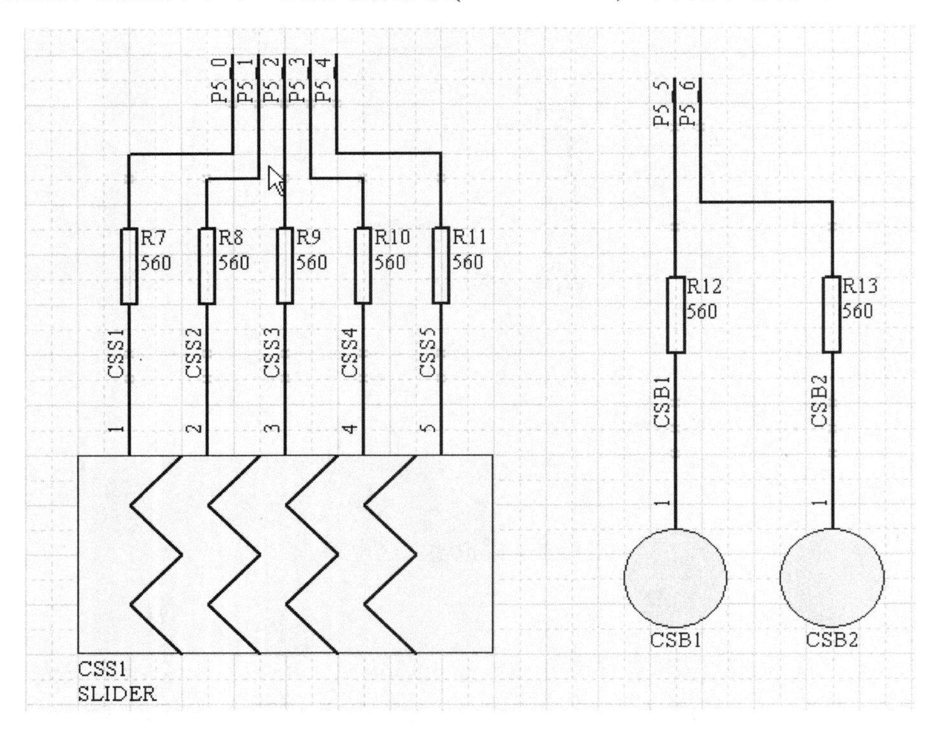

图 6.3-10 CapSense 硬件电路

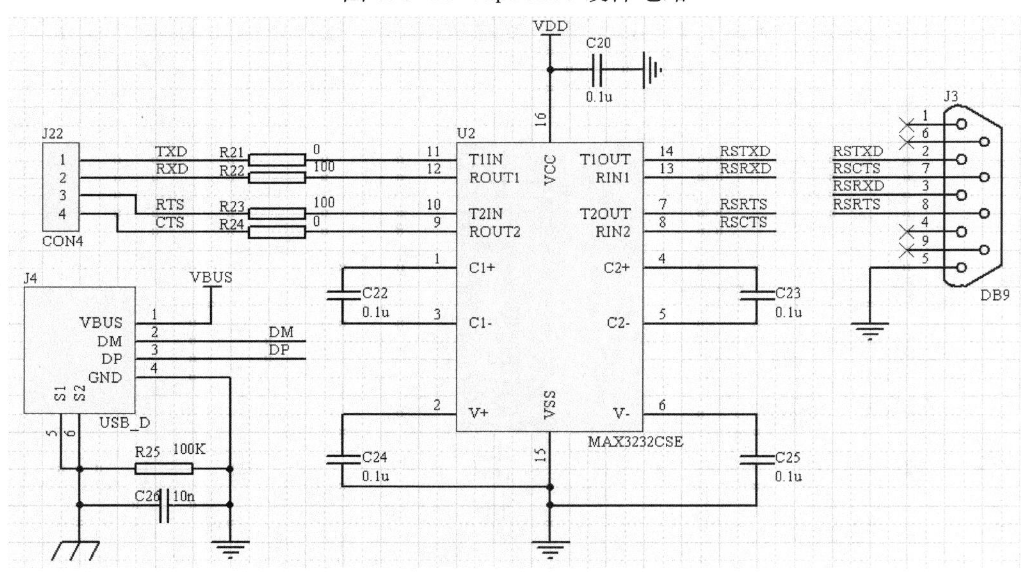

图 6.3-11 串口和 USB 口

6. 串口和 USB 口

用户可通过此实验区实现串口以及 USB 口收发，从而达到与电脑进行通信的目的。

USB 口的 DM 和 DP 都已连接核心板 PSoC 主芯片。硬件电路如图 6.3-12 所示。

7. 面包板

用户可以利用实验套件右侧的小面包板自行搭建所需的电路。需注意的是，在自行搭建的电路与扩展接口进行连接前，必须首先检验电路的安全性，即是否存在短路。

8. 程序下载

用户在生成最终的project_name.hex后，可通过开发环境PSoC Creator软件的Program选项或通过PSoC Programmer软件将其下载至PSoC芯片。下面以使用PSoC Programmer软件下载为例。下载之前应首先连接好下载硬件，之后启动PSoC Programmer，软件界面如图 6.3-13 所示（图为简化界面，在View选项下选择Classic可得）。如图将Programming Mode选项设置为Reset，选取相应的芯片型号，并加载下载文件即可下载。下载时需保持平台为通电状态，且保证下载不受干扰。下载时需保持电路板为通电状态，供电电压 3.3V。程序下载完毕后，需将套件电源关闭后再打开，使PSoC芯片重载程序，便可观察下载结果。

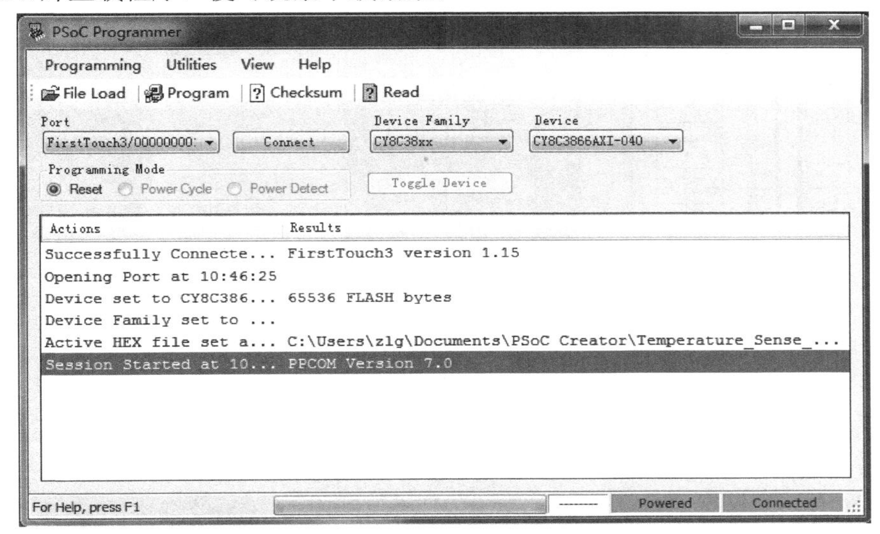

图 6.3-14 PSoC Programmer 界面

6.4 PSoC 资源及应用示例

下面以 PSoC3 系列中的 CY8C38 系列为例，分析其内部资源及使用。CY8C38 系列的超低功耗闪存可编程片上系统 (PSoC) 器件是可扩放的 8 位 PSoC 3 和 32 位 PSoC 5 平台的一部分。 CY8C38 系列围绕 CPU 子系统提供了多个可配置的模拟、数字和互连电路模块。通过将 CPU 同高度灵活的模拟子系统、数字子系统、总线及 I/O 相结合，可以在众多消费、工业和医学应用领域实现高度集成。

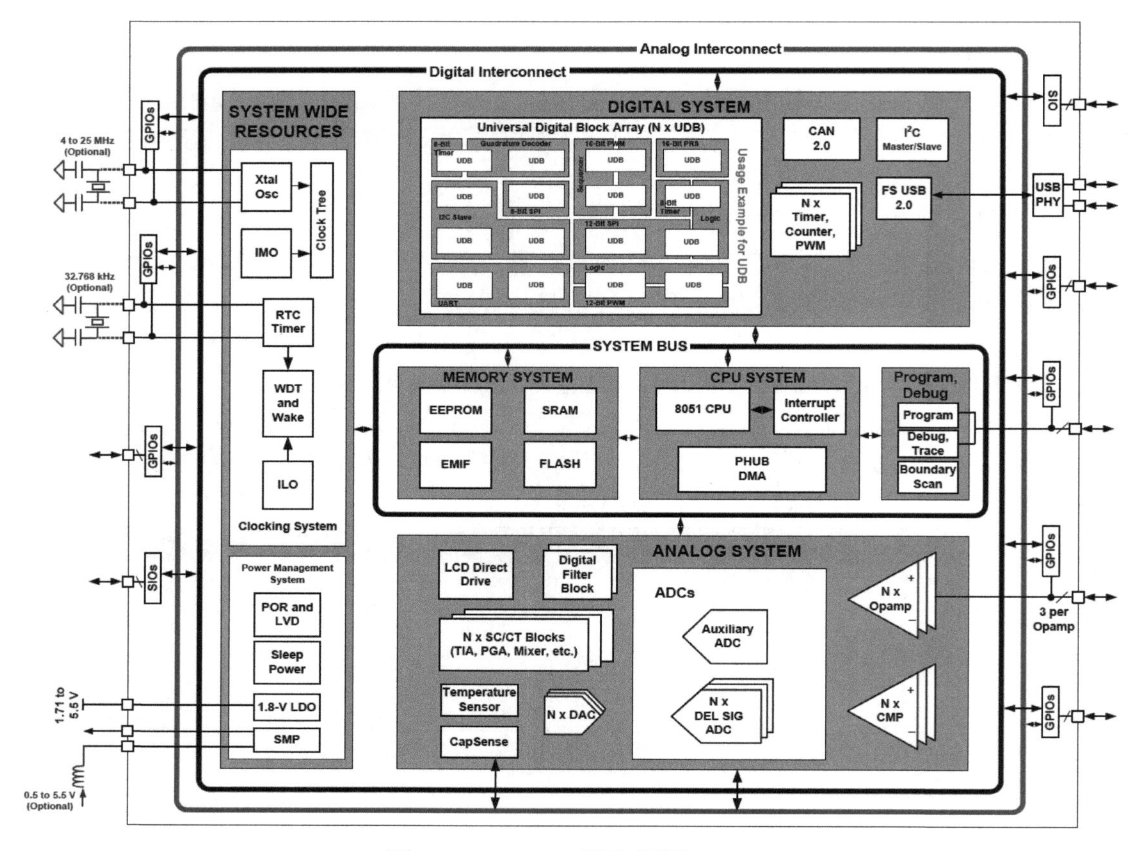

图 6.4-1 PSoC3 简化框图

图 6.4-2 中显示了 CY8C38 系列的主要组件。其中包括：8051 CPU 子系统，非易失性子系统，编程、调试和测试子系统，输入和输出单元，时钟系统，电源系统，数字子系统，模拟子系统等。

PSoC 具有独特的可配置性，其中有一半是由其数字子系统提供的。 数字子系统不仅能够通过数字系统互联 (Digital System Interconnect, DSI)，将来自任意外设的数字信号连接至任意引脚，而且还能够通过小而快的低功耗 UDB 实现功能的灵活性。PSoC Creator 提供了一个外设库，其中包括经过测试并已映射至 UDB 阵列的标准预建数字外设，如 UART、SPI、LIN、PRS、CRC、定时器、计数器、PWM、AND、OR 等。此外，还可以通过图形设计输入的方式，使用布尔元件轻松创建数字电路。每个 UDB 均包含可编程阵列逻辑 (PAL)/ 可编程逻辑器件 (PLD) 功能，以及支持众多外设的小型状态机引擎。

除了能够提高 UDB 阵列的灵活性之外，PSoC 还提供旨在实现特定功能的可配置数字模块。 对于 CY8C38 系列，这些模块包括 4 个 16 位定时器、计数器和 PWM 模块，I²C 从器件、主控和多主控，全速 USB，以及 Full CAN 2.0b。

PSoC 独特的可配置性的另一半则来自于其模拟子系统。所有模拟性能都基于高度精确的绝对电压参考（在有效工作温度和电压下，误差小于 0.1%）。可配置模拟子系统包括：模拟复用器、电压比较器、参考电压发生器、模数转换器（ADC）、数模转换器（DAC）及数字滤波器模块（DBF）。

所有 GPIO 引脚都可以使用内部模拟总线将模拟信号输入和输出器件。 因此，器件可接多达 62 个分立模拟信号。 模拟子系统的核心是一个快速、精确，并具有以下特性的可配置的 Delta-Sigma ADC：

- 偏移小于 100 μV
- 增益误差为 0.2%
- INL 小于 ±2 LSB
- DNL 小于 ±1 LSB
- SINAD 在 16 位模式下优于 84 dB

该转换器能够满足众多高精度模拟应用的需求，其中包括一些要求最为严苛的传感器。 不需要 CPU 的参与。

4 个高速电压 DAC 或电流 DAC 支持 8 位输出信号，其更新速率最高可达 8Msps。它们可以连接到任何 GPIO 引脚输入/ 输出。可以使用 UDB 阵列创建分辨率更高的电压 PWM DAC 输出。利用此方法可以在高达 48 kHz 的频率下创建高达 10 位的脉冲宽度调制 (PWM) DAC。每个 UDB 中的数字 DAC 都支持 PWM、PRS 或 delta-sigma 算法，并且宽度可编程。 除了 ADC、DAC 和 DFB 以外，模拟子系统还提供：

- 多个未赋定值运算放大器。
- 多个可配置的开关电容/连续时间 (Switched Capacitor/Continuous Time, SC/CT) 模块。

这些模块支持：互阻放大器、可编程增益放大器、混频器、其他类似模拟组件等。

PSoC 的 8051 CPU 子系统是围绕工作频率高达 67MHz 的单周期流水线 8051 核 8 位处理器构建的。CPU 子系统包括可编程的嵌套矢量中断控制器、DMA 控制器和 RAM。PSoC 的嵌套矢量中断控制器可让 CPU 直接前进到中断服务例程的第一个地址，而无须在其他架构中使用跳转指令，因此具有较低的延迟。DMA 控制器使外设能够在没有 CPU 干预的情况下交换数据。这样，CPU 就能够以较慢的速度运行（降低功耗）或使用这些 CPU 周期来提高固件算法的性能。单周期 8051 CPU 的运行速度比标准 8051 处理器快 10 倍。 处理器速度本身是可以配置的，从而能够针对特定应用调整运行功耗。

PSoC 的非易失性子系统由闪存、按字节写入的 EEPROM 及非易失性配置选项构成。 能够提供高达 64KB 的片上闪存。CPU 可以对闪存的各个区块重新编程，以便使能引导加载程序。可以针对可靠性较高的应用使能纠错码 (Error Correcting Code, ECC)。功能强大且非常灵活的保护模型能够保护用户的敏感信息，并能够锁定选定的存储器模块，以便实现读写保护。片上提供了高达 2 KB、按字节写入的 EEPROM，用于存储应用程序数据。此外，选定的配置选项（如引导速度和引脚驱动模式）存储在非易失性存储器中，以便在上电复位(POR) 后立即激活相关设置。

PSoC 的三种类型的 I/O 都非常灵活，可在 POR 时设置驱动模式。PSoC 还通过 Vddio 引脚提供多达四个 I/O 电压域。每个 GPIO 都具有模拟 I/O、LCD 驱动、CapSense、灵活的中断生成、斜率控制，以及数字 I/O 功能。PSoC 上的 SIO 在用作输出时，允许独立于 Vddio 设置 VOH。SIO 在输入模式下处于高阻抗状态。即使当器件未加电或引脚电压高于供电电压时，亦是如此。这使得 SIO 非常适合在 I^2C 总线上使用，因为当该总线上的其他器件处于加电状态时，PSoC 可能未加电。SIO 引脚还具有非常高的灌电流能力，适用于 LED 驱动等应用。通过使用 SIO 的可编程输入阈值特性，可以将 SIO 用作通用模拟电压比较器。 此外，对于带全速 USB 的器件，还提供了 USB 物理接口 (USBIO)。当不使用 USB 时，这些引脚还可以用于实现有限的数字功能和进行器件编程。

PSoC 器件集成了非常灵活的内部时钟生成器，能够实现高度的稳定性和精度。内部主振荡器 (IMO) 是系统的主时基，在 3MHz 下的精度为 1%。IMO 的工作频率介于 3MHz 和 62MHz 之间。可以从主时钟频率生成多个时钟分频，以满足应用需求。器件提供了一个 PLL，以便从 IMO、外部晶振或外部参考时钟生成高达 67MHz 的系统时钟频率。

器件包含一个单独的超低功耗内部低速振荡器 (ILO)，供睡眠和看门狗定时器使用。此外，在实时时钟 (RTC) 应用中，还支持使用 32.768kHz 的外部监视晶振。时钟与可编程时钟分频器具有高度的灵活性，能够满足大多数时序要求。

CY8C34 系列能够在 1.71V～5.5V 的电压范围内工作。可以采用 1.8V±5%、2.5 V ±10%、3.3 V±10% 或 5.0V±10%等稳压电源，或直接采用多种不同类型的电池。 此外，该系列还提供了一个集成的高效同步升压转换器，能够采用低至 0.5V 的供电电压为器件供电。这样，可以通过单个电池或太阳能电池为器件直接供电。不仅如此，您还可以使用升压转换器来生成器件所需的其他电压，如驱动 LCD 显示屏所需的 3.3V 电压。升压转换器的输出引脚是 VBOOST，从而可以从 PSoC 为应用中的其他器件供电。

PSoC 支持多种低功耗模式，其中包括 200 nA 休眠模式（RAM 保留数据）和 1μA 睡眠模式 (RTC 保持运行)。在第二种模式下，可选的 32.768 kHz 监视晶振会连续运行，以保持精确的 RTC。

对所有主要功能模块（包括可编程数字和模拟外设）的供电可由固件独立控制。因此，当某些外设未被使用时，可以采用低功耗后台处理模式。 这样，当 CPU 在 6 MHz 下运行时，器件总电流仅为 1.2 mA，在 3 MHz 下则仅为 0.8 mA。

PSoC 采用 JTAG（4 线）接口或 SWD（2 线）接口进行编程、调试和测试。单线查看器 (SWV) 也可用于进行“printf” 式调试。通过结合使用 SWD 和 SWV，只需 3 个引脚，就可实现全功能调试接口。借助这些标准接口，能够利用赛普拉斯公司或第三方供货商提供的众多硬件解决方案对 PSoC 进行调试或编程。 PSoC 支持片上断点以及 4 KB 的指令和数据竞争存储器，以便进行调试。

CY8C38 器件采用单周期 8051 CPU，与原来的 MCS-51 指令集完全兼容，所以不再重复介绍关于 CPU、中断系统、存储器方面的内容。

6.4.1 系统集成公共资源

1. 时钟系统

时钟系统负责整个 PSoC 系统内的时钟生成、分频和分配工作。对于大多数系统来说，均不需要额外的外部晶振。结合使用 IMO 和 PLL，可以生成高达 66 MHz 的时钟，且在有效工作电压和温度下该时钟的精度为±1%。通过使用额外的内部和外部时钟源，可以根据设计需要优化精度、功耗和成本。所有系统时钟源都可以用于 16 位时钟分频器和 UDB 中，为用户所需的任何部件（例如 UART 波特率生成器）生成其他时钟频率。

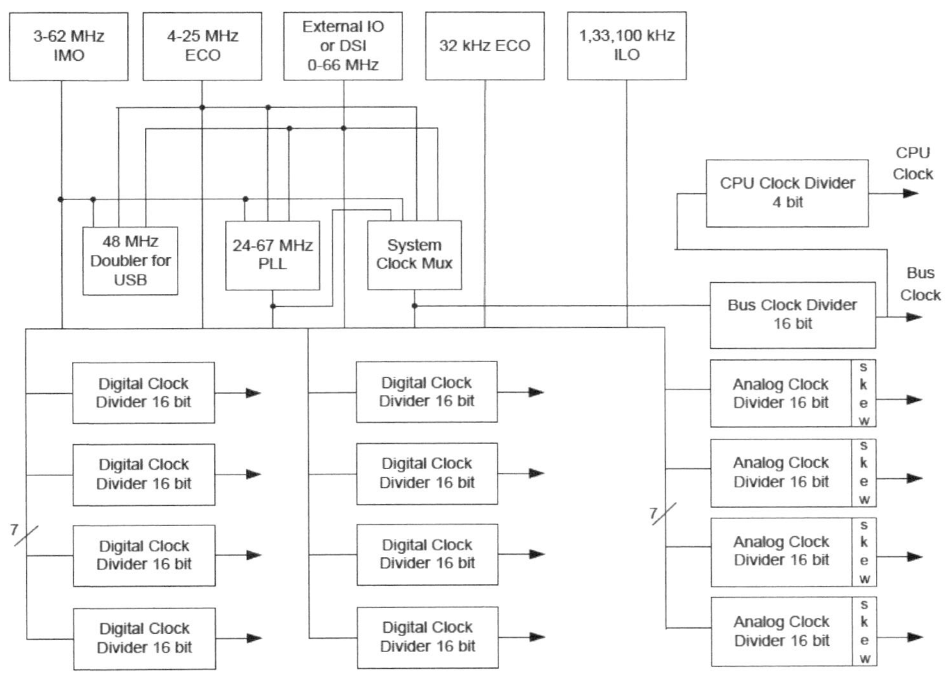

图 6.4-3 PSoC3 时钟子系统框图

时钟的生成和分配是根据整个系统的要求，通过 PSoC Creator IDE 图形界面自动配置的， 这是基于完整的系统要求而定的，能够极大地加快设计进程。利用 PSoC Creator，只需进行极少的输入，即可构建时钟系统。可以指定所需的时钟频率和精度，软件将定位或构建符合所需规范的时钟。这得益于 PSoC 固有的可编程性。

由图 6.4-4 可知，时钟系统具有 7 个通用的时钟源，分别是：

- 3～62MHz IMO，在 3MHz 下容差为±1%
- 4～25MHz 外部晶振（MHzECO）
- 时钟倍频器能够为 USB 模块提供双倍时钟频率输出
- 来自外部 I/O 引脚或其他逻辑的 DSI 信号
- 源自 IMO、MHzECO 或 DSI 的 24～67 MHz 小数分频锁相环
- 用于 WDT 和睡眠定时器的 1 kHz、33 kHz、100 kHz ILO

➢ 用于实时时钟的 32.768 kHz 外部晶体或晶振 (kHzECO)

(1) 内部振荡器

i. 内部主振荡器

由于 IMO 的精度可以达到±1%，因此在大多数设计中，只需要这一个时钟源即可。IMO 工作时不需要任何外部组件，并能够输出稳定的时钟。各频率范围的出厂预设值存储在器件中。 使用出厂预设值时，容差为±1% （在 3 MHz 下）到±7% （在 62 MHz 下）。IMO 与 PLL 结合使用时，可以生成达到器件最高频率的 CPU 和系统时钟。IMO 可提供 3MHz、6MHz、12MHz、24MHz、48MHz 和 62MHz 的时钟输出。

ii. 时钟倍频器

时钟倍频器能够输出频率是输入时钟频率两倍的时钟。 倍频器能够处理 24 MHz 的输入频率，且使用 USB 时可达 48 MHz。 它可以配置为使用来自 IMO、MHzECO 或 DSI（外部引脚）的时钟。

iii. PLL

借助 PLL，可将低频率、高精度时钟倍增至频率更高的时钟。这是高时钟频率和精度以及高功耗和较长启动时间之间的权衡。PLL 模块提供了基于各种输入源生成时钟频率的机制。PLL 输出的时钟频率为 24MHz～67MHz。其输入和反馈分频器提供了 4032 个离散率，能够生成几乎任何所需的系统时钟频率。PLL 输出的精度取决于 PLL 输入源的精度。最常见的 PLL 用法是在 3 MHz 下倍增 IMO 时钟，因为在该频率下生成的 CPU 和系统时钟精度最高，并能够达到器件的最大频率。

PLL 能够在 250 μs 内实现相位锁定（通过位设置进行验证）。它可以配置为使用来自 IMO、MHzECO 或 DSI（外部引脚）的时钟。在锁定完成并发出锁定位信号之前，可以一直使用 PLL 时钟源。锁定信号可通过 DSI 路由，以便生成中断。在进入低功耗模式之前请禁用 PLL。

iv. 内部低速振荡器

ILO 能够提供可实现低功耗的时钟频率，包括为看门狗定时器和睡眠定时器提供时钟频率。 ILO 能够生成 3 个不同的时钟，即 1 kHz、33 kHz 和 100 kHz 时钟。1 kHz 时钟 (CLK1K) 通常用于后台“心跳式”定时器。该时钟旨在进行低功耗监控操作，如采用中央时轮 (CTW) 的看门狗定时器和长睡眠间隔。中央时轮是一个以 1 kHz 频率自由运行的 13 位计数器，其时钟由 ILO 提供。除非处于休眠模式或在片上调试模式期间 CPU 处于停止状态，否则中央时轮始终处于使能状态。它可用于生成定期中断，以便提供时序，也可用于从低功耗模式唤醒系统。通过固件可以复位中央时轮。需要精确时序的系统，应采用实时时钟 RTC 功能，而非中央时轮。

100kHz 时钟 (CLK100K) 可作为低功耗系统时钟来运行 CPU。它也可以生成时间间隔，如使用快速时轮生成较短的睡眠间隔。快速时轮是一个以 100 kHz 频率运行的 5 位计数器，其时钟由 ILO 提供，也可用于唤醒系统。快速时轮设置是可编程设置，当达到终端计数时，该计数器会自动复位，从而能够以高于使用中央时轮时所能达到的频率灵活地定期唤醒 CPU。快速时轮可以在每次达到终端计数时产生一个可选中断。

33 kHz 时钟 (CLK33K) 是对 CLK100K 进行三分频后获得的。该输出可用作低精度版 32.768 kHz ECO 时钟（无须使用外部晶体）。

(2) 外部振荡器

i. MHz 外部晶振

通过采用外部晶体，MHz ECO 能够提供高频率、高精度时钟（图 6.4-5）。它支持大量的晶体类型，频率范围介于 4MHz 和 25MHz 之间。与 PLL 结合使用时，它可以生成达到器件最高频率的 CPU 和系统时钟（PLL）。连接到外部晶振和电容的 GPIO 引脚是固定的。 MHz ECO 的精度取决于所选择的晶振。

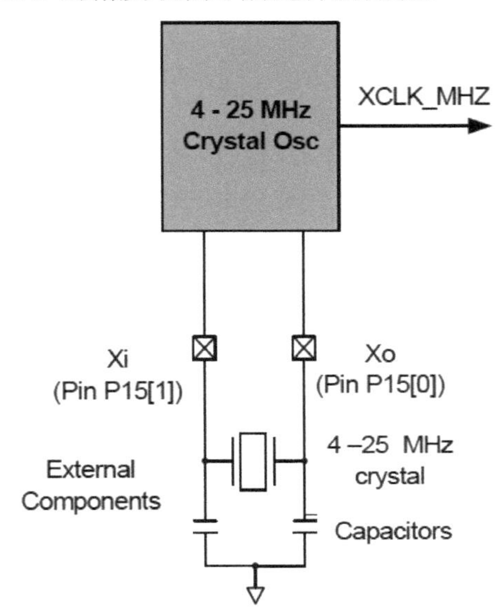

图 6.4-6 MHzECO 逻辑框图

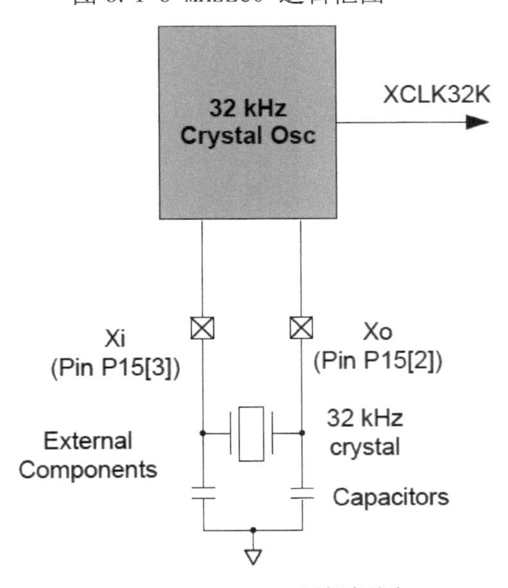

图 6.4-7 32kHzECO 逻辑框图

ii. 32.768kHz ECO

通过使用外部 32.768 kHz 钟表晶振，32.768 kHz 外部晶振(32kHzECO) 能够以非常低的功耗提供精确时序（如上右图）。32kHzECO 还直接连接到睡眠定时器，并为实时时钟提供时钟源。 RTC 通过使用 1 秒中断在固件中实现 RTC 功能。该振荡器能够采用两种不同的功耗模式，以便用户在功耗和抗周围电路噪声之间进行权衡。 连接到外部晶振和电容的 GPIO 引脚是固定的。

建议外部 32.768 kHz 钟表晶振的负载电容 (CL) 为 6pF 或 12.5pF。查看晶振制造商的数据表。两种外部电容（CL1 和 CL2）通常具有相同的值，其总电容 CL1CL2 / (CL1 + CL2) （包括引脚和走线电容）应等于晶振 CL 值。

iii. 数字系统互联

对于来自与 I/O 相连的外部时钟振荡器的时钟，DSI 能够为其提供路由。这些振荡器也可以在数字系统和 UDB 内生成。

虽然主要 DSI 时钟输入提供对所有时钟资源的访问，但有多达 8 个其他 DSI 时钟（在内部或外部生成）可直接路由到 8 个数字时钟分频器。不过，这需要有多个高精度时钟源才能实现。

(3) 时钟分配

所有 7 个时钟源都是中央时钟分配系统的输入。分配系统旨在创建多个高精度时钟。 这些时钟是针对设计需求定制的，能够避免在连接到外设的低分辨率预分频器上经常遇到的一些问题。时钟分配系统能够生成多种类型的时钟树。

- 系统时钟用于选择和提供系统中的最快时钟，以满足一般的系统时钟要求，并使 PSoC 器件实现时钟同步。
- 总线时钟 16 位分频器采用系统时钟来生成系统的总线时钟，用于数据传输。总线时钟为 CPU 时钟分频器的源时钟。
- 8 个完全可编程的 16 位时钟分频器能够按照设计需求，为数字系统生成通用的数字系统时钟。数字系统时钟可以针对任何用途生成由 7 个时钟源中的任何一个时钟源派生而来的定制时钟， 如用于波特率生成器、精确的 PWM 周期、定时器时钟等。 如果需要 8 个以上的数字时钟分频器，UDB 和固定功能定时器/ 计数器/PWM 也可以生成时钟。
- 有 4 个 16 位时钟分频器负责为需要时钟的模拟系统组件（如 ADC 和混频器）生成时钟。 模拟时钟分频器包括时滞 (Skew)控制功能，用于确保关键模拟事件不会与数字切换事件同时发生。其目的是减少模拟系统噪声。

每个时钟分频器均包含一个 8 输入复用器、一个 16 位时钟分频器（二分频或更高分频，能够生成占空比约为 50% 的时钟）、系统时钟重新同步逻辑，以及抗尖峰脉冲逻辑。 每个数字时钟树的输出均可路由至数字系统互联，然后再作为输入返回到时钟系统，从而实现高达 32 位的时钟链。

(4) USB 时钟域

USB 时钟域的独特性在于，它在工作时与主时钟网络存在很大程度的异步。USB 逻辑包含连接到芯片的同步总线接口，但会采用异步时钟来运行，以便处理 USB 数据。 USB 逻辑需要 48 MHz 的频率。 该频率可以使用不同的时钟源生成，其中包括由内部振荡器、DSI 信号或晶振生成的 48 MHz（或 24 MHz 的双倍值）的 DSI 时钟。

2. 电源系统

供电系统包含单独的模拟、数字和 I/O 供电引脚，这些引脚分别标有 VDDA、VDDD 和 VDDIOX。此外，还包含两个内部 1.8V 电压调节器，为内部内核逻辑提供数字 (VCCD) 和模拟 (VCCA) 供电。电压调节器的输出引脚（VCCD 和 VCCA）和 VDDIO 引脚必须连接电容，如图 6.4-8 所示。两个 VCCD 引脚必须连接在一起，引脚之间的线路越短越好，并连接到一个 1 μ F ±10% X5R 电容上。供电系统还包含睡眠电压调节器、I²C 电压调节器和休眠电压调节器。

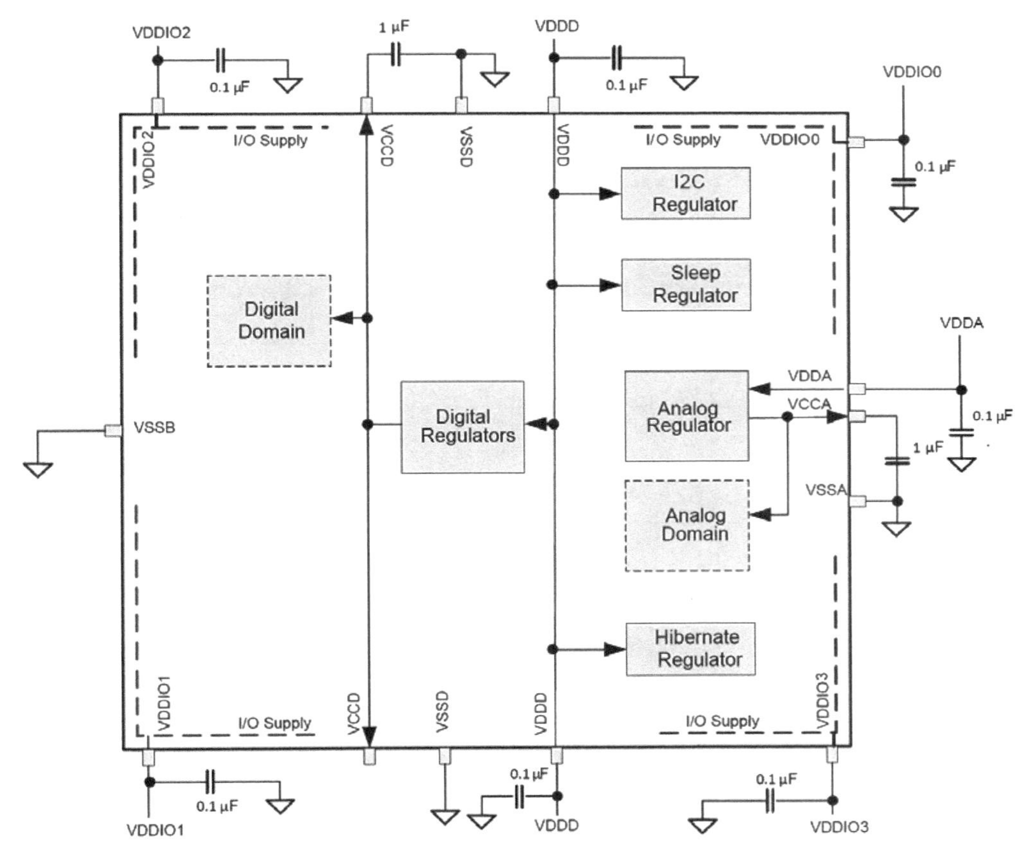

图 6. 4-9 PSoC 供电系统

PSoC 3 器件有 4 种不同的功耗模式，如表 6.4-1 所示。借助这些功耗模式，设计能够轻松提供所需的功能和处理能力，同时最大限度地减小低功耗便携器件的功耗，并提高其电池寿命。旨在降低功耗的 PSoC 3 功耗模式包括：活动 (Active)、备用活动 (Alternate Active)、睡眠 (Sleep)、休眠 (Hibernate)。

表 6.4-2 功耗模式

功耗模式	说明	进入条件	唤醒源	活动时钟	电压调节器
活动（Active）	主要工作模式，所有外设均可用（可编程）	唤醒、复位、通过寄存器手动进入	任何中断	任何（可编程）	所有电压调节器均可用。如果采用外部稳压调节，则可以禁用数字系统和模拟系统电压调节器
备用活动（Alternate Active）	与活动（Active）模式类似，配置为此模式通常是为了让更少的外设处于活动状态，以便降低功耗。一种可能的配置是：关闭CPU，并使用 UDB 进行处理	通过寄存器手动进入	任何中断	任何（可编程）	所有电压调节器均可用。如果采用外部稳压调节，则可以禁用数字系统和模拟系统电压调节器
睡眠（Sleep）	会自动禁用所有子系统	通过寄存器手动进入	电压比较器、PICU、I^2C、RTC、CTW、LVD	ILO/kHzECO	数字系统和模拟系统电压调节器均处于繁忙状态。如果采用外部稳压调节，则可以禁用数字系统和模拟系统电压调节器
休眠（Hibernate）	会自动禁用所有子系统 最低功耗模式、所有外设和内部电压调节器均处于禁用状态，仅启用休眠电压调节器 保留配置和存储器内容	通过寄存器手动进入	PICU		只有休眠电压调节器处于活动状态

表 6.4-3 功耗模式唤醒时间和功耗

睡眠模式	唤醒时间	电流（典型值）	代码执行	数字资源	模拟资源	可用时钟源	唤醒源	复位源
活动（Active）	-	1.2 mA	是	全部	全部	全部	-	全部
备用活动（Alternate Active）	-	-	用户定义的	全部	全部	全部	-	全部
睡眠（Sleep）	<15 μs	1 μA	否	I^2C	比较器	ILO/kHzECO	电压比较器、PICU、I^2C、RTC、CTW、LVD	XRES、LVD、WDR
休眠（Hibernate）	<100 μs	200 nA	否	无	无	无	PICU	XRES

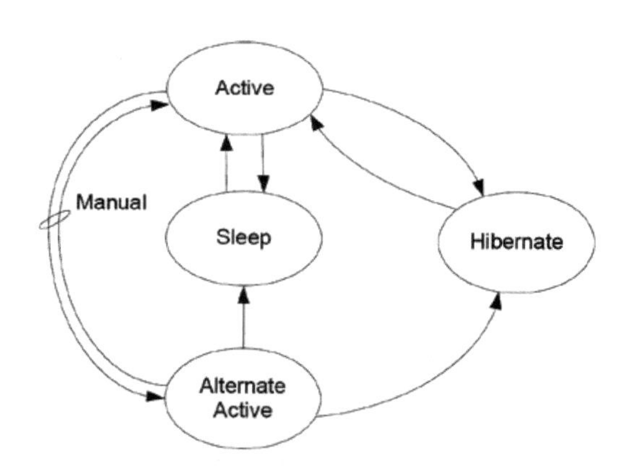

图 6. 4-10 功耗模式切换

活动 (Active) 模式是主要处理模式，其功能可以配置。 通过使用单独的功耗配置样本寄存器，可以使能或禁用每个功耗可控子系统。在备用活动模式下，会使能较少的子系统，从而降低功耗。在睡眠模式下，无论采用什么样的样本设置，大多数资源都将处于禁用状态。睡眠模式已经过优化，能够提供定时睡眠间隔和实时时钟 (Real Time Clock) 功能。 功耗最低的是休眠模式，该模式会保留寄存器和 SRAM 状态，但会关闭时钟，并且只能通过 I/O 引脚唤醒。图 6.4-11 显示了在各种功耗模式之间允许进行的切换。只有在所有 VDDIO 电源都处于有效电压电平时，才可进入睡眠和休眠模式。

1.71V 以下供电电压（如太阳能供电或单个电池供电）的应用可以使用片上升压转换器。升压转换器还可以用于所需工作电压高于供电电压的任何系统。例如，在 3.3V 系统中驱动 5.0V LCD 显示屏。升压转换器可以接受的最低输入电压为 0.5V。通过一个低成本电感，它可以生成一个可选输出电压，以便提供足够的电流来运行 PSoC 及其他板上组件。

升压转换器可以接收 0.5V 至 3.6 V 的输入电压(VBAT)，可使用低至 0.5V 的 VBAT 进行启动，并能够提供 1.8V~5.0V (VBOOST)、可由用户配置的输出电压。 VBAT 通常小于 VBOOST；如果 VBAT 大于或等于 VBOOST，则 VBOOST 将与 VBAT 相等。该模块可以提供高达 50mA (IBOOST)的电流，具体取决于配置。

有 4 个引脚与升压转换器相关联， 即 VBAT、VSSB、VBOOST 和 Ind。提升后的输出电压通过 VBOOST 引脚输出，并且必须直接连接到芯片的供电输入。VBAT 和 Ind 引脚之间连接了一个电感。可以优化电感的值，以便根据输入电压、输出电压、电流和切换频率来提高升压转换器的效率。当 VBOOST > 3.6 V 时，需要图 6.4-12 中所示的外部肖特基二极管。

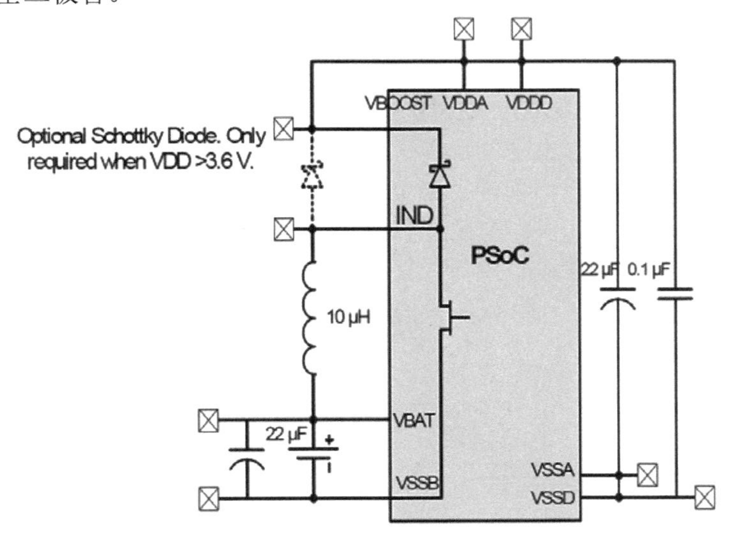

图 6. 4-13 升压转换器的应用

切换频率可设为 100 kHz、400 kHz、2 MHz 或 32 kHz，以优化效率和组件成本。100 kHz、400 kHz 和 2 MHz 的开关频率是使用升压转换器时钟的内部振荡器生成的。如果选择 32 kHz 的开关频率，则会从 32 kHz 外部晶振中派生时钟。32 kHz 外部时钟主要用于升压待机模式。

频率为 2MHz 时，VBOOST 输出被限制到 2×VBAT，而频率为 400 kHz 时，VBOOST 则被限制到 4×VBAT。

升压转换器可以在两种不同模式下工作，即活动模式和待机模式。活动 (Active)

模式是正常工作模式，在此模式下，升压调节器会主动生成稳压输出电压。在待机模式下，大多数升压功能都将处于禁用状态，以便降低升压电路的功耗。可以将升压转换器配置为：在待机模式下提供低功耗、低电流调节功能。当输出电压小于设定的值时，可以使用外部 32 kHz 晶振在时钟上升沿和下降沿生成电感升压脉冲，称为自动 Thump 模式 (ATM)。升压转换器在活动模式下消耗的电流通常为 200 μA，在待机模式下则为 12 μA。升压工作模式必须与芯片功耗模式结合使用，以便最大限度地降低芯片总功耗。

如果在给定应用中未使用升压转换器，请将 VBAT、VSSB 和 VBOOST 引脚接地，并使 Ind 引脚保持未连接状态。

3. 复位

"器件复位"一词指处理器以及模拟和数字外设与寄存器都复位。复位状态寄存器会保留最近复位或供电电压监控中断的源。程序可能会检查该寄存器，检测并报告异常情况。上电复位后，会清空该寄存器。

CY8C38 有多个内部和外部复位源可用。其中包括：

- 电源监控：在加电、活动模式，以及睡眠模式（间歇性唤醒）期间，在多种不同模式下监控模拟和数字供电电压 VDDA、VDDD、VCCA 和 VCCD。若有任何电压超出预定范围，则会生成复位。可以对监控器进行编程，以便在到达复位阈值之前，在特定条件下生成处理器中断。
- 外部：通过拉低复位引脚 (XRES)，可以从外部源复位器件。XRES 引脚包含一个上拉到 VDDIO1 的内部电阻。 VDDD、VDDA 和 VDDIO1 都必须通电，部件才能退出复位状态。
- 看门狗定时器：看门狗定时器负责监控处理器执行指令的情况。如果看门狗定时器在特定时间段内未通过固件复位，则会生成一个复位。
- 软件：器件可以在程序控制下复位。

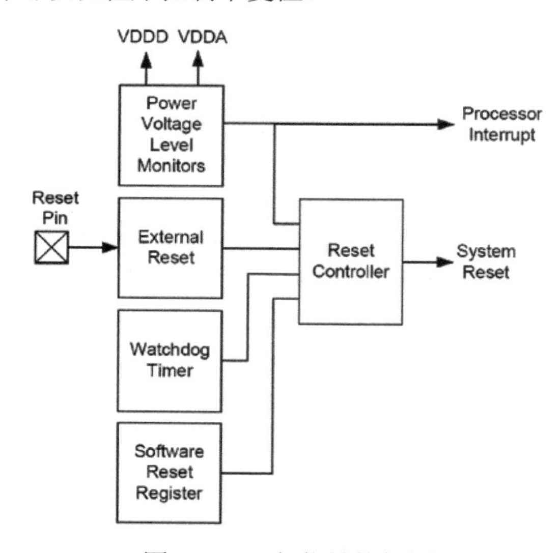

图 6.4-14 复位结构框图

(1) 供电电压电平监控器复位源

i. IPOR——初次上电复位

初次加电时，IPOR 会在引脚处和相应内部电压调节器的输出处直接监控供电电压 VDDD 和 VDDA。激发电平并不精确。该电平设为约 1V，低于指定的最低工作电压，但足以使内部电路复位并保持复位状态。监控器能够生成宽度至少为 100 ns 的复位脉冲。如果有一个或多个电压缓慢上升，生成的脉冲可能会更宽。为了降低功耗，当内部数字供电处于稳定状态时，会禁用 IPOR 电路。之后，电压监控工作将移交给精密低电压复位 (PRES)电路。当电压高到足以发出 PRES 信号时，IMO 将启动。

ii. PRES——精密低电压复位

此电路负责在加电后监控模拟系统和数字系统内部电压调节器的输出。电压调节器输出的是相对于精确参考电压的电压。对 PRES 激发的响应与对 IPOR 复位的响应相同。在正常工作模式下，程序无法禁用数字 PRES 电路。可以禁用模拟系统电压调节器，但这会同时禁用 PRES 的模拟部分。在睡眠和休眠模式下，会自动禁用 PRES 电路，但有一个例外情况，那就是在睡眠模式下，会定期激活电压调节器（使其处于繁忙状态），以便提供监控服务，缩短唤醒时间。与此同时，PRES 电路也将处于繁忙状态，以便定期进行电压监控。

iii. ALVI、DLVI、AHVI——模拟/数字低电压中断，模拟高电压中断

中断电路可用于检测 VDDA 和 VDDD 超出电压范围的情况。对于 AHVI，VDDA 是相对于某个固定激发电平的电压。对于 ALVI 和 DLVI，VDDA 和 VDDD 是相对于可编程激发电平的电压。ALVI 和 DLVI 也可以被配置为生成器件复位而非中断。

在 IPOR 之前，监控器将一直处于禁用状态。在睡眠模式下，会定期激活这些电路（使其处于繁忙状态）。在繁忙状态期间如有中断发生，系统会首先进入唤醒阶段。然后，系统会识别中断，并可能会处理中断。

(2) XRES——外部复位

PSoC 3 具有一个被配置为外部复位的 GPIO 引脚或一个专用 XRES 引脚。 无论是专用 XRES 引脚还是 GPIO 引脚，配置后，都会使部件处于复位状态，同时保持低电平有效。对 XRES 的响应与对 IPOR 复位的响应相同。外部复位是低电平有效复位。它包含一个内部上拉电阻。在睡眠模式和休眠模式下，XRES 将处于活动状态。

(3) SRES——软件复位

通过在软件复位寄存器中设置一个位，可以在程序控制下发出复位指令。这可以通过程序直接进行，也可以通过 DMA 访问间接进行。对 SRES 的响应与对 IPOR 复位的响应相同。此外，还有另外一个寄存器位，用于禁用此功能。

(4) WRES——看门狗定时器复位

看门狗复位会检测软件程序不再正常执行的情况。为了向看门狗定时器表明它正在正常工作，程序必须定期复位该定时器。若在经过用户指定的时间后未复位该定时器，则会生成复位。注：IPOR 会禁用看门狗功能。程序必须通过设置寄存器位，在代码中的某个适当点使能看门狗功能。设置寄存器位后，将无法再将其清除，除非发生 IPOR 加电上电复位。

4. I/O 系统与路由

PSoC I/O 具有高度的灵活性。每个 GPIO 都具有模拟和数字 I/O 功能。所有 I/O 都具有多种可在 POR 时设置的驱动模式。PSoC 还通过 VDDIO 引脚提供 4 个 I/O 电压域。

每个器件上都有两种 I/O 引脚；带 USB 的器件则有 3 种 I/O 引脚。GPIO 和 SIO 提供类似的数字功能。主要区别在于模拟能力和驱动强度。带 USB 的器件还提供两个 USB I/O 引脚，可支持特定的 USB 功能，以及有限的 GPIO 功能。

所有 I/O 引脚均可用作 CPU 与数字外设的数字输入和输出。此外，所有 I/O 引脚均可生成中断。PSoC I/O 具有灵活的高级功能，加上任意信号均可路由至任意引脚，从而大大简化了电路设计和电路板布局。所有 GPIO 引脚均可用于模拟输入、CapSense 和 LCD 段驱动，而 SIO 引脚用于超出 VDDA 的电压和可编程输出电压。

表 6.4-4 GPIO、SIO 和 USBIO 特性对照表

<table>
<tr><th></th><th colspan="3">特性</th></tr>
<tr><td>GPIO</td><td rowspan="2">✓ 用户可编程端口复位状态
✓ 为多达四组 I/O 提供单独的 I/O 供电和电压
✓ 数字外设使用 DSI 连接引脚
✓ 用于 CPU 和 DMA 的输入和/或输出
✓ 八种驱动模式
✓ 每个引脚都可以是一个被配置为上升沿和/或下降沿的中断源。如有必要，可通过 DSI 支持电平敏感型中断
✓ 每个端口都有专用的端口中断矢量
✓ 斜率受控数字输出驱动模式
✓ 基于端口或引脚访问端口控制和配置寄存器
✓ 单独的端口读（PS）和写（DR）数据寄存器，能够避免发生“读操作修改写操作”错误
✓ 基于各个引脚的特殊功能</td><td>✓ 带 LCD 的器件上的 LCD 段驱动
✓ CapSense
✓ 模拟输入和输出功能
✓ 连续 100 μA 钳位电流能力
✓ 标准驱动强度降至 1.7 V</td><td></td></tr>
<tr><td>SIO</td><td></td><td>✓ 比 GPIO 更高的驱动强度
✓ 热交换功能（在任意工作 VDD 下容差均为 5 V）
✓ 可编程稳压高输入和输出驱动电平降至 1.2 V
✓ 无模拟输入、CapSense 或 LCD 功能
✓ 过压容差高达 5.5 V
✓ IO 可用作通用模拟电压比较器</td></tr>
<tr><td>USBIO</td><td colspan="3">✓ □ 符合 USB 2.0 标准的全速 I/O
✓ □ 适合一般用途的最高驱动强度
✓ □ 用于 CPU 和 DMA 的输入和/ 或输出
✓ □ 数字外设的输入和/ 或输出
✓ □ 数字输出（CMOS）驱动模式
✓ □ 每个引脚都可以是一个被配置为上升沿和/ 或下降沿的中断源</td></tr>
</table>

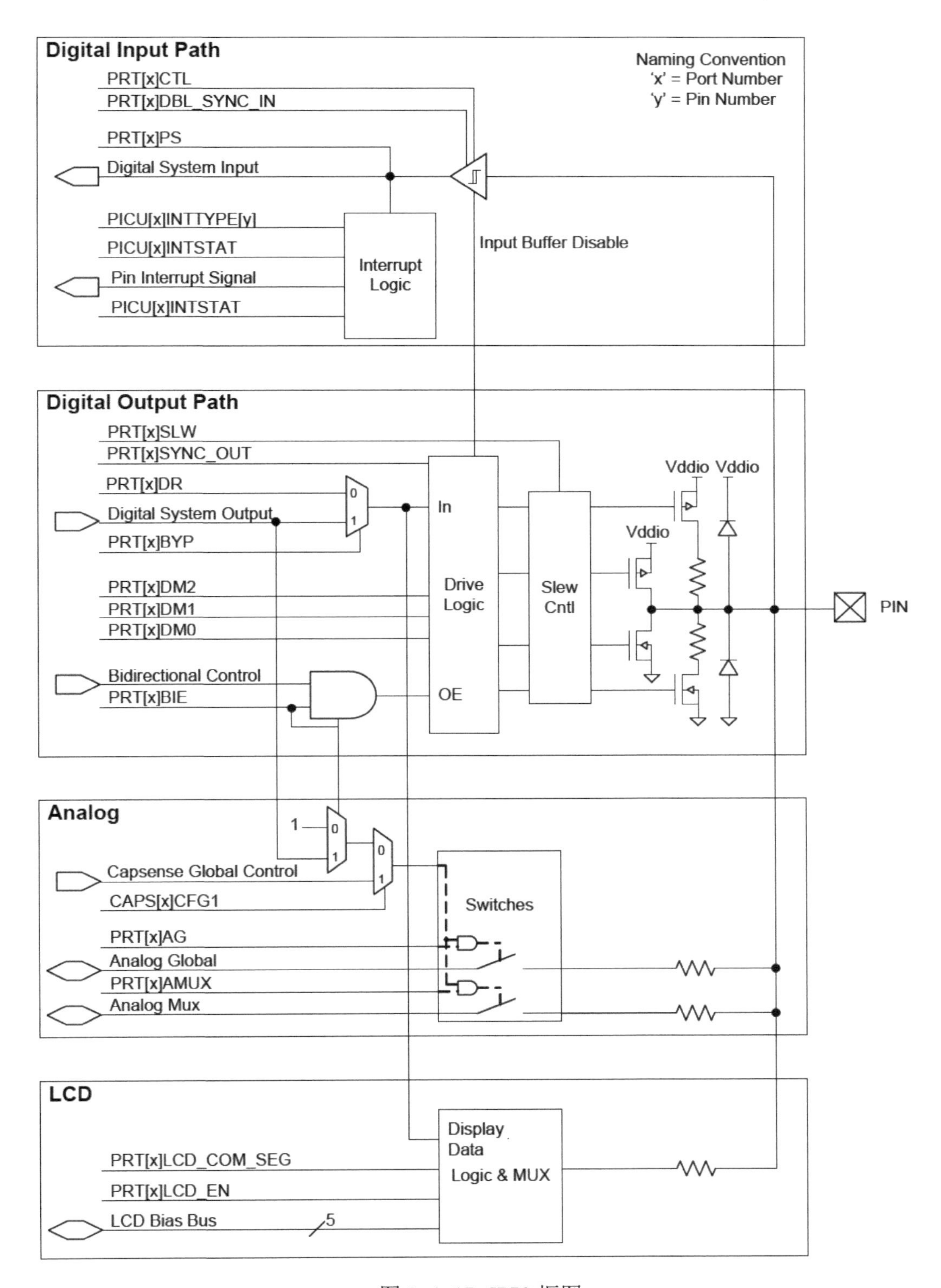

图 6.4-15 GPIO 框图

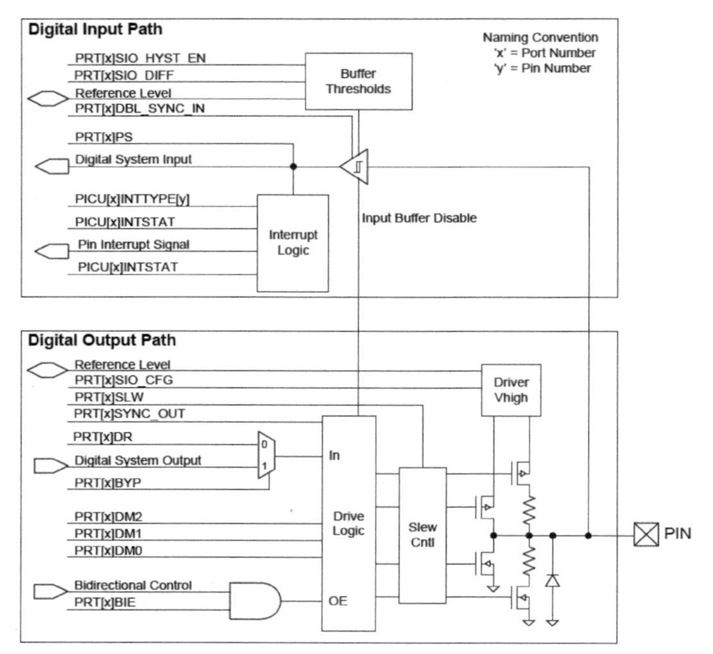

图 6.4-16 SIO 框图

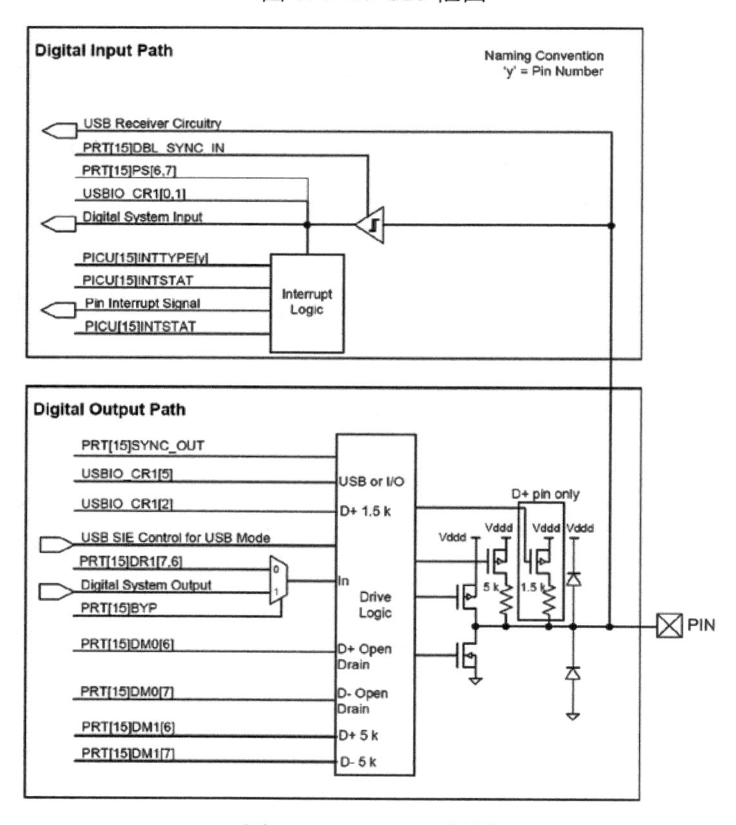

图 6.4-17 USBIO 框图

(1) I/O 驱动模式

每个通用 I/O 引脚和 SIO 引脚都可单独配置成表 6.4-5 中所列的八种驱动模式中的一种。3 个配置位可用于任何一个引脚(DM[2:0])，并在 PRTxDM[2:0]寄存器中设置。图 6.4-18 为基于每种驱动模式（共八种）的引脚简图。表 6.4-6 中列出了端口数据寄存器值或数字阵列信号（如果选择了旁路模式）对应的 I/O 引脚的驱动状态。请注意，实际的 I/O 引脚电压是由所选驱动模式和引脚负载共同决定的。例如，如果某通用 I/O 引脚被配置为电阻上拉模式，并在引脚悬空时被驱高，则在引脚处测得的电压会是高电平逻辑状态。若同一个 GPIO 引脚在外部接地，则引脚处未经测定的电压会处于较低的逻辑状态。

表 6.4-7 驱动模式配置表

图	驱动模式	PRTxDM2	PRTxDM1	PRTxDM0	PRTxDR = 1	PRTxDR = 0
0	高阻抗模拟 (High impedence analog)	0	0	0	High-Z	High-Z
1	高阻抗数字 (High Impedance digital)	0	0	1	High-Z	High-Z
2	电阻上拉	0	1	0	Res High (5K)	Strong Low
3	电阻下拉	0	1	1	Strong High	Res Low (5K)
4	开漏驱低 (Open Drain, Drives Low)	1	0	0	High-Z	Strong Low
5	开漏驱高 (Open Drain, Drive High)	1	0	1	Strong High	High-Z
6	强驱动 (Strong drive)	1	1	0	Strong High	Strong Low
7	电阻上拉和下拉	1	1	1	Res High (5K)	Res Low (5K)

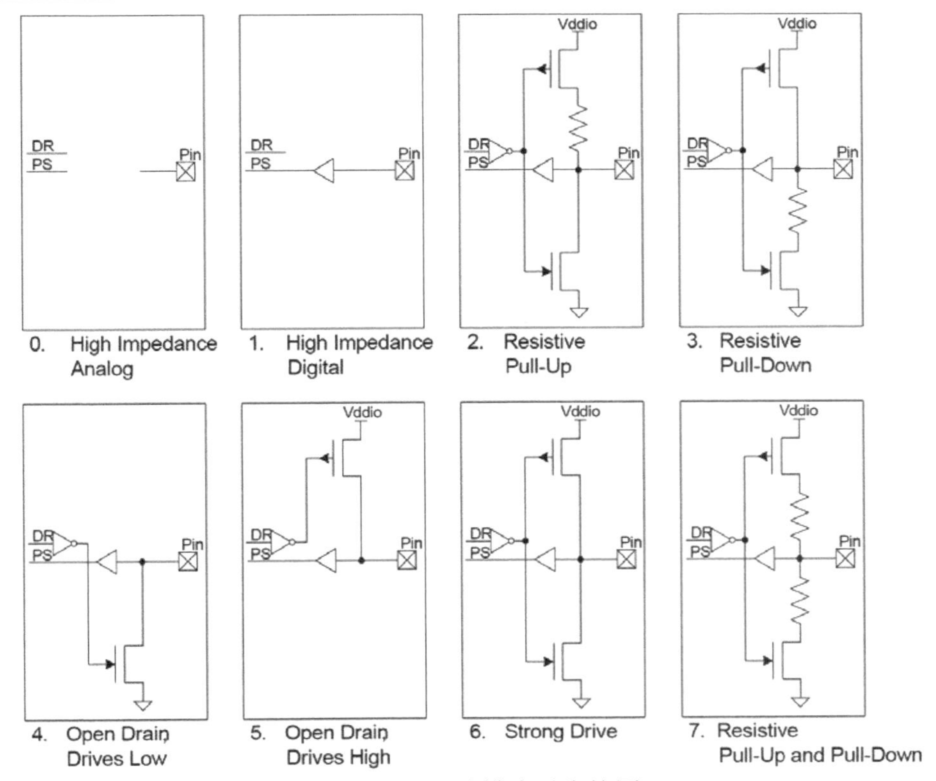

图 6. 4-19 驱动模式引脚简图

➢ 高阻抗模拟

默认的复位状态，输出驱动器和数字输入缓冲区均关闭。这可以防止因电压浮动导致任何电流流入 I/O 的数字输入缓冲区中。对于悬空引脚或支持模拟电压的引脚，建议使用该状态。高阻抗模拟引脚不提供数字输入功能。

要在睡眠模式下最大限度地降低芯片电流，所有 I/O 都必须被配置为高阻抗模拟模式，或者通过 PSoC 器件或外部电路将其引脚驱至供电轨。

➢ 高阻抗数字

针对数字信号输入使能输入缓冲区。这是建议用于数字输入的标准高阻抗 (High Z) 状态。

➢ 电阻上拉或电阻下拉

电阻上拉或下拉都是在一种数据状态下提供串联电阻，而在另一种数据状态下提供强驱动。在这两种模式下，引脚可用于数字的输入和输出。这两种模式的一个常见应用是连接机械开关。在稳压输出模式的 SIO 中不能使用电阻上拉和下拉。

➢ 开漏驱高和开漏驱低

开漏模式是在一种数据状态下提供高阻抗，而在另一种数据状态下提供强驱动。在这两种模式下，引脚可用于数字的输入和输出。 这两种模式的一个常见应用是驱动 I^2C 总线信号线。

➢ 强驱动 (Strong drive)

无论是在高状态还是低状态下，均提供强 CMOS 输出驱动。这是引脚的标准输出模式。 一般情况下，采用强驱动 (StrongDrive) 模式的引脚不能用作输入。这种模式通常用于驱动数字输出信号或外部 FET。

➢ 电阻上拉和下拉

与电阻上拉模式和电阻下拉模式类似，只不过引脚始终与电阻串联。在高数据状态下是上拉，而在低数据状态下是下拉。当其他可能会导致短路的信号可以驱动总线时，通常会采用此模式。在稳压输出模式下的 SIO 中不能使用电阻上拉和下拉。

(2) 引脚寄存器

用于配置引脚并与引脚交互的寄存器有两种形式，并可以互换使用。所有 I/O 寄存器均可采用标准端口形式，即寄存器的每个位对应于一个端口引脚。这种寄存器形式能够快速、有效地同时重新配置多个端口引脚。I/O 寄存器也可以采用引脚形式，即针对每个引脚，将 8 个最常用的端口寄存器位合并到单个寄存器中，以便通过单次寄存器写操作来快速更改各个引脚的配置。

(3) 引脚中断

所有 GPIO 和 SIO 引脚都能生成系统中断。每个端口接口上的 8 个引脚均连接其各自的端口中断控制单元 (Port Interrupt Control Unit, PICU) 及关联的中断矢量。端口的每个引脚都可单独配置，以检测上升沿（和/或）下降沿中断，或不生成中断。

根据为每个引脚配置的模式，每次引脚上发生中断事件时，中断状态寄存器中对应的状态位都会被设为“1”，并且系统会向中断控制器发送中断请求。每个 PICU 在中断控制器和引脚状态寄存器中都有各自的中断矢量，以便轻松确定中断源、引脚电平等。

在所有睡眠模式下，端口引脚中断均保持活动状态，以便通过由外部生成的中断唤醒 PSoC 器件。尽管不直接支持电平敏感型中断，但在需要时，可以通过 UDB 为系统提供该功能。

(4) I/O 供电电源

可以提供 4 个 I/O 引脚供电电源，具体取决于器件和封装。每个 I/O 供电电源必须小于或等于芯片模拟 (VDDA)引脚的电压。利用此功能，用户可以为器件上的不同引脚提供不同的 I/O 电压电平。要确定给定端口和引脚的 VDDIO 功能，请参见具体的器件封装引脚分布图。

(5) 模拟连接

这些连接仅适用于 GPIO 引脚。所有 GPIO 引脚都可用作模拟输入或输出。引脚上的模拟电压不得超过与 GPIO 对应的 VDDIO 供电电压。每个 GPIO 都可连接其中一条模拟全局总线或模拟复用器总线，以便将任意引脚连接任意内部模拟资源，如 ADC 或电压比较器。此外，某些引脚能够直接连接特定的模拟功能，如高电流 DAC 或未赋定运算放大器。

(6) 复位配置

当复位有效时，所有 I/O 都会复位并保持在高阻抗模拟状态。复位释放后，可根据各个端口将状态重新编程为下拉或上拉。为了确保正确的复位操作，端口复位配置数据会存储在专用的非易失性寄存器中。发出复位信号后，存储的复位数据会自动传输到端口复位配置寄存器。

(7) 低功耗功能

在所有低功耗模式下，I/O 引脚都会保持其状态，直到部件被唤醒并被更改或复位。要唤醒部件，请使用引脚中断，因为在所有低功耗模式下，端口中断逻辑会继续发挥作用。

6.4.2 数字子系统

可编程数字系统能够针对应用创建标准数字外设、高级数字外设与定制逻辑功能的组合。 这些外设和逻辑随后将互连，并与器件上的任意引脚相连，从而提供高度的设计灵活性和 IP 安全性。下面列出了可编程数字系统的功能，以便读者对这些功能和架构有一个大概的了解。 设计人员不需要在硬件和寄存器级别同可编程数字系统直接交互。 PSoC Creator 提供了一个与 PLD 类似的高级电路图的输入图形界面，以便自动放置和路由资源。

可编程数字系统的主要组件包括：

➢ UDB：这些模块构成了可编程数字系统的核心功能。UDB 是未赋定逻辑 (PLD) 和结构化逻辑（数据路径）的组合，经过优化，能够针对应用或设计创建所有常用嵌入式外设和定制功能。

➢ 通用数字模块阵列：UDB 模块排列在一个可编程互联矩阵内。UDB 阵列结构具有一致性，有助于将数字功能灵活地映射到阵列上。该阵列支持在 UDB 与数字系统互联 (Digital System Interconnect) 之间进行广泛而灵活的路由互连。

- 数字系统互连 (DSI)：来自 UDB、固定功能外设、I/O 引脚、中断和 DMA 的信号以及其他系统内核信号会连接到数字系统互联，以实现全功能器件的连通性。与通用数字模块阵列(Universal Digital Block Array) 结合使用时，DSI 允许将任意数字功能路由至任意引脚或其他组件。

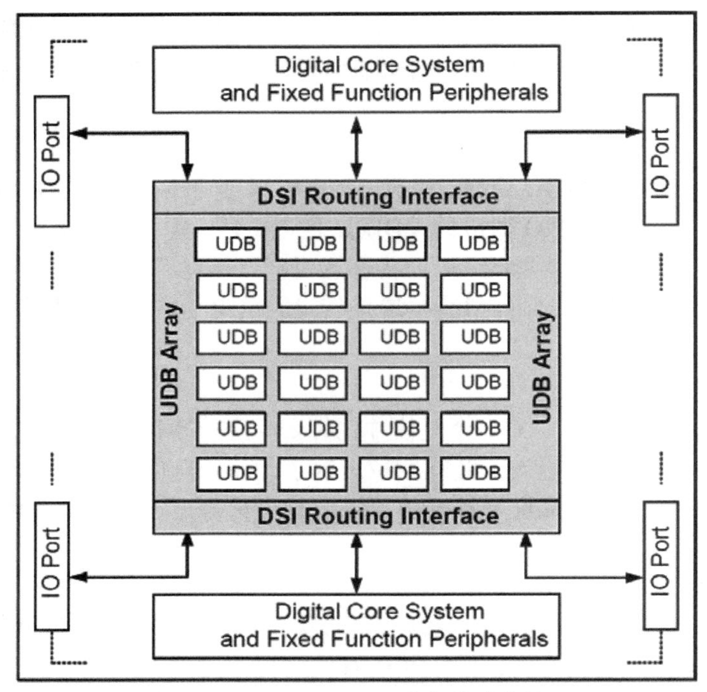

图 6.4-20 CY8C38 可编程数字框架

1. 外设示例

CY8C38 系列的 UDB 和模拟模块具有高度的灵活性，可让用户创建众多组件（外设）。赛普拉斯开发了一些最常用的外设，具体请参见 PSoC Creator 组件目录。此外，用户还可以使用 PSoC Creator 创建自己的定制组件，以便在其组织内重复使用，如传感器接口、专有算法，以及显示界面。PSoC Creator 提供了大量的组件，这里无法在数据表中一一列出，而且这些组件的数量还在不断增加。

以下是 PSoC Creator 中可用于 CY8C38 系列的一个数字组件示例。组件使用的硬件资源（UDB、路由、RAM、闪存）的确切数量会有所不同，具体取决于 PSoC Creator 中为组件选择的功能。

- 通信
  - I2C
  - UART
  - SPI
- 功能
  - EMIF

- PWM
- 定时器
- 计数器

■ 逻辑

- NOT
- OR
- XOR
- AND

以下是 PSoC Creator 中可用于 CY8C38 系列的一个模拟组件示例。组件使用的硬件资源（SC/CT 模块、路由、RAM、闪存）的确切数量会有所不同，具体取决于 PSoC Creator 中为组件选择的功能。

■ 放大器

- TIA
- PGA
- 运算放大器

■ ADC

- Delta-Sigma

■ DAC

- 电流
- 电压
- PWM

■ 电压比较器

■ 混频器

以下是 PSoC Creator 中可用于 CY8C38 系列的一个系统功能组件示例。组件使用的硬件资源（UDB、DFB 抽头、SC/CT 模块、路由、RAM、闪存）的确切数量会有所不同，具体取决于 PSoC Creator 中为组件选择的功能。

■ CapSense

■ LCD 驱动

■ LCD 控制

■ 滤波器

2. 通用数字模块

UDB 标志着向下一代 PSoC 嵌入式数字外设功能迈出了具有革命性意义的一步。第一代 PSoC 数字模块的架构提供了粗糙的可编程性，其中仅包含一些具有少量选项的固定功能。 新型 UDB 架构在配置精细程度和高效实现之间取得了最佳平衡。此方法的核心是提供根据应用需求定制器件数字操作的能力。

为了实现这一点，UDB 包含了未赋定逻辑 (PLD)、结构化逻辑（数据路径）与灵活路由方案的组合，以便在这些元素、I/O 连接与其他外设之间提供互连能力。UDB 具有丰富的功能，从在一个 UDB 甚至是 UDB 的一部分（未使用的资源可供其他功能使用）中实现的简单自包含功能，到需要多个 UDB 的更为复杂的功能，应有尽有。基本功能示例包括定时器、计数器、CRC 生成器、PWM、死区生成器和一系列通信功能，如 UART、SPI 和 I^2C。

此外，PLD 模块及连接还能够在有限的可用资源内提供功能齐全的通用可编程逻辑。

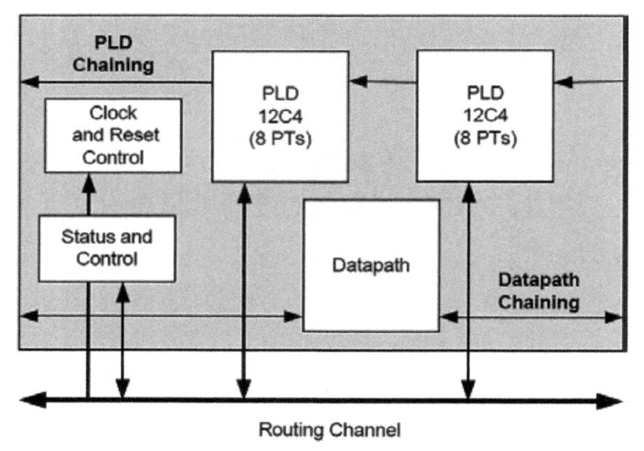

图 6.4-21 UDB 框图

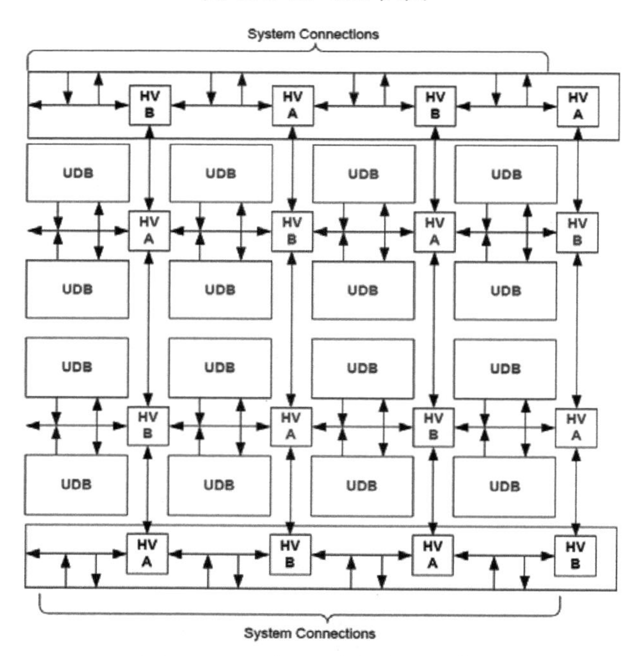

图 6.4-22 数字系统接口结构

3. UDB 阵列

图 6.4-23 是一个由 16 个 UDB 组成的阵列示例。除了阵列内核之外，在阵列的顶端和底端还有 DSI 路由接口。其他未明确显示出来的接口包括用于总线和时钟分配的系统接口。UDB 阵列包含多个横向和纵向路由通道，每个通道由 96 条线路组成。这

些通往 UDB 的线路连接在横向/纵向交叉点和 DSI 接口处具有高度的可交换性，能够在 PSoC Creator 中提供高效的自动路由。此外，路由还允许沿纵向和横向路由按线路分段，从而进一步提升路由灵活性和路由能力。

4. DSI 路由接口说明

DSI 路由接口是横向和纵向路由通道在 UDB 阵列内核顶端和底端的延伸。它能够在器件外设（包括 UDB、I/O、模拟外设、中断、DMA 和固定功能外设）之间提供通用的可编程路由。

图 6.4-24 说明了数字系统互联的概念，数字系统互联能够将 UDB 阵列路由矩阵与其他器件外设相连。任何需要可编程路由的数字系统内核或固定功能外设都会连接到此 接口。

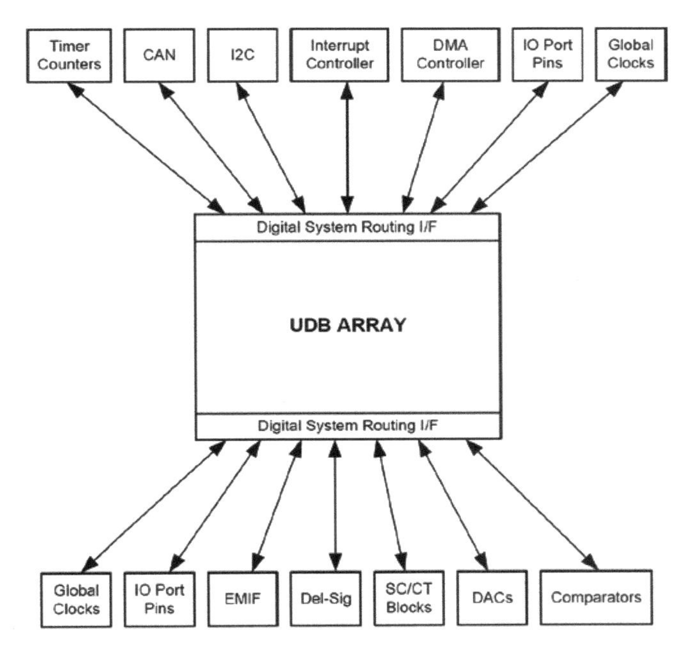

图 6.4-25 数字系统互连

5. CAN

CAN 外设是功能齐全的控制器区域网络 (Controller Area Network, CAN)，支持高达 1Mbps 的通信波特率。CAN 控制器符合 Bosch 规范中定义的 CAN2.0A 和 CAN2.0B 规范，并符合 ISO-11898-1 标准。CAN 协议最初是针对汽车应用设计的，侧重于高水平的故障检测，能够确保以较低的成本实现高度的通信可靠性。由于在汽车应用中取得了巨大成功，CAN 被用作运动机械控制网络 (CANOpen)和工厂自动化应用 (DeviceNet) 的标准通信协议。CAN 控制器具有丰富的功能，能够高效实现更高级的协议，而不会影响微控制器 CPU 的性能。PSoC Creator 中提供了全面的配置支持。

6. USB

PSoC 包含专用的全速 (12 Mbps) USB 2.0 收发器，支持所有 USB 传输类型，即控制传输、中断传输、批量传输和同步传输。PSoC Creator 提供全面的配置支持。USB

通过两个专用的 USBIO 引脚与主机连接。

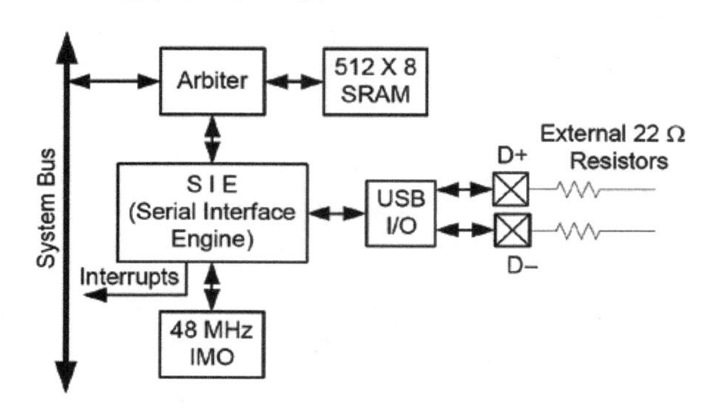

图 6.4-26 USB 结构框图

7. 定时器、计数器和 PWM

定时器/计数器/PWM 外设是一种 16 位的专用外设，能够提供三种最常用的嵌入式外设功能。几乎所有嵌入式系统都会使用定时器、计数器和 PWM 的某种组合。此 PSoC 器件系列中包含 4 个定时器、计数器和 PWM 实例。此外，还可以根据需要在 UDB 中实例化更多、更高级的定时器、计数器和 PWM。PSoC Creator 允许设计人员选择他们所需要的定时器、计数器和 PWM 功能。该工具集能够利用大多数可用的最优资源。

借助通过 DSI 路由连接的输入和输出信号，定时器/计数器/PWM 外设可从多个时钟源中进行选择。借助 DSI 路由，可以通过 DSI 访问至任何器件引脚及任何内部数字信号的输入和输出连接。定时器/计数器/PWM 可配置为自由运行、单触发或受使能输入控制。该外设具有定时器复位和捕获输入，以及控制电压比较器输出的非同步停止输入。该外设全面支持 16 位捕获。

定时器/ 计数器/PWM 功能包括：

- 16 位定时器/ 计数器/PWM （仅限递减计数）
- 可选时钟源
- PWM 电压比较器（可针对 LT、LTE、EQ、GTE、GT 进行配置）
- 在启动、复位和到达终端计数时重新加载周期
- 在到达终端计数、比较结果为真或捕获时生成中断
- 动态计数器读操作
- 定时器捕获模式
- 置为使能信号模式时开始计数
- 自由运行模式
- 单触发模式（在设定的时间长度结束后停止）
- 带死区的互补 PWM 输出
- PWM 输出非同步停止输入

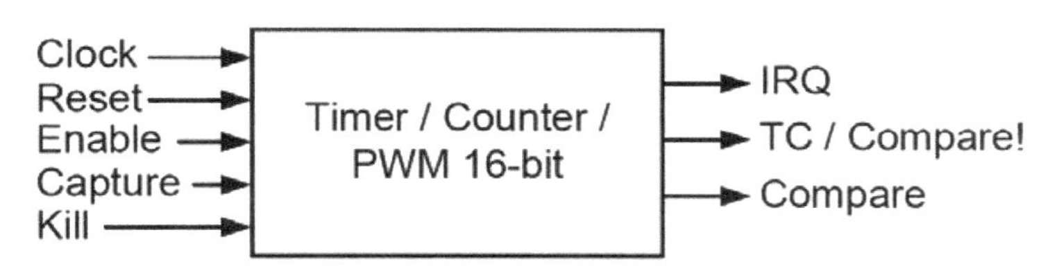

图 6.4-27 定时器/计数器/PWM

8. I²C

I²C 外设提供了一个同步的两线接口，旨在将 PSoC 器件与两线 I²C 串行通信总线相连。 该总线符合 Philips 第 2.1 版的 I²C 规范。 在 PSoC Creator 中，可以根据需要使用通用数字模块(UDB) 来实例化更多的 I²C 接口。

I²C 能够提供对 7 位地址的硬件地址检测，而无须 CPU 干预。此外，器件还可以在 7 位硬件地址匹配时从低功耗模式唤醒。如果需要唤醒功能，I²C 引脚只能连接两组特殊的 SIO 引脚。

I²C 功能包括：

- 从器件和主控、发射器，以及接收器操作
- 字节处理，只需很少的 CPU 开销
- 中断或轮循 CPU 接口
- 支持高达 1 Mbps 的总线速度
- 7 位或 10 位寻址（10 位寻址需要固件支持）
- SMBus 操作（通过固件支持，UDB 中的硬件支持 SMBus）
- 7 位硬件地址比较
- 在地址匹配时从低功耗模式唤醒

9. 数字滤波器

CY8C38 系列器件中有一些器件具有用于数字滤波器的专用 HW 加速器模块。DFB 具有专用的乘法器和累加器，可计算一个系统时钟周期内的 24 位×24 位的乘累加。这样，可映射直接形式的 FIR 滤波器，达到每个时钟周期一个 FIR 抽头的计算率。MCU 可实现由此时钟执行的任意功能，但速率较慢，且消耗 MCU 带宽。

PSoC Creator 界面提供向导，以利用 LPF、BPF、HPF、陷波和任意形滤波器的系数实施 FIR 和 IIR 数字滤波器。存储了 64 对数据和系数。这样，可使用 FIR 或 IIR 公式的 64 抽头 FIR 滤波器也许多达 4 个 16 抽头的滤波器。

典型使用模型用于在系统上将数据从另一个片上系统数据源（例如 ADC）提供给 DFB。数据通常通过主存储器传输，或通过 DMA 直接从另一个芯片资源传输。DFB 处理此数据，并通过系统总线上的 DMA 将结果传给另一个片上资源（DAC 或主存储器）。

数据在 DFB 中的进出通常由系统 DMA 控制器控制，但也可直接由 MCU 移动。

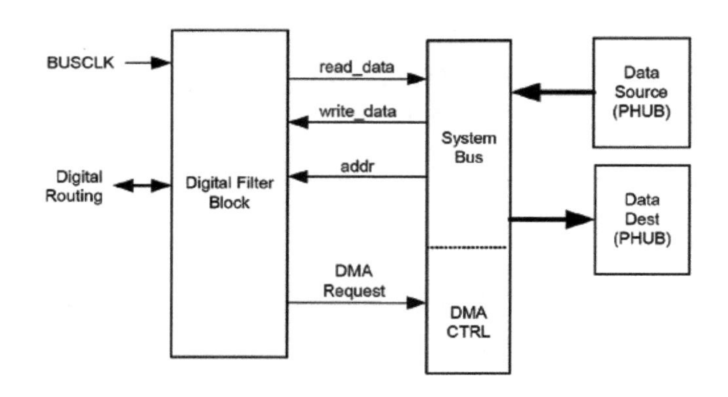

图 6.4-28 DFB 应用图（pwr 和 gnd 未显示）

6.4.3 模拟子系统

可编程模拟系统能够针对应用创建标准和高级模拟信号处理模块的组合。这些模块随后将互连，并与器件上的任意引脚相连，从而提供高度的设计灵活性和 IP 安全性。下面列出了模拟子系统的功能，以便读者对这些功能和架构有一个大概的了解。

- 模拟全局总线、模拟复用器总线和模拟局部总线提供灵活、可配置的模拟路由架构。
- 高分辨率 Delta-Sigma ADC。
- 多达 4 个 8 位 DAC，能够提供电压或电流输出。
- 4 个电压比较器，包含至可配置 LUT 输出的可选连接。
- 多达 4 个可配置的开关电容/连续时间 (SC/CT) 模块，能够实现运算放大器、单位增益缓冲区、可编程增益放大器、互阻放大器、混频器等功能。
- 多达 4 个供内部使用的运算放大器，可连接到用作高电流输出缓冲区的 GPIO。
- CapSense 子系统，用于使能电容式触摸传感。
- 高精度电压参考，用于为内部模拟模块生成精确的模拟电压。

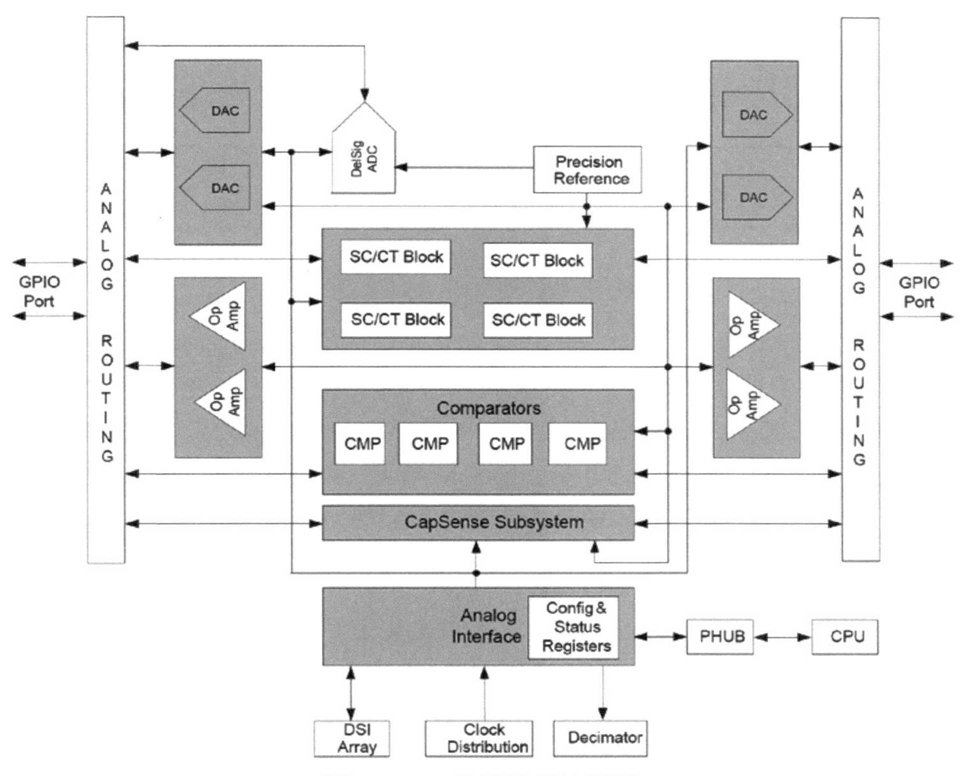

图 6.4-29 模拟子系统框图

PSoC Creator 软件程序提供了一个易于使用的界面，以便配置 GPIO 与各种模拟资源之间的连接，以及从一个模拟资源到另一个模拟资源的连接。PSoC Creator 还提供了组件库，借助这些组件库，您可以配置各种模拟模块，以执行特定于应用的功能（PGA、互阻放大器、电压 DAC、电流 DAC 等）。 该工具还能够生成 API 接口库，以便对允许在模拟外设与 CPU/存储器之间进行通信的固件进行写操作。

1. 模拟路由

CY8C38 系列器件拥有灵活的模拟路由架构，能够连接 GPIO 和不同的模拟模块，并可以在不同的模拟模块之间路由信号。这种灵活的路由架构拥有众多优势，其一是允许将输入和输出连接动态路由到不同的模拟模块。

2. Delta-sigma ADC

CY8C38 器件包含一个 Delta Sigma ADC。 此 ADC 能够提供差分输入、高分辨率和卓越的线性度，是音频信号处理和测量应用的绝佳 ADC 选择。转换器的正常操作是 16 位，48 ksps。ADC 可配置为在高达 187 sps 的数据速率下输出 20 位分辨率。 如果时钟频率固定，那么可通过降低分辨率来实现更快的数据速率，如表 6.4-8 所示。

表 6.4-9 Delta-sigma ADC 性能

位	最大采样率（sps）	SINAD（dB）
20	187	-
16	48 k	84
12	192 k	66
8	384 k	43

(1) 功能描述

ADC 能够连接和配置三个基本组件，即输入缓冲区、delta-sigma 调制器和抽取滤波器。 基本框图见图 6.4-30 所示。来自输入复用器的信号直接或通过输入缓冲区传输到 delta-sigma 调制器。delta-sigma 调制器用于执行实际的模数转换。调制器会对输入进行过采样，并生成串行数据流输出。如果不经过一定的后期处理，这种高速数据流对大多数应用而言都毫无用处，因此它们会通过模拟接口模块传送到抽取滤波器。抽取滤波器会将高速串行数据流转换成并行 ADC 结果。调制器/抽取滤波器频率响应为 $[(\sin x)/x]^4$；典型的频率响应如图 6.4-31 所示。

分辨率和采样率由抽取滤波器控制。数据会传送到抽取滤波器，而输出由最后 4 个样本决定。当切换输入复用器时，直到切换后的第四个样本为止，输出数据都无效。

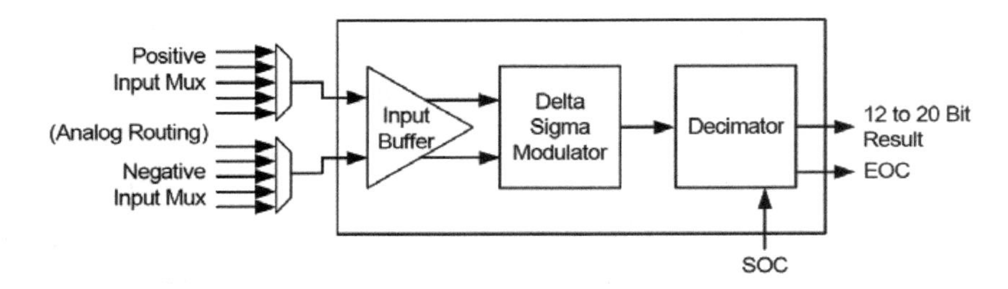

图 6.4-32 delta-sigma ADC 框图

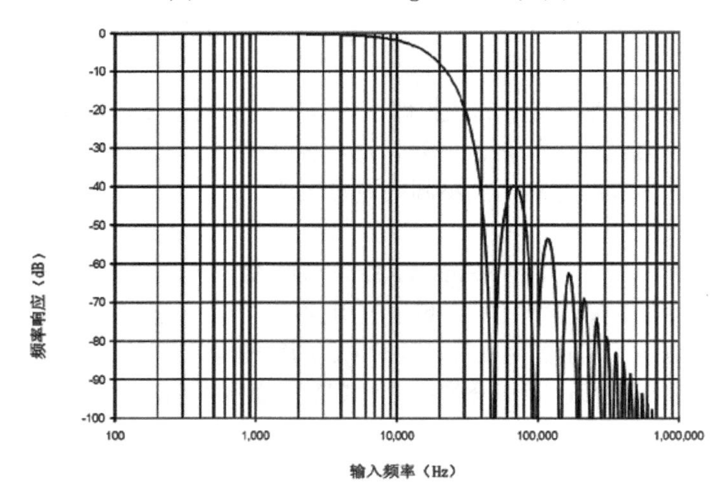

图 6.4-33 delta-sigma ADC 频率响应，标准化到输出，采样率=48kHz

(2) 工作模式

ADC 可由用户配置，以便在以下其中一种模式（共四种）下工作：单一样本、多样本、连续或多样本 (Turbo)。4 种模式都通过写入控制寄存器中的开始位或发出开始转换 (SOC)信号启动。 转换完成后，会设置状态位，输出信号结束转换(EOC) 将置为高电平，并且在该值被 DMA 控制器或 CPU 读取之前将一直保持高电平。

1）单一样本（Single Sample）

在单一样本 (Single Sample) 模式下，ADC 在触发时执行一次样本转换。在此模式下，ADC 会保持待机状态，以等待发出 SOC 信号。当发出 SOC 信号后，ADC 将执行 4 次连续转换。 前三次转换将启动抽取滤波器。经过四次转换之后，ADC 结果有效且可用，在此期间将生成 EOC 信号。为了检测转换是否结束，系统可能会轮循控制寄存器的状态或配置外部 EOC 信号，以便生成中断或调用 DMA 请求。当传输完成后，ADC 会重新进入待机状态，并且直到发生下一个 SOC 事件之前将一直保持该状态。

2） 连续

连续采样模式用于对单个输入信号实施多次连续采样。不应在此模式下完成多路输入的复用。在第一个转换结果可用之前，有 3 个转换时间的延迟。该时间为抽取滤波器启动所需时间。第一个结果出来后，便可按照所选采样速率进行转换。

3） 多样本

除了需要在样本之间复位 ADC 之外，多样本模式与连续模式类似。在多个信号间切换输入时，该模式非常有用。在每个样本之间会对抽取滤波器进行重新启动，因此之前的样本不会影响当前的转换。每次采样完成之后，会自动开始下一个样本。可以使用固件轮询、中断或 DMA 的方式传输结果。

4） 多样本（加速）

对于 8～16 位分辨率，多样本（加速）模式与多样本模式的运行速度一致。对于 17～20 位分辨率，性能约比多样本模式快 4 倍，因为 ADC 仅在转换结束时才重置一次。

(3) 开始转换输入

SOC 信号用于开始 ADC 转换。数字时钟或 UDB 输出可用于驱动此输入。它适用于采样周期必须长于转换时间或者 ADC 必须与其他硬件同步的应用场合。此信号是可选的，如果 ADC 采用连续 (Continuous) 模式，则不需要连接此信号。

(4) 结束转换输出

结束转换 (EOC) 信号在每次 ADC 转换结束时都会变为高电平。此信号可用于触发中断或 DMA 请求。

3. 电压比较器

CY8C38 系列中的每个器件都包含 4 个电压比较器。 电压比较器具有以下特性：

- 输入偏移出厂预设值小于 5 mV
- 轨至轨共模输入范围（VSSA 到 VDDA）
- 可使用以下三种模式中的一种在速度和功耗之间进行平衡：快、慢或超低功

耗

- 电压比较器输出可以路由到查询表，以便执行简单的逻辑功能，然后还可以路由到数字模块
- 可以选择使电压比较器的正向输入通过低通滤波器， 提供了两个滤波器
- 电压比较器输入可以连接到 GPIO、DAC 输出和 SC 模块输出

(1) 输入与输出接口

电压比较器的正向和负向输入来自于模拟全局总线、模拟复用器总线、模拟局部总线及通过复用器的高精度电压参考。每个电压比较器的输出都可以路由到两个输入 LUT 中的任意一个。该 LUT 的输出路由至 UDB DSI。

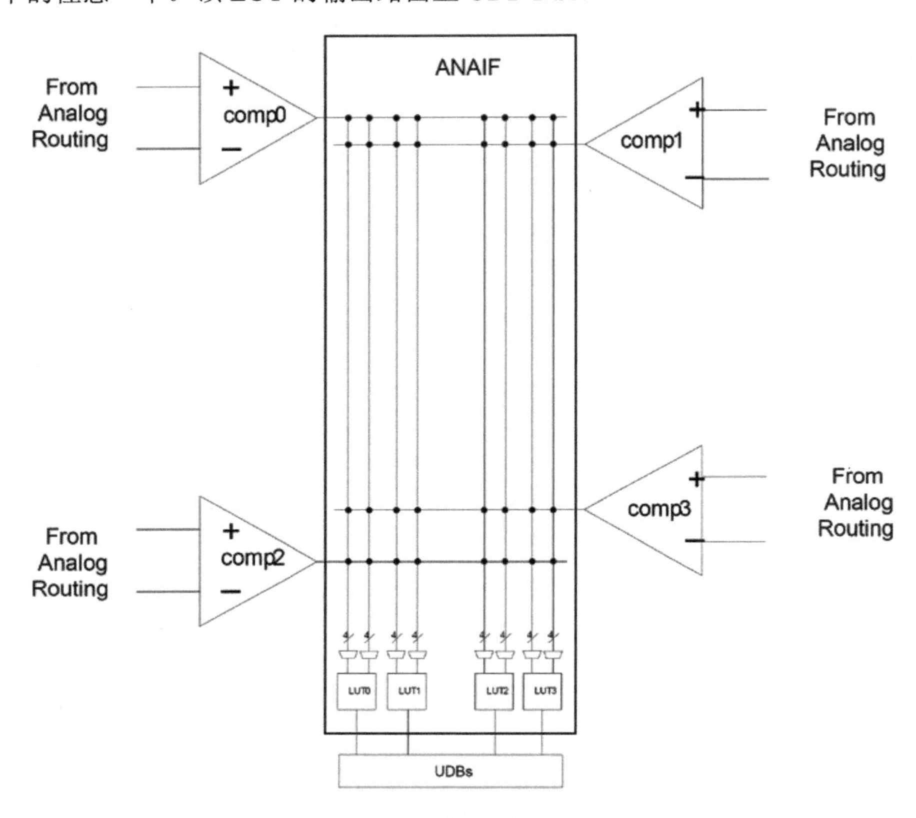

图 6.4-34 模拟电压比较器

(2) LUT

CY8C38 系列器件包含 4 个 LUT。 LUT 是一个双输入、单输出查询表，由芯片中的任何一个或两个电压比较器驱动。任何 LUT 的输出都会路由到 UDB 阵列的数字系统接口。 这些信号可以从 UDB 阵列的数字系统接口连接到 UDB、DMA 控制器、I/O 或中断控制器。写入寄存器的 LUT 控制字能够设置输出上的逻辑功能。

4. 运算放大器

CY8C38 系列中的每个器件都包含 4 个通用运算放大器。

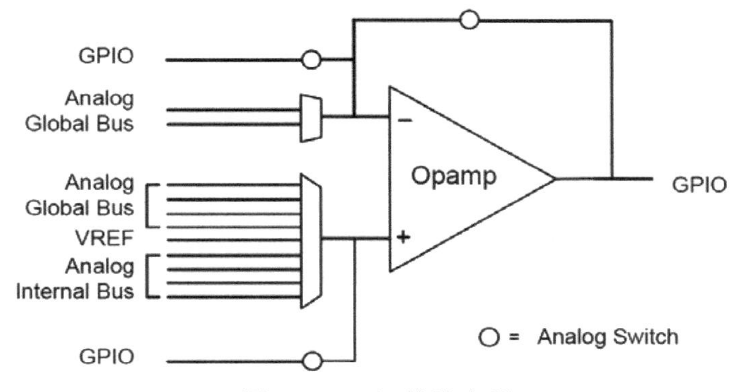

图 6.4-35 运算放大器

运算放大器是未赋定运算放大器，可配置为增益级或电压跟随器，或配置为外部或内部信号的输出缓冲区。见图 6.4-36。在任何配置中，输入和输出信号都可以连接到内部全局信号，并使用 ADC 或电压比较器进行监控。配置是使用信号和 GPIO 引脚之间的开关实现的。

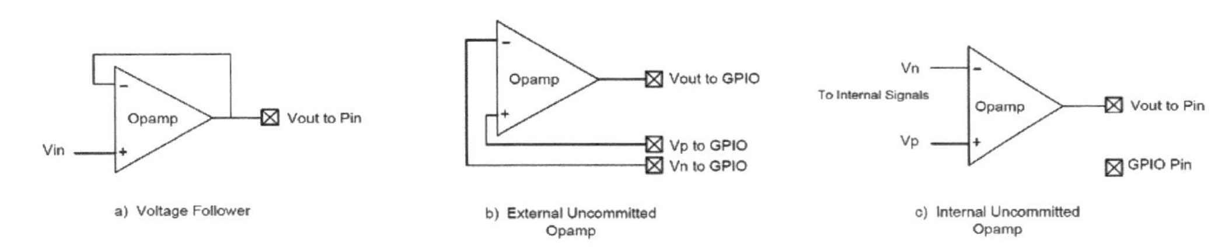

图 6.4-37 运算放大器配置

运算放大器具有三种速度模式，即慢速、中速和快速。慢速模式的静态功耗最低，而快速模式的功耗最高。输入具有轨至轨摆动能力。在低电流输出条件下，输出摆动能够实现轨至轨操作（轨至轨电压各减/加 50mV）。当驱动高电流负载（约为 25 mA）时，轨至轨输出电压只能在轨至轨电压各减/加 500 mV 范围摆动。

5. 可编程 SC/CT 模块

CY8C38 系列中的每个器件都包含 4 个开关电容/连续时间(SC/CT) 模块。每个开关电容/连续时间模块都是围绕单个轨至轨高带宽运算放大器构建的。

开关电容是一种电路设计技术，使用电容和开关而非电阻来创建模拟功能。这些电路的工作方式是通过打开和关闭不同的开关，在电容之间移动电荷。相位时钟信号的非交叠部分负责控制这些开关，以避免所有开关同时打开。

PSoC Creator 工具提供了易于使用的界面，借助该界面，可以轻松地对 SC/CT 模块进行编程。开关控制和时钟相位控制配置由 PSoC Creator 完成，因此用户只需确定应用使用的参数即可，如增益、放大器极性、VREF 连接等。

上述运算放大器和模块接口也可以连接到电阻阵列，从而构造各种连续时间功能。可对运算放大器和电阻阵列进行编程，以便执行各种模拟功能，其中包括：

➢ 裸运算放大器 ——连续模式

➢ 单位增益缓冲区——连续模式
➢ PGA——连续模式
➢ 互阻放大器 (TIA) ——连续模式
➢ 上变频/下变频混频器——连续模式
➢ 采样和保持混频器 (NRZ S/H) ——开关电容模式
➢ 一阶模数调制器——开关电容模式

(1) 裸运算放大器

裸运算放大器表示输入和输出均连接到内部或外部信号。该运算放大器的单位增益带宽高于 6.0 MHz，并且输出驱动电流高达 650 μA。这对于缓冲内部信号（例如 DAC 输出）和驱动高于 7.5 千欧的外部负载来说已经足够了。

(2) 单位增益

单位增益缓冲区是一种输出直接连接到反相输入的裸运算放大器，增益为 1.00，并拥有高于 6.0 MHz 的-3 dB 带宽。

(3) PGA

PGA 用于放大外部或内部信号。PGA 可以被配置为在反相或同相模式下工作。可分别针对正增益和负增益将 PGA 功能配置为 50 和 49。通过更改 R1 和 R2 的值可以调整增益，如图 6.4-38 所示，此原理图显示了 PGA 的配置和可能的电阻设置。通过更改两个输入复用器的共享选择值，可以在反相和同相之间切换增益。表 6.4-10 中列出了每种增益情况的带宽。

在输入信号不够大、无法达到 ADC 所需的分辨率或其他 SC/CT 模块（例如混频器）的动态范围时，可以使用 PGA。在运行时可以调整增益，包括在每次 ADC 采样之前更改 PGA 的增益。

表 6.4-11 增益带宽对应表

增益	带宽
1	6.0 MHz
24	340 kHz
48	220 kHz
50	215 kHz

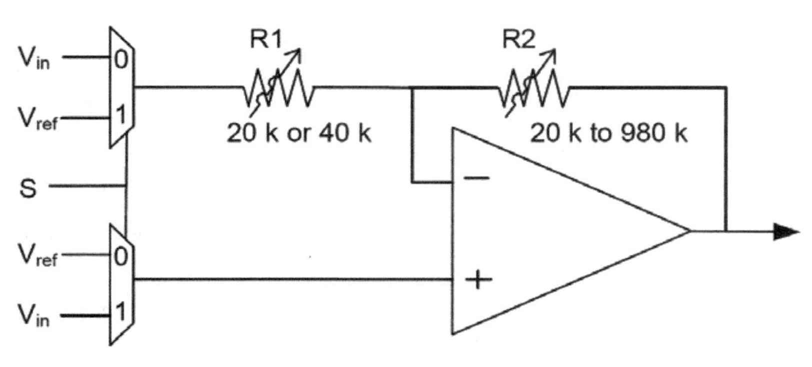

图 6.4-39 PGA 电阻设置

(4) TIA

互阻放大器 (TIA) 用于将内部或外部电流转换为输出电压。TIA 在连续时间配置中使用内部反馈电阻，将输入电流转换为输出电压。对于输入电流 Iin，输出电压为 VREF-Iin×Rfb，其中 VREF 是置于同相输入上的值。 反馈电阻 R_{fb} 可通过配置寄存器在 20K 到 1M 之间进行设置。表 6.4-12 列出了 R_{fb} 的可能值和相关的配置设置。

表 6.4-13 反馈电阻设置

配置字	额定 R_{fb} (KΩ)
000b	20
001b	30
010b	40
011b	60
100b	120
101b	250
110b	500
111b	1000

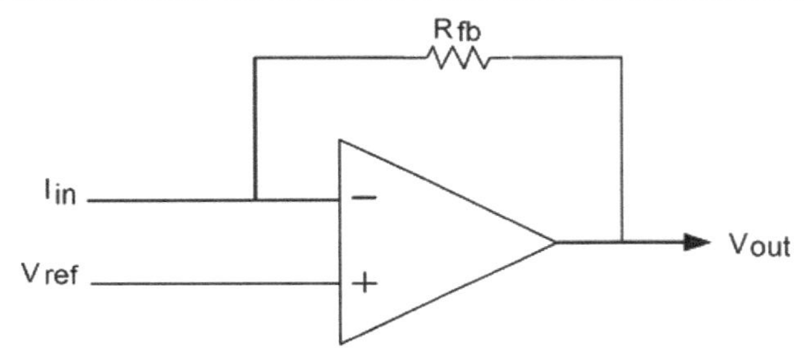

图 6.4-40 连续时间 TIA 原理图

TIA 配置用于以下应用场合：外部传感器的输出是电流，且由温度、光线、磁通量等某些类型的激励因素决定。在常见的应用中，电压 DAC 输出可连接到 VREF TIA 输入，以便通过调整电压 DAC 输出电压来校准外部传感器的偏置电流。

6. LCD 直接驱动

PSoC LCD 驱动器系统是一种高度可配置的外设，能够使 PSoC 直接驱动众多 LCD 显示屏。所有电压都在芯片上生成，从而消除了对外部组件的需求。借助高达 1/16 的复用率，CY8C38 系列 LCD 驱动器系统可以驱动多达 736 个段。此外，PSoC LCD 驱动器模块在设计时还充分考虑了便携器件的省电要求，能够采用不同的 LCD 驱动模式和断电模式来达到省电的目的。

PSoC Creator 提供了一个 LCD 段驱动组件。借助组件向导，能够轻松灵活地配置 LCD 资源，可以指定段引脚和公用引脚以及其他选项。软件能够根据必要的规范对器件进行配置，这得益于 PSoC 器件固有的可编程性。

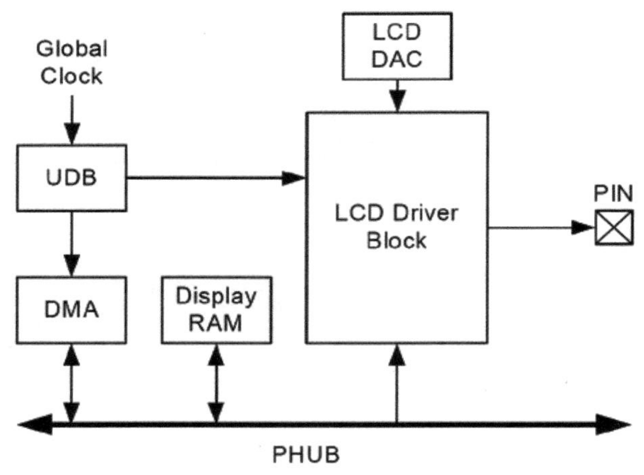

图 6.4-41 LCD 系统

(1) LCD 段引脚驱动器

每个 GPIO 引脚均包含一个 LCD 驱动器电路。LCD 驱动器能够缓存 LCD DAC 的相应输出，以便直接驱动 LCD 的显示屏。寄存器设置决定引脚是公用引脚还是段引脚。然后，引脚的 LCD 驱动器会根据显示数据，选择六种偏置电压中的一种电压来驱动 I/O 引脚。

(2) 显示数据流

LCD 段驱动器系统会读取显示数据，并为 LCD 显示屏生成适当的输出电压，以便产生所需的图像。显示数据会储存在系统 SRAM 的存储器缓冲区中。每次需要更改公用和段驱动器电压时，下一组像素数据都会通过 DMA 从存储器缓冲区移至端口数据寄存器。

(3) UDB 和 LCD 段控制

UDB 旨在生成全局 LCD 控制信号和时钟。这组信号会通过一组专用的 LCD 全局路由通道，路由到每个 LCD 引脚驱动器。除了生成全局 LCD 控制信号以外，UDB 还会生成 DMA 请求，以便启动下一帧 LCD 数据的传输。

(4) LCD DAC

LCD DAC 能够为 LCD 系统生成对比度控制和偏置电压，并能够基于所选的偏置率生成多达 5 个 LCD 驱动电压加接地。偏置电压可根据需要输出到专用 LCD 偏置总线上的 GPIO 引脚。

7. CapSense

CapSense 系统为在触摸感应按钮、滑动条、接近检测等应用中测量电容提供了一种通用而高效的方式。CapSense 系统使用一组系统资源（包括一些主要针对 CapSense 的硬件功能）。具体的资源使用情况在 PSoC Creator 中的 CapSense 组件内进行了详细说明。

它采用了一种使用 Delta-Sigma 调制器 (CSD) 的电容式感测方法。使用开关电容技术与 delta-sigma 调制器来提供电容式感测功能，从而将感应电流转换为数字代码。

8. 温度传感器

Die 温度用于建立对闪存进行写操作所需的编程参数。Die 温度是使用专用的传感器，根据正向偏置晶体管测量得出的。温度传感器有自己的辅助 ADC。

9. DAC

CY8C38 部件包含 4 个数模转换器 (DAC)。每个 DAC 都为 8 位，可针对电压或电流输出进行配置。DAC 支持 CapSense、电源供电调节和波形生成。

每个 DAC 都具有以下特性：

- 可在 255 个步长范围内调节的电压或电流输出
- 可编程步长大小（范围选择）
- 八位校准，能够更正 ±25% 的增益误差
- 针对电流输出的源和接收器选项
- 电流输出的转换速率为 8 Msps
- 电压输出的转换速率为 1 Msps
- 本质上是单调的
- 数据和探针输入可由 CPU 或 DMA 提供，也可从 DSI 直接路由
- 高电流模式的专用低电阻输出引脚。

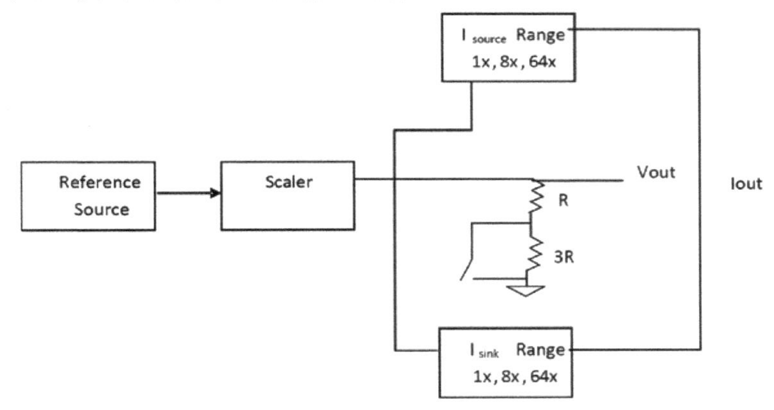

图 6.4-42 DAC 框图

(1) 电流 DAC

电流 DAC (IDAC)可针对以下范围进行配置：0 到 31.875 μ A、0 到 255 μ A，以及 0 到 2.04 mA。IDAC 可配置为源或接收器电流。

(2) 电压 DAC

对于电压 DAC(VDAC)，电流 DAC 输出会通过电阻路由。VDAC 可以使用两个范围，即 0 到 1.02 V，0 到 4.08 V。在电压模式下，连接到 DAC 输出的任何负载都应该是纯容性负载（VDAC 的输出不会被缓冲）。

10. 上变频/下变频混频器

在连续时间模式下，SC/CT 模块组件用于构建上变频或下变频混频器。任何混频应用都会包含输入信号频率和本机振荡器频率。时钟的极性 Fclk 用于反相或同相增益之间切换放大器。输出由以下因素决定：输入、本机振荡器的开关函数、本机振荡器

的频率分量加减信号频率（Fclk + Fin 和 Fclk - Fin），以及在本机振荡器频率奇数倍时的折算频率分量。本机振荡器频率由混频器的选定时钟源提供。

连续时间的上变频和下变频混频适用于具有输入信号并且本机振荡器频率最高为 1MHz 的应用场合。

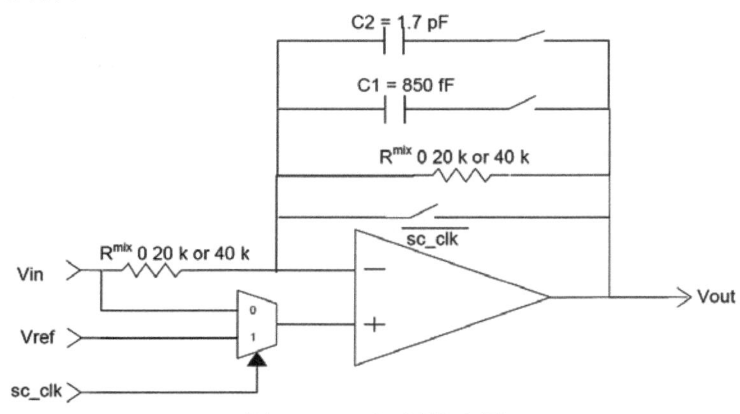

图 6.4-43 混频器配置

11. 采样与保持

采样与保持的主要应用是在 ADC 执行转换时使某个值保持稳定。有些应用需要同时对多个信号进行采样，如进行功耗计算时（V 和 I）。

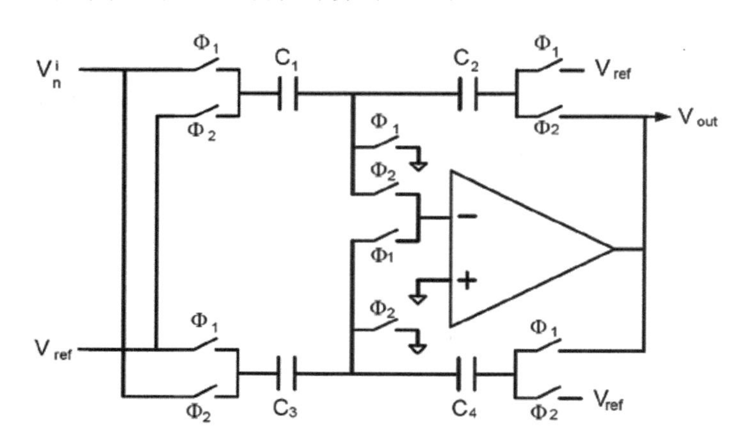

图 6.4-44 采样和保持拓扑（Φ1 和 Φ2 是时钟的两个对立相）

6.4.4 PSoC 实验应用示例

1. 利用 PSoC3 器件的 PGA 用户模块设计一个简单放大电路，电压放大倍数 为 2。模拟电压从 PSoC3 芯片引脚 P0[1]输入，从 P0[3]输出。

工程建立与下载过程：

(i) 在 PSoC Creator 2 中建立新的工程，选择器件 CY8C3866AXI-040，如图 6.4-45 所示。并设定 Workspace Name 为 PGA，这样建立的工程文件在设定路径下保存在独立的 PGA 文件夹中。

(ii) 在原件列表（Component Catalog）中用鼠标选择“Analog－Amplifiers－PGA [v1.70]”，拖动到中间的原理图编辑窗口中。选择两次“Ports and Pins－Analog Pin [v1.60]”，拖动到中间的原理图编辑窗口中。如图 6.4-46 示。

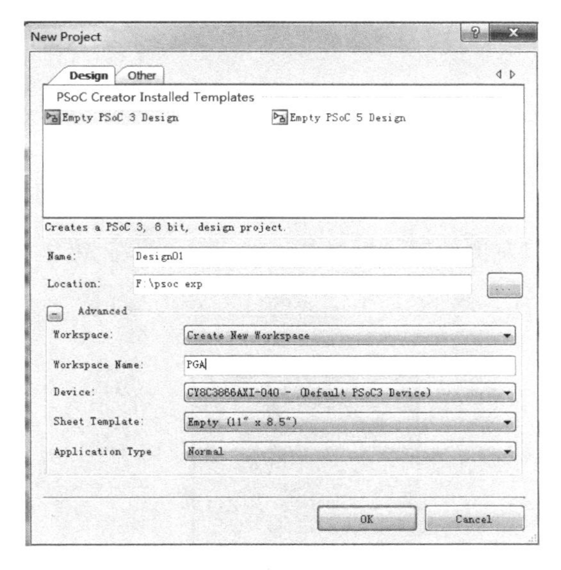

图 6.4-47 建立工程

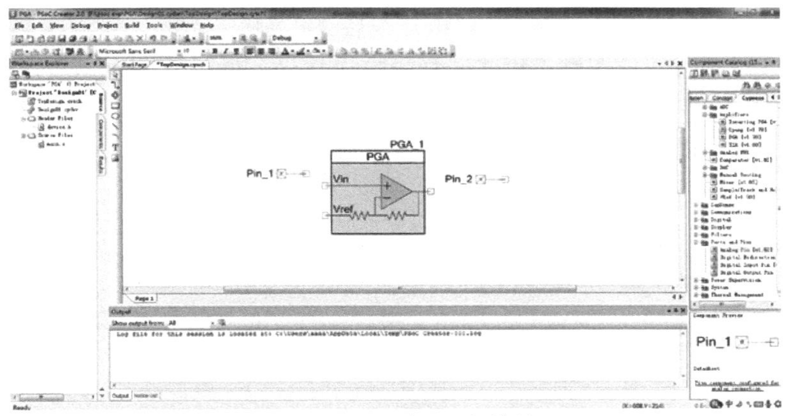

图 6.4-48 添加用户模块

(iii) 设定用户模块。

双击 PGA_1 模块设置参数：

- Name：PGA_1
- Gain：2
- Minimum_Vdda：2.7 V or greater
- Power：Medium Power

- Vref_Input：Internal Vss

双击 Pin_1 模块设置参数：

- Name：Pin_1
- Type->Analog
- General->Drive Mode：High Impedance Analog
- General->Initial State：Low(0)

双击 Pin_2 模块设置参数：

- Name：Pin_2
- Type->Analog
- General->Drive Mode：High Impedance Analog
- General->Initial State：Low(0)

(iv) 用原理图窗口左侧的工具栏中的连线工具将 PGA_1 模块的 Vin 管脚与 Pin_1 模块连接，将 PGA_1 模块的输出管脚与 Pin_2 模块连接。

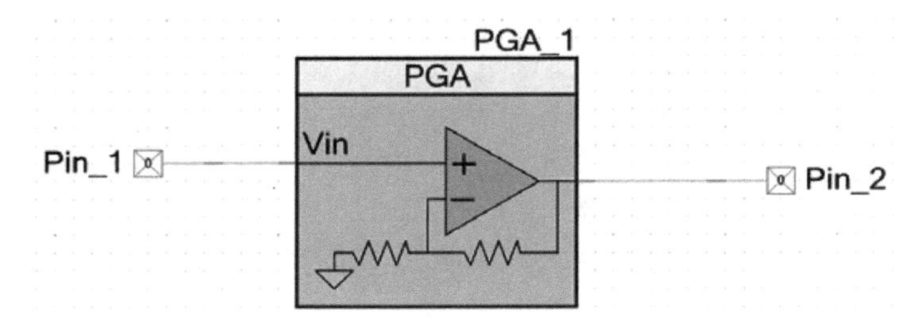

图 6.4-49 连线后的原理图

(v) 引脚分配：双击左侧工程文件列表中的 PGA.cydwr，为 Pin_1 选择管脚 P0[1]、为 Pin_2 选择管脚 P0[3]。

(vi) 主程序编写：双击左侧工程文件列表中的 main.c，编写主程序代码。

```
/* ========================================
 *
 * Copyright YOUR COMPANY, THE YEAR
 * All Rights Reserved
 * UNPUBLISHED, LICENSED SOFTWARE.
 *
 * CONFIDENTIAL AND PROPRIETARY INFORMATION
 * WHICH IS THE PROPERTY OF your company.
 *
 * ========================================
*/
#include <device.h>

void main()
```

```
{
    /* Place your initialization/startup code here (e.g. MyInst_Start()) */
    PGA_1_Start();

   /* CYGlobalIntEnable; */ /* Uncomment this line to enable global interrupts. */
    for(;;)
    {
        /* Place your application code here. */
    }
}

/* [] END OF FILE */
```

(vii) 程序编译：单击菜单 Build - Build Design01 或单击工具栏中的图标，进行工程编译，在下方的输出窗口中可以看到相关信息。

(viii) 下载

a) 用 MiniProg3 编程器连接 PC 机 USB 口与实验套件核心板左侧的 J5 或 J6 下载口；

b) 单击菜单 Tools – Options…，弹出 Options 对话框

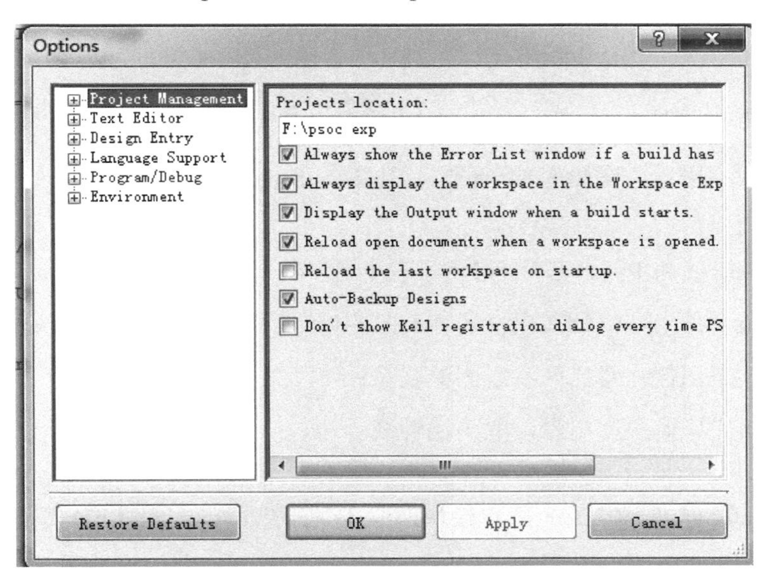

图 6.4-50 Options 对话框

c) 选择 Program / Debug，设置 MiniProg3

Applied Voltage：3.3V

Transfer Mode：SWD

Active Port：10 Pin

Programming Mode：Reset

Debug Clock Speed：3.2MHz

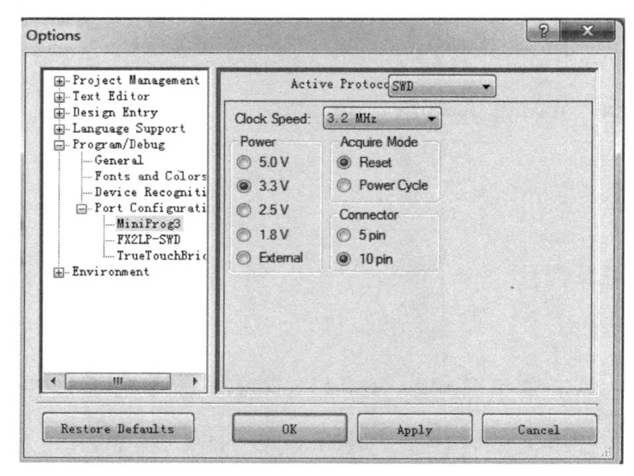

图 6.4-51 设置 MiniProg3

d) 将实验套件系统电源 VDD 选择为 3.3V 供电（即将左上侧电源区域内的短路子选择 3.3V），实验平台上电；

e) 再选择 Debug 菜单，单击“Select Debug Target…”，展开并选择 PSoC 器件，单击 “connect”，单击 Close 按钮；

f) 单击菜单 Debug – Program 或单击工具图标，开始下载；

g) 下载完毕后，实验套件断电，取下 MiniProg3 编程器。

(ix) 验证

a) 用插针线将 PSoC 芯片的 P0[1]连接到 VR1；

b) 实验套件上电，调节电位器 VR1，用万用表测量 PSoC 芯片的 P0[1]、P0[3]两管脚的电压值，对比两者之间的联系；

c) 实验完毕，关闭电源，取下插针线。

2. 利用 PSoC3 器件的 Timer 用户模块产生 1s 的时间间隔，使 LED 每隔 1s 翻转一次状态。

(i) 建立工程，调入用户模块 Digital – Functions – Timer [v2.20]、System – Interrupt [v1.50]、Ports and Pins – Digital Output Pin [v1.60]，并作如下配置。

BUS_CLK 时钟模块参数：

- Name：Clock_1

- Clock Type：New
- Source：ILO (1.000 kHz)
- Specify – Divider：10

Timer_1 模块参数：

- Name：Timer_1
- Resolution：8-Bit
- Implementation：UDB
- Period：100
- Interrupts：On TC

isr_1 模块参数：

- Name：TimerISR
- InterruptType：RISING_EDGE

Pin_1 模块参数：

- Name：LED_1
- Type->Digital Output->去掉 HW Connection 前的勾
- General->Drive Mode：Strong Drive
- General->Initial State：Low(0)

(ii) 将 Timer_1 模块的 tc 管脚与 TimerISR 模块连接。并为 LED_1 选择分配管脚 P0[0]。

(iii) 修改主程序 main.c。

```
#include <device.h>
uint8 StatusRegister;
uint8 led1_value;

/*******************************************************************
* Define Interrupt service routine and allocate an vector to the Interrupt
*******************************************************************/
CY_ISR(InterruptHandler)
{
	StatusRegister = Timer_1_ReadStatusRegister();
	led1_value = LED_1_Read();
	LED_1_Write(~led1_value);
}

void main()
{
  /* Place your initialization/startup code here (e.g. MyInst_Start()) */
	/* Start the components */
	Clock_1_Enable();
```

```
        Timer_1_Start();
        LED_1_Write(0);

        /* Enable the global interrupt */
        CYGlobalIntEnable;

        /*Enable the Interrupt component connected to Timer interrupt*/
        TimerISR_Start();
        TimerISR_Disable();
        /* Allocate interrupt handler and set vector to the interrupt*/
        TimerISR_SetVector(InterruptHandler);
        TimerISR_Enable();

        for(;;)
        {
            /* Place your application code here. */
        }
}

/* [] END OF FILE */
```

(iv) 编译、下载该工程，用导线连接 P0[0]到 LED，打开电源，看到 LED 每 1s 切换状态一次。

3. 利用 PSoC3 器件的 PWM 用户模块产生一个周期 1s、占空比 50%的方波，用来驱动一个 LED 灯闪烁；用延时函数产生一个 200ms 的延时，通过 I/O 口输出的变化驱动另一个 LED 灯闪烁。

(i) 建立工程，调入用户模块 Digital – Functions – PWM [v2.10]、System – Clock [v1.60]、Logic –Logic High '1'、Logic –Logic Low '0'、Ports and Pins – Digital Output Pin [v1.60]，并作如下配置。

BUS_CLK 时钟模块参数：

- Name：Clock_1
- Clock Type：New
- Source：ILO (1.000 kHz)
- Specify – Divider：10

PWM_1 模块参数：

- Name：PWM_1
- Configure-> Implementation：UDB
- Configure-> Resolution：8-Bit

- Configure-> PWM Mode：One Output
- Configure-> Period：100
- Configure-> CMP Value 1：50
- Configure-> CMP Type 1：Less or Equal
- Configure-> Dead band：Disabled
- Advanced-> Enable Mode：Hardware Only
- Advanced-> Run Mode：Continuous
- Advanced-> Interrupts：Interrupt On Terminal Count Event

Pin_1 模块参数：

- Name：LED1
- Type：Digital Output，HW Connection
- General-> Drive Mode：Strong Drive
- General-> Initial State：Low(0)

Pin_2 模块参数：

- Name：LED2
- Type：Digital Output，去掉 HW Connection 前的勾
- General-> Drive Mode：Strong Drive
- General-> Initial State：Low(0)

(ii) 连接 PWM_1 的输出 pwm 到 LED1，分别连接 PWM_1 模块的 enable、reset 到逻辑 1、逻辑 0；分配管脚 P1[6]、P1[7]给 LED1、LED2。

(iii) 修改 main.c 程序。

```
#include <device.h>
#define MS_DELAY 200u          /* For delay, about 200ms */
void main()
{
    uint8 ledState = 0x00;        /* Initially set LED2 to off */
    Clock_1_Enable();            /* Start the clock */
    PWM_1_Start();             /* Enable PWM          */

    /* Following loop does software blinking of LED2 connected to P1.7 */
    while (1)
    {
        CyDelay(MS_DELAY);      /* Have software loop blink control      */
        ledState ^= 0x01u;     /* Toggle LED2 setting between low and high */
        LED2_Write(ledState); /* Set LED2 */
    }
}
/* [] END OF FILE */
```

(iv) 编译、下载程序到芯片中，用导线连接 P1[6]、P1[7]到两个 LED 灯，分别观察两个 LED 的闪烁速度。

4. 利用 PSoC3 器件的 Delta Sigma ADC 用户模块对电位器上的模拟电压进行采集，并将所得的数字量转换成电压值在字符液晶上显示。

(i) 建立工程，调入用户模块 Analog – ADC – Delta Sigma ADC [v2.20]、Ports and Pins – Analog Pin [v1.60]、 Display – Character LCD [v1.50]，并作如下配置。

Delta Sigma ADC 模块参数：

- Name：ADC_DelSig_1
- Configure->Config 1-> Sampling-> Conversion Mode：2 - Continuous
- Configure->Config 1-> Sampling-> # Configs：1
- Configure->Config 1-> Sampling-> Resolution：12 bits
- Configure->Config 1-> Sampling-> Conversion Rate：10000 SPS
- Configure->Config 1-> Sampling-> Clock Frequency：320.000 kHz
- Configure->Config 1->Input Options-> Input Mode：Single
- Configure->Config 1->Input Options-> Input Range：Vssa to Vdda
- Configure->Config 1->Input Options-> Buffer Gain：1
- Configure->Config 1->Input Options-> Buffer Mode：Rail to Rail
- Configure->Config 1-> Reference-> Vref：Internal Vref 1.0240 Volts

Pin_1 模块参数：

- Name：VR1
- Type：Analog
- General：取默认
- Drive Mode：High Impedance Analog
- Initial State：Low(0)

LCD_Char_1 模块参数：

- Name：LCD_Char_1
- LCD Custom Character Set：None
- 在 Include ASCII to Number 前打钩

(ii) 将 VR1 与 ADC DelSig_1 模块的正输入管脚连接，为 VR1 分配管脚 P0[0]，为 LCD Port[6:0]分配管脚 P6[6:0]。

(iii) 修改 main.c 程序。

```
#include <device.h>
#include "stdio.h"
#include "math.h"
void main()
{
 uint32 result;
 uint32 value;
 char displayStr[15] = {'\0'};
```

```
  ADC_DelSig_1_Start();
  ADC_DelSig_1_StartConvert();

  LCD_Char_1_Start();
  LCD_Char_1_Position(0,1);
  LCD_Char_1_PrintString("VR1 Value:");

for(;;)
    {
     ADC_DelSig_1_IsEndConversion(ADC_DelSig_1_WAIT_FOR_RESULT);
      result = ADC_DelSig_1_GetResult32(); /* Get converted result */
     value = result*3300.0/4096.0;
     if((value<0)||(value>3400)) value = 0;
     sprintf(displayStr,"%7ld mV",value);
     LCD_Char_1_Position(1,1);
     LCD_Char_1_PrintString(displayStr);
    }
}
```

(iv) 编译、下载程序到芯片中，连线 VR1 到 P0[0]，调节电位器 VR1，可以观察到液晶显示的电压值在不断变化。

5. 利用 PSoC3 器件的 CapSense 用户模块实现电容滑条、电容按键功能，并使用字符型小液晶实现电容滑条、电容按键被触摸的状态显示，同时使用 LED 灯显示电容按键的状态。

(i) 建立工程，调入用户模块 CapSense – CapSense_CSD [v3.10]、Display – Character LCD [v1.50]、Ports and Pins – Digital Output Pin [v1.60]，并作如下配置。

CapSense 模块参数：

- Name：CapSense
- General-> Tuning method：Manual
- General-> Number of channels：1
- General-> Raw Data Noise Filter：None
- General-> Scan Clock：12 MHz

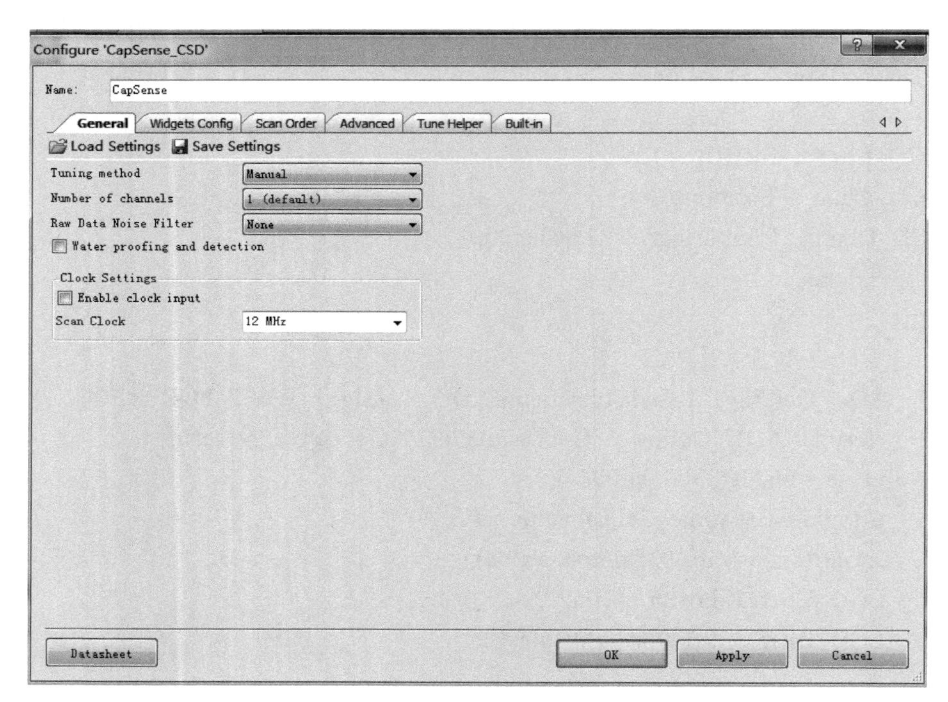

图 6.4-52 CapSense 模块 General 栏设置

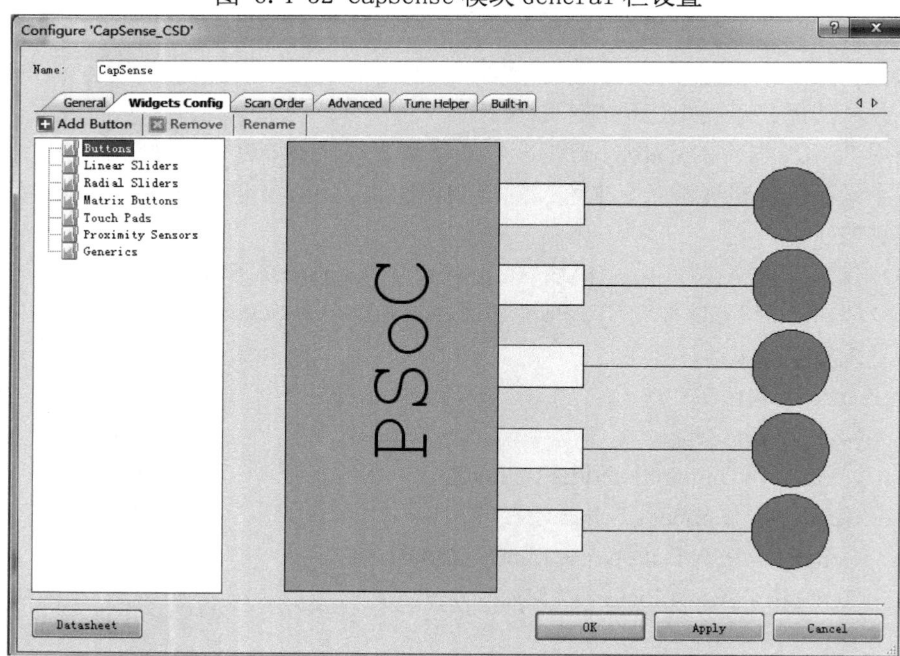

图 6.4-53 CapSense 模块 Widgets Config 栏

单击 Add Button 按钮，添加 Button 触摸键，进行如下设置：

Button0：

- Finger Threshold：100

- Noise Threshold：40
- Hysteresis：5
- Debounce：5
- Scan Resolution：12 bits

Button1：

- Finger Threshold：100
- Noise Threshold：40
- Hysteresis：10
- Debounce：5
- Scan Resolution：12 bits

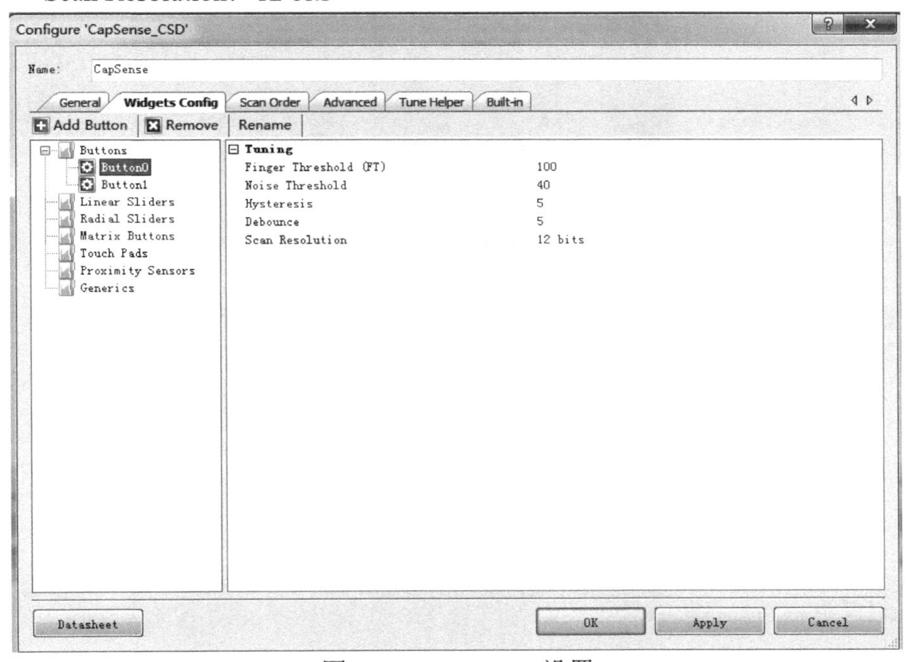

图 6.4-54 Button 设置

单击 Linear Sliders，单击 Add Linear Slider 按钮。

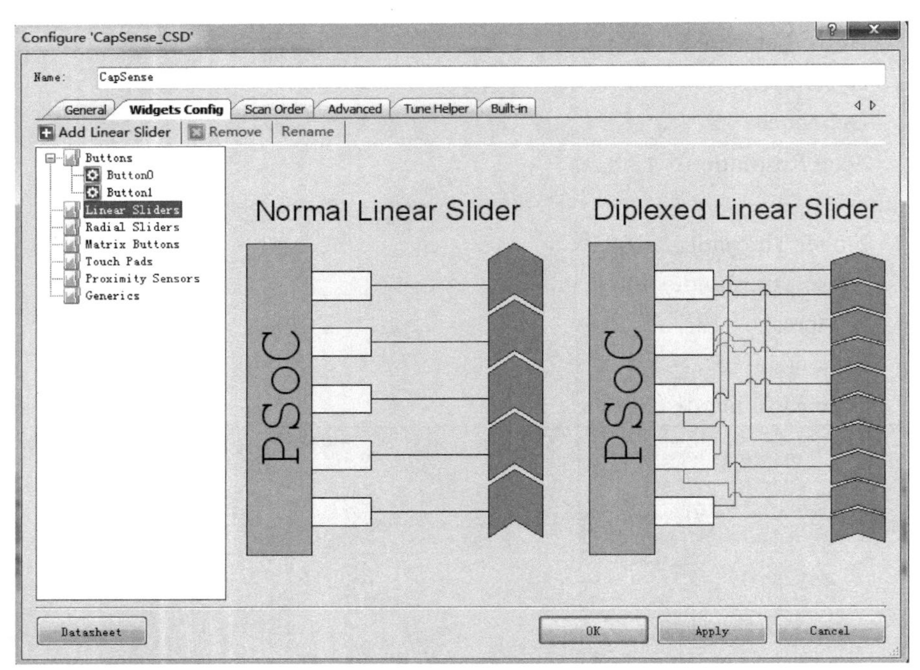

图 6.4-55 Linear Sliders 设置

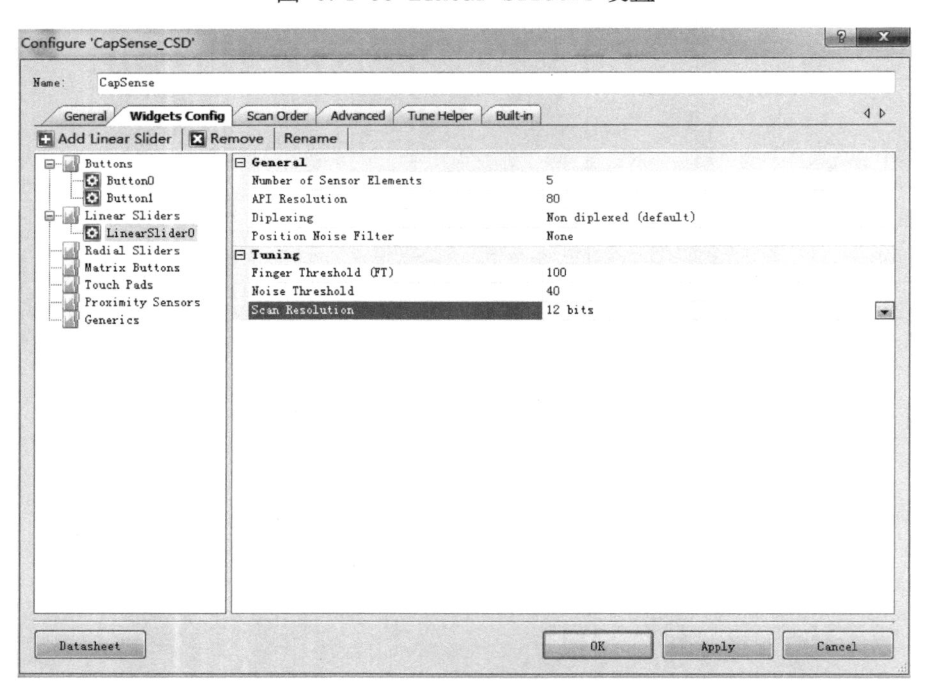

图 6.4-56 Linear Sliders 参数

Linear Slider0:

General

□ Number of Sensor Elements: 5

- API Resolution：80
- Diplexing：Non Diplexed
- Position Noise Filter：None

Tuning

- Finger Threshold：100
- Noise Threshold：40
- Scan Resolution：12 bits

LCD_Char_1 模块参数：

- Name：LCD_Char_1
- LCD Custom Character Set-> Horizontal Bargraph
- Include ASCII to Number

Pin_1 模块参数：

- Name：LED1
- Type：Digital Output
- General：Drive Mode：Strong Drive，Initial State：Low（0）

Pin_2 模块参数：

- Name：LED2
- Type：Digital Output
- General：Drive Mode：Strong Drive，Initial State：Low（0）

(ii) 本例中无须电路连线，管脚分配方案如下：

为 Cmod_CH0 选择管脚 P15[5]，为 LinearSlider0_e4_LS～LinearSlider0__e0_LS 选择管脚 P5 [4:0]，为 Button0_BTN 选择管脚 P5 [5]，为 Button1_BTN 选择管脚 P5 [6]，为 LCDPort [6:0]选择管脚 P6[6:0]，为 LED1 选择管脚 P3[6]，为 LED2 选择管脚 P3[7]。

(iii) 修改 main.c 程序。

```
#include <device.h>

/* LCD specific */
#define ROW_0          0                  /* LCD row 0       */
#define ROW_1          1                  /* LCD row 1       */
#define COLUMN_0    0                     /* LCD column 0 */
#define NUM_CHARACTERS 16                 /* Number of characters on LCD */

/* For clearing a row of the LCD*/
#define CLEAR_ROW_STR         "                    "
/* Button 1 only string for row 0 of the LCD */
```

```
#define BUTTON_1_STR        "Button1           "
/* Button 2 only string for row 0 of the LCD */
#define BUTTON_2_STR        "           Button2"
/* Button 1 and 2 string for row 0 of the LCD */
#define BUTTON_1_2_STR      "Button1    Button2"
/* Default string for button row of the LCD */
#define DEFAULT_ROW_0_STR "Touch Buttons     "
/* Default string for slider row of the LCD */
#define DEFAULT_ROW_1_STR "Touch The Slider"

/* LED specific */
#define LED_ON    1 /* For setting LED pin high */
#define LED_OFF 0 /* For setting LED pin low */

/* CapSense specific */
#define SLIDER_RESOLUTION 80

void UpdateButtonState(uint8 slot_1, uint8 slot_2);
void UpdateSliderPosition(uint8 value);

void main()
{
    uint8 pos;          /* Slider Position */
    uint8 stateB_1; /* Button1 State */
    uint8 stateB_2; /* Button2 State */

    CYGlobalIntEnable; /* Enable global interrupts */

    /* LCD Initialization */
    LCD_Char_1_Start();

    /* Start capsense and initialize baselines and enable scan */
    CapSense_Start();
    CapSense_InitializeAllBaselines();
    CapSense_ScanEnabledWidgets();

    while(1)
    {
        /* If scanning is completed update the baseline count and check if sensor is
```

```
active */
            while(CapSense_IsBusy());

            /* Update baseline for all the sensors */
            CapSense_UpdateEnabledBaselines();

            CapSense_ScanEnabledWidgets();

            /* Test if button widget is active */
            stateB_1 = CapSense_CheckIsWidgetActive(CapSense_BUTTON0__BTN);
            stateB_2 = CapSense_CheckIsWidgetActive(CapSense_BUTTON1__BTN);
            pos  =(uint8)CapSense_GetCentroidPos(CapSense_LINEARSLIDER0__LS);


            /* Update LCD and LED's with current Button and Linear Slider states */
            UpdateButtonState(stateB_1, stateB_2);
            UpdateSliderPosition(pos);
      }
}

void UpdateButtonState(uint8 slot_1, uint8 slot_2)
{
      LCD_Char_1_Position(ROW_0,COLUMN_0);

      /* Check the state of the buttons and update the LCD and LEDs */
      if (slot_1 && slot_2)
      {
            /* Display both Button strings on LCD if both button slots are active */
            LCD_Char_1_PrintString(BUTTON_1_2_STR);
            /* Both LED's are on in this state */
            LED1_Write(LED_ON);
            LED2_Write(LED_ON);
      }
      else if (slot_1 || slot_2)
      {
            if (slot_1)
            {
                  /* Display Button 1 state on LCD and LED1 */
                  LCD_Char_1_PrintString(BUTTON_1_STR);
```

```
                LED1_Write(LED_ON);
                /* Button 2 is not active */
                LED2_Write(LED_OFF);
            }
            if (slot_2)
            {
                /* Display Button 2 state on LCD and LED2 */
                LCD_Char_1_PrintString(BUTTON_2_STR);
                LED2_Write(LED_ON);

                /* Button 1 is not active */
                LED1_Write(LED_OFF);
            }
        }
        else
        {
            /* Display default string on LCD and set LED's to off */
            LCD_Char_1_PrintString(DEFAULT_ROW_0_STR);

            /* Set both LED's off in this state */
            LED1_Write(LED_OFF);
            LED2_Write(LED_OFF);
        }
}

void UpdateSliderPosition(uint8 value)
{
    /* The slider position is 0xFF if there is no finger present on the slider */
    if (value > SLIDER_RESOLUTION)
    {
        /* Clear old slider position (2nd row of LCD) */
        LCD_Char_1_Position(ROW_1, COLUMN_0);
        LCD_Char_1_PrintString(DEFAULT_ROW_1_STR);
    }
    else
    {
        /* Update the bar graph with the current finger position */
        LCD_Char_1_DrawHorizontalBG(ROW_1,                    COLUMN_0,
NUM_CHARACTERS, value +1);
```

```
    }
}
```

(iv) 编译、下载程序到芯片中。用导线连接 P3[6]、P3[7]到 LED1、LED2。运行程序，在接触触摸按键时，会有相应的 LED 显示，并在液晶上得到反馈；同样在触摸滑条上移动手指时，液晶屏上显示滑条位置。

参考文献

[1] 清华大学电子学教研组编，童诗白，华成英主编．模拟电子技术基础．第 3 版．北京：高等教育出版社，2001.

[2] 霍洛维茨（Horowitz P.）等著．电子学．第 2 版．吴利民等译．北京：电子工业出版社，2009.

[3] 毕满清主编．电子技术实验与课程设计．第 3 版．北京：机械工业出版社，2009.

[4] 何小艇主编．电子系统设计．第 4 版．杭州：浙江大学出版社，2008.

[5] 孙肖子等．电子设计指南．北京：高等教育出版社，2006.

[6] 谢楷，赵建．MSP430 系列单片机系统工程设计与实践[M]．北京:机械工业出版社．2009.

[7] 李智奇等. MSP430 系列超低功耗单片机原理与系统设计[M]．西安:西安电子科技大学出版社，2008.

[8] Texas Instruments Inc. MSP430x2xx Family User's Guide[EB/OL]. http://www.ti.com.cn/cn/lit/ug/slau144j/slau144j.pdf, 2012-02-20

[9] Texas Instruments Inc. MSP430 Optimizing C/C++ Compiler v 4.0 User's Guide [EB/OL]. http://www.ti.com.cn/cn/lit/ug/slau132g/slau132g.pdf, 2012-02-20

[10] Cypress Semiconductor Inc. PSoC 3 Architecture TRM[EB/OL]. http://www.cypress.com/?docID=46049, 2012-02-20

[11] Cypress Semiconductor Inc. PSoC 3 Registers TRM[EB/OL]. http://www.cypress.com/?docID=46048, 2012-02-20

[12] 何宾. MSP430 8051 片上可编程系统原理及应用[M]．北京:化学工业出版社，2012.

[13] 戴国骏，张翔，曾虹．系统可配置单片机原理与应用[M]．北京:机械工业出版社，2009.